职业教育课程改革创新示范精品教材

信息技术基础项目化教程
（第2版）

主　编　王利君　彭腊梅　刘　芳
副主编　张毅华　陈麒先　宋延平
　　　　李　权
参　编　苏会新　许　宁　高云惠
　　　　钟江红　张　倩　马素娴
　　　　曹　颖

北京理工大学出版社
BEIJING INSTITUTE OF TECHNOLOGY PRESS

内 容 简 介

本书共分四个模块，包括计算机基础入门、操作系统基础与应用、数据恢复与系统安全防护、信息技术新体验。

本书将从计算机基础部分开始，紧跟信息技术发展的脚步，带领读者逐步探索计算机的奥秘。本书内容全面且结构清晰，既注重基础知识的夯实，又强调实践能力的培养；含有丰富的视频、文字等拓展资源，是信息技术领域学习的理想教材。

本书适合计算机初学者、信息技术爱好者及有数字技能学习需求的读者阅读使用，也可作为各类机构课程培训或自主学习的参考用书。

图书在版编目（CIP）数据

信息技术基础项目化教程 / 王利君，彭腊梅，刘芳
主编 . -- 2 版 . -- 北京：北京理工大学出版社，2025.1（2025.5 重印）.
ISBN 978-7-5763-4912-2

Ⅰ . TP3

中国国家版本馆 CIP 数据核字第 2025CN4976 号

责任编辑: 陈莉华　　**文案编辑:** 李海燕
责任校对: 周瑞红　　**责任印制:** 施胜娟

出版发行 / 北京理工大学出版社有限责任公司
社　　址 / 北京市丰台区四合庄路 6 号
邮　　编 / 100070
电　　话 /（010）68914026（教材售后服务热线）
　　　　　　（010）63726648（课件资源服务热线）
网　　址 / http://www.bitpress.com.cn

版 印 次 / 2025 年 5 月第 2 版第 2 次印刷
印　　刷 / 定州启航印刷有限公司
开　　本 / 889 mm × 1194 mm　1/16
印　　张 / 16
字　　数 / 330 千字
定　　价 / 49.80 元

图书出现印装质量问题，请拨打售后服务热线，负责调换

前 言

　　在新一代信息技术支撑引领下，无论是日常生活、科学研究，还是企业运营、社会治理，都面临着数字化发展的需求，具备适应数字化需求的基本数字技能与信息技术能力已成为现代社会不可或缺的核心能力。为帮助学习者系统掌握信息技术基础知识和实践能力，适应数字化时代的职业需求，培养具有多学科知识与技能的复合型人才，全面贯彻党的教育方针，落实立德树人根本任务，深入推动习近平新时代中国特色社会主义思想和党的二十大精神进教材，我们编写了这本《信息技术基础项目化教程》（第2版）教材。

　　本书以"能力为本、育人为魂"作为编写理念，采用传统的模块+任务的形式，精心设计了"计算机基础入门、操作系统基础与应用、数据恢复与安全防护、信息技术新体验"四大模块，涵盖从硬件到软件、从基础操作到安全防护、从传统技术到新兴领域的完整知识链条，每个模块下设若干任务，通过任务驱动的方式引导学习者逐步掌握核心技能。

　　每个模块从【模块背景】出发，为学习者构建应用场景。紧接着【学习目标】，从知识、技能、素质三个维度引导学习者确立学习方向。在【任务情景】中以第一人称视角，描述自身见闻创设情境，增强学习者代入感。【学习体验】环节紧密结合当下热门话题或主流操作，通过体验式学习，让学习者在实践中深化理解。随后，【知识学习】系统性地传授理论新知，为学习者打下坚实的知识基础。为了促进学习者的自主学习和合作探究，【探究活动】和【讨论活动】环节鼓励学习者进行合作学习，激发创新思维。【实践操作】环节则通过模拟真实工作场景，提升学习者的动手能力和问题解决能力。同时，【学知砺德】融入课程思政，引导学习者在学习专业知识的同时，树立正确的价值观，培养良好的职业精神。【习题挑战】环节，提供三道代表性习题，并附答案和解析，帮助学习者自我检测和提升。最后，【知识导图】以思维导图形式总结本任知识技能点，便于学习者复习和巩固。此外，【任务习题】进一步巩固学习者学习效果。

本书内容新颖、结构清晰，既注重基础知识的夯实，又强调实践能力的培养，与时俱进，融入行业新技术、科技发展新成果，是信息技术领域学习的理想教材。

教材特色

1.落实立德树人根本任务。

在每个任务中专设【学知砺德】环节、精选思政案例嵌入教材内容中，在知识技能传授中融入爱国主义、工匠精神、创新精神、信息安全、绿色环保等思政元素，如盐入水，润物无声，更易被当下年青人所接受，以引导学习者树立正确的价值观，具备良好的职业精神及信息素养。

2.遵循中职学生认知规律和学习特点，知识和技能同时兼顾。

理论知识讲究完备系统，技能讲求实用、可操作，并符合实际工作过程，设置"任务单"，将零散的操作串起来，完成任务便能完成实际工作中所需技能。

3.资源配套丰富，适应多元需求。

本书是国家级精品课程《信息技术应用基础》的配套教材（https://www.xueyinonline.com/detail/249917345），提供了配套的数字资源（学习视频、习题库、拓展阅读、思政案例等），满足学习者多渠道学习、个性化学习。

致谢与展望

本书的编写汇聚了多位职教一线教师、行业专家、企业技术人员、院校专家的智慧与经验，在此致以诚挚感谢。本书由王利君、彭腊梅、刘芳担任主编，负责整体规划、架构设计与内容审核，确保教材的框架合理、内容准确且符合要求，同时协调各方资源，保障编写工作的顺利进行；四川智天远科技有限公司张毅华工程师参与了教材规划与设计、技术支持、职业指导，并向企业行业推广教材收集意见；成都工业职业技术学院新华三芯云学院李权副院长参与编写，确保教材与中高职一体化教学需求相贴合；北京神州数码云科信息技术有限公司许宁高级工程师提供素材资源，对教材适用性进行调研；成都工业职业技术学院龙天才教授担任主审，确保教材知识的准确性和技能的职业性。其中，王利君、钟江红、彭腊梅、高云惠、马素娴承担"模块一 计算机基础入门"的编写工作，刘芳、陈麒先、曹颖、张倩承担"模块二 操作系统基础与应用"的编写工作；宋延平、李权承担"模块三 数据恢复与系统安全防护"的编写工作；苏会新、张毅华负责"模块四 信息技术新体验"及附录"常用快捷键的使用"的编写工作。各位编写人员充分发挥各自的专业优势，精心撰写每一部分内容，力求撰写出职业教育优质教材。

信息技术日新月异，我们将持续关注技术动态，及时更新内容。希望本书能为学习者打开信息技术的大门，助力其在数字化浪潮中扬帆起航。

编 者

目 录 CONTENTS

模块一
计算机基础入门

【模块背景】

中国从 1956 年开始研究计算机，1958 年成功研制出了我国第一台计算机，到现在已成为世界上拥有超级计算机最多的国家，是什么让我们作出如此大的成绩？正是科技强国支撑着我们克服重重困难走到了现在。

随着信息技术的快速发展，计算机已经渗透到我们生活的各个方面，成为现代社会不可或缺的一部分。通过学习计算机知识，我们可以更好地适应社会发展需求，提高自身素质和竞争力，为国家的科技进步和经济发展作出贡献。

【学习目标】

1. 了解计算机的发展、特点、分类及应用领域。

2. 了解计算机的工作原理，熟悉计算机系统的组成。

3. 理解计算机软件的概念和分类，了解程序的编译、解释等基本概念。

4. 了解计算机中数据的分类和表示方法，掌握二进制、八进制、十进制、十六进制的转换方法。

5. 理解数据的存储及字符的编码，能理清现实生活中各种数据的存储与表示方式。

6. 理解微型计算机的 CPU、主板、存储器、常用外部设备的主要性能指标。

7. 了解总线的概念及微型计算机中常见的总线结构。

8. 理解常用外部设备接口的作用。

9. 了解 BIOS 和 CMOS 在计算机系统硬件配置和管理中的作用。

10. 了解多媒体技术的基本概念及应用。

11. 了解云计算、大数据、人工智能、虚拟现实、物联网等新一代信息技术的发展及应用领域。

12. 了解服务器的概念、分类、功能及主要硬件组成。

13. 了解云服务器的概念、特点及应用。

任务1 走进计算机世界

在当今数字化时代，计算机已经成为我们生活中不可或缺的一部分。从个人用途到商业应用，从科学研究到工程设计，计算机技术无处不在，深刻影响着我们的工作、学习和生活方式。走进计算机世界，就像踏入一个充满神奇和无数可能性的领域，每一次的探索都能让我们感受到科技的魅力和无限的创新潜力。通过深入了解计算机的发展历程、应用领域、系统组成以及数据处理方式，我们可以更好地理解这个复杂而又精彩的数字世界，为探索未来的科技之路奠定坚实的基础。让我们一起踏上这段充满挑战的奇妙旅程，探索计算机世界的无限可能性。

任务情景

电子科大博物馆是一所位于校园内的博物馆，当我走进这座博物馆的时候，扑面而来的就是厚重的历史感，这个博物馆现有藏品近1.4万件，分为通信、雷达、广播电视、电子测量仪器、电子元器件、计算机六个展区。在这里我们可以看到玻璃如何变成芯片，还可以看到不同时代的计算机，如图1-1-1~图1-1-4所示。据说，像这样的博物馆在全国还有好几所，如果你想了解计算机的发展历程，跟随历史的脚步去看看各种技术发展的前世今生，去到这些博物馆一定是不错的选择。

图 1-1-1 终端显示器

图 1-1-2 手摇计算机

图 1-1-3 单色显示计算机

图 1-1-4 联想 386 计算机

学习体验

计算机的出现彻底改变了我们的生活。它极大地提高了工作效率，使远程工作成为可能，同时也推动了在线教育的兴起，丰富了学习资源。在娱乐方面，计算机引领了电子游戏和数字媒体的风潮，为我们提供了全新的娱乐体验。此外，计算机还极大地改变了我们获取信息和交流的方式，通过搜索引擎和社交媒体，我们能够轻松地获取知识和与他人沟通。

更重要的是，计算机技术发展加速了各行各业的智能化进程。从制造业到金融业，从医疗健康到教育服务，计算机技术的广泛应用正逐步实现各行各业的智能化升级，如图1-1-5所示。工业互联网就是其中一项作为计算机技术与现代工业深度融合的产物，为传统工业带来了前所未有的变革。然而，我们也需要关注计算机技术可能带来的隐私泄露和网络安全等问题。

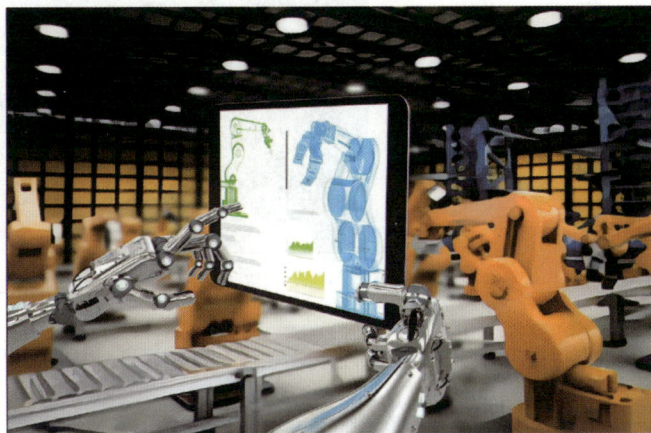

图 1-1-5　智能制造

你认为学习计算机，可以学什么？请把你的想法填在表1-1-1中。

表 1-1-1　实践活动设计表

小组编号	实践活动领域	实践活动名称	计算机应用描述	收获与感受
示例	办公	电子文档制作与管理	使用 Word 制作文档，Excel 进行数据分析	通过计算机，我们可以更高效地处理文档和数据，节省大量时间

知识学习

教学视频：走进计算机世界

1. 计算机的起源和发展历程

（1）计算机的起源

世界上第一台计算机于1946年2月在美国宾夕法尼亚大学完成，即ENIAC（埃尼阿克），它是第一台通用电子数字计算机，由大约18000个真空管、6000多个开关和1500个继电器组成，体积庞大且耗能巨大，其诞生的初衷是在第二次世界大战中进行炮弹弹道计算，如图1-1-6所示。

图1-1-6　世界第一台电子计算机 ENIAC

ENIAC 的成功研发标志着现代电子计算机的诞生，它的问世开创了数字计算机时代，为后来计算机技术的发展奠定了基础。

（2）计算机的发展历程

ENIAC 以电子管作为其核心元器件，它代表着计算机的第一个时代。随着电子技术的不断进步和创新，计算机也经历了多次重要的发展时代。总的来说，计算机的发展主要可以分为四个时代，如图1-1-7所示。

| 第一代 1946—1958年 电子管计算机 | 第二代 1959—1964年 晶体管计算机 | 第三代 1965—1970年 中小规模集成电路计算机 | 第四代 1971年至今 大规模与超大规模集成电路计算机 |

图1-1-7　计算机发展历程

1）电子管计算机时代：这是计算机发展的初期阶段，以 ENIAC 为代表。在这个阶段，计算机主要使用电子管作为元器件，体积庞大、耗电量高，但计算速度相较于之前的机械计算工具已经有了显著提升。

2）晶体管计算机时代：随着晶体管技术的出现和发展，计算机开始进入第二代。晶体管相较于电子管具有更小的体积、更低的功耗和更高的可靠性，这使计算机的体积得以缩小，性能得以提升。

3）集成电路计算机时代：集成电路技术的出现为计算机的发展带来了第三次飞跃。在这个阶段，计算机开始使用集成电路作为元器件，进一步减小了体积、降低了功耗，并提高了性能。微型计算机的出现和普及也标志着个人计算机时代的来临。

4）大规模与超大规模集成电路计算机时代：随着集成电路技术的不断进步，计算机进入了第四代。在这个阶段，计算机开始使用大规模集成电路和超大规模集成电路作为元器件，这使计算机的性能得到了极大的提升，同时也推动了计算机技术的快速发展和创新。

计算机技术的发展一直在不断演进，未来计算机的发展趋势将向着巨型化、微型化、网络化和智能化方向发展，将涵盖高性能计算、量子计算、人工智能与机器学习、云计算与边缘计算、生物计算以及虚拟现实与增强现实等多个方面。

（3）我国计算机技术的发展

中国的计算机技术发展经历了多个阶段，从最初的引进和模仿，到逐渐实现自主创新和技术突破，出现了许多值得我们记录的大事，如图1-1-8所示。

图1-1-8　中国计算机发展历程

1）1956年：中国开始研制计算机，这是计算机发展的重要起点。

2）1958年：中国研制成功第一台电子管计算机——103机，这标志着中国计算机技术的初步形成。

3）1964年：中国成功研制出晶体管计算机，这是中国计算机技术的又一重要突破。

4）1971年：中国研制成功以集成电路为主要器件的DJS系列机，这是中国计算机技术的又一里程碑。

5）1983年：中国第一台亿次巨型计算机——"银河"诞生，这是中国计算机技术的重大突破，也是中国计算机产业发展的重要里程碑。

6）1992年：中国研制成功10亿次巨型计算机——"银河Ⅱ"，这是中国计算机技术再次取得重要突破的标志。

7）1995年：中国第一套大规模并行机系统——"曙光"研制成功，这是中国高性能计算机领域的一次重要突破。

8）2002年：中国研制成功了首个具有自主知识产权的通用高性能微处理器芯片——"龙芯"一号，这是中国芯片产业发展的重要里程碑。

9）2017年：研制成功超级计算机"神威·太湖之光"和"天河二号"。

2. 计算机的特点

1）运算速度快：计算机内部采用了高速的电子器件和线路，并利用先进的计算技术，使其拥有很高的运算速度。运算速度是指计算机每秒能执行多少条基本指令，常用单位是MIPS，即每秒执行百万条指令。

2）计算精确度高：计算机的精度取决于机器的字长位数，字长越长，精度越高。由于计算机采用二进制表示数据，易于扩充机器字长，因此计算机可以进行高精度计算。

3）存储容量大：计算机内部的存储器具有记忆特性，可以存储大量的信息。

4）逻辑运算能力强：由于计算机采用了二进制，因此能够进行各种基本的逻辑判断，并根据判断结果自动决定下一步的操作。这种能力使计算机能够求解各种复杂的计算任务，进行各种过程控制和完成各类数据处理任务。

5）自动化程度高：利用计算机解决问题时，人们启动计算机输入编制好的程序以后，计算机可以自动执行，一般不需要人直接干预运算、处理和控制过程。

3. 计算机的应用领域

探 究 活 动

在现代生活中，计算机几乎无处不在，它们以各种各样的形式融入我们的日常，极大地丰富了我们的生活体验。请根据你的体验，完成表1-1-2。

表1-1-2 计算机的应用

应用场景	应用领域	计算机的角色

　　计算机的应用领域极为广泛，几乎渗透到所有行业和领域的方方面面。从科学研究到商业运营，从教育学习到娱乐游戏，计算机都发挥着不可或缺的作用。主要应用领域包括：

　　1）科学计算：这是计算机最早的应用领域，也是计算机最重要的应用之一。科学计算是指利用计算机来完成科学研究和工程技术中提出的数学问题的计算。在现代科学技术工作中，科学计算问题是大量的和复杂的。利用计算机的高速计算、大存储容量和连续运算的能力，可以实现人工无法解决的各种科学计算问题。如工程设计、导弹和火箭等飞行轨迹的计算、天气预报、地震预测等。

　　2）数据处理：数据处理是指对各种数据进行收集、存储、整理、分类、统计、加工、利用、传播等一系列活动的统称。据统计，80%以上的计算机主要用于数据处理，这类工作量大面宽，决定了计算机应用的主导方向。目前，数据处理已广泛地应用于办公自动化、企事业计算机辅助管理与决策、情报检索、图书管理、声音和图像信息等领域。

　　3）辅助技术：计算机辅助技术涵盖了多个方面，包括 CAD（计算机辅助设计）、CAM（计算机辅助制造）、CAT（计算机辅助测试）、CAE（计算机辅助工程）、CIMS（计算机集成制造系统）、CBE（计算机辅助教育）以及 CAI（计算机辅助教学）等，这些计算机辅助技术为多个领域的发展提供了强大的支持，它们的应用不仅提高了工作效率和产品质量，还推动了科技进步和创新发展。

　　4）过程控制：过程控制也称实时控制，是计算机及时地采集检测数据，按最佳值迅速地对控制对象进行自动控制和自动调节，如数控机床和生产流水线的控制等。

　　5）人工智能：人工智能使计算机能模拟人类的感知、推理、学习和理解等某些智能行为，实现自然语言理解与生成、定理机器证明、自动程序设计等。如天网工程、无人驾驶、智慧医疗、机器人等。

　　6）网络应用：计算机在网络方面有着多种应用，这些应用不仅改变了我们的生活方式，还推动了社会的发展和进步。如电子邮件、在线学习和教育、电子商务、网络游戏等。

　　计算机各发展时代的特点如表 1-1-3 所示。

表 1-1-3　计算机各发展时代的特点

特点	第一代	第二代	第三代	第四代
逻辑元件	电子管	晶体管	中小规模集成电路	大规模或规模集成电路
元件图示				

续表

特点	第一代	第二代	第三代	第四代
运算速度	几千至几万次/秒	几万至几十万次/秒	数百万至几千万次/秒	几千万至几十亿次/秒
软件	机器语言、汇编语言	高级语言、操作系统	多种高级语言、完善的操作系统	数据库管理系统、网络操作系统
应用领域	科学计算	科学计算、数据处理、事务处理、自动控制	科学计算、数据处理、自动控制	人工智能、数据通信、天气预报、图像识别、多媒体

4. 计算机的分类

计算机的分类有多种方法，一般可以概括为：

1）按处理信号分类：计算机可以分为模拟计算机、数字计算机和混合计算机。模拟计算机主要用于处理模拟信号，而数字计算机则主要用于处理数字信号，混合计算机则是通用处理以上两种信号。

2）按用途分类：可以分为专用计算机和通用计算机。专用计算机是为特定任务或特定环境设计的，而通用计算机则具有广泛的用途，适用于多种任务和环境。

3）按规模、速度和功能分类：可以分为巨型机、大型机、中型机、小型机、微型机等。

4）按性能分类：可以分为超级计算机、大型计算机、小型计算机、工作站和个人电脑等。

5）按在网络中的作用分类：可以分为服务器、客户机。服务器是网络中提供各种服务的，而客户机是享受服务的。

🔄 学知砺德

中国的超算大军

超级计算机，也称超算，近年来中国在超算领域取得了举世瞩目的成就。其中天河一号、天河二号（见图1-1-9）和神威·太湖之光（见图1-1-10）曾经在Top 500全球超级计算机排行榜上获得过第一名的位置，2019年11月Top 500组织发布的最新一期世界超级计算机500强榜单中，中国占据了227个。

中国目前已经形成了14个超级计算中心，2023年国家超算广州中心发布新一代国产超级计算系统"天河星逸"，在通用CPU计算能力、网络能力、存储能力以及应用服务能力等多方面，相比之前的"天河二号"实现倍增，达到顶级水平。

我国的超算不仅性能强大，而且应用领域广泛。它们被用于处理极端复杂的或数据

密集型的问题，如天气预报、气候模拟、生物信息学、材料科学、石油勘探等。同时，在科研、工程、产品设计等领域，我国的超算也发挥着越来越重要的作用。概括起来就是：算天、算地、算人。算天，主要指天气预报、宇宙起源和演化等相关的计算。算地，就是算地质的演化，地质的勘探。算人，就是用超算来进行数据分析，揭示人类基因的密码，提升医疗水平。

图 1-1-9　天河二号

图 1-1-10　神威·太湖之光

习题挑战

1.【单选题】1983 年，（　　　）诞生，它是我国的第一台亿次巨型计算机。

A. 天河　　　　　　B. 银河　　　　　　C. 神威　　　　　　D. 曙光

答案：B

解析：1983 年，中国第一台亿次巨型计算机——"银河"诞生，这是中国计算机技术的重大突破，也是中国计算机产业发展的重要里程碑。

2.【单选题】自计算机问世至今已经经历了四个时代，划分时代的主要依据是计算机的（　　　）。

A. 规模　　　　　　B. 功能　　　　　　C. 性能　　　　　　D. 构成元件

答案：D

解析：计算机发展的四个时代分别是电子管、晶体管、中小规模集成电路、大规模或超大规模集成电路时代，是以当时的电子技术核心元器为代表命名的。

3.【单选题】世界上第一台按储存程序控制功能思路设计的计算机是（　　　）。

A. ENIAC　　　　　B. EDIAC　　　　　C. EDVAC　　　　　D. EDSAC

答案：C

解析：世界上第一台计算机 ENIAC 虽然能够通过编程解决各种计算问题，但是它没有存储器，不能存储程序。1945 年 EDVAC 出现，采用了储存程序的设计概念，使计算机可以按照预先存储在存储器中的程序进行自动运算。

知识导图

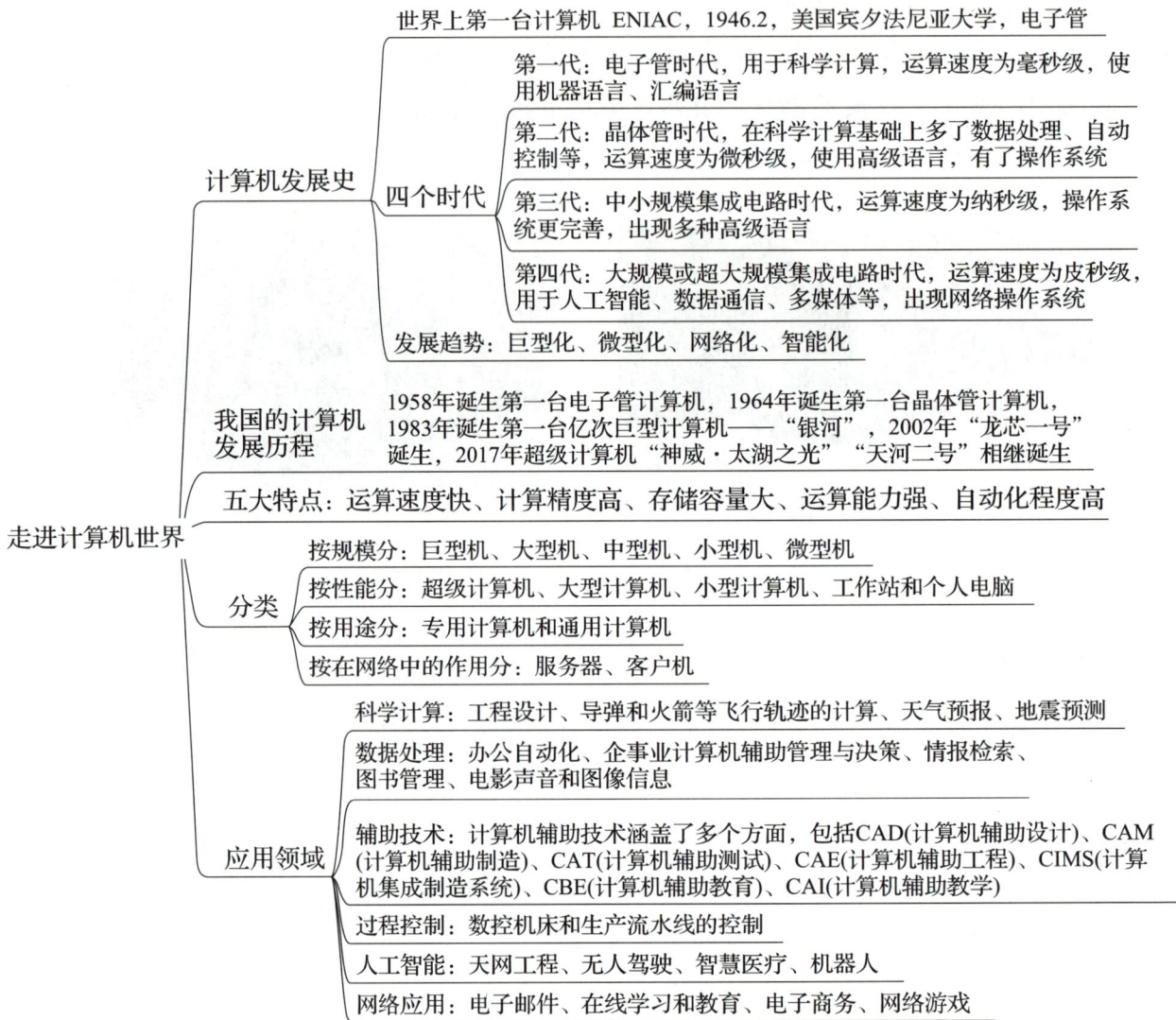

世界上第一台计算机 ENIAC，1946.2，美国宾夕法尼亚大学，电子管

计算机发展史

四个时代

第一代：电子管时代，用于科学计算，运算速度为毫秒级，使用机器语言、汇编语言

第二代：晶体管时代，在科学计算基础上多了数据处理、自动控制等，运算速度为微秒级，使用高级语言，有了操作系统

第三代：中小规模集成电路时代，运算速度为纳秒级，操作系统更完善，出现多种高级语言

第四代：大规模或超大规模集成电路时代，运算速度为皮秒级，用于人工智能、数据通信、多媒体等，出现网络操作系统

发展趋势：巨型化、微型化、网络化、智能化

我国的计算机发展历程：1958年诞生第一台电子管计算机，1964年诞生第一台晶体管计算机，1983年诞生第一台亿次巨型计算机——"银河"，2002年"龙芯一号"诞生，2017年超级计算机"神威·太湖之光""天河二号"相继诞生

五大特点：运算速度快、计算精度高、存储容量大、运算能力强、自动化程度高

走进计算机世界

分类

按规模分：巨型机、大型机、中型机、小型机、微型机

按性能分：超级计算机、大型计算机、小型计算机、工作站和个人电脑

按用途分：专用计算机和通用计算机

按在网络中的作用分：服务器、客户机

应用领域

科学计算：工程设计、导弹和火箭等飞行轨迹的计算、天气预报、地震预测

数据处理：办公自动化、企事业计算机辅助管理与决策、情报检索、图书管理、电影声音和图像信息

辅助技术：计算机辅助技术涵盖了多个方面，包括CAD(计算机辅助设计)、CAM(计算机辅助制造)、CAT(计算机辅助测试)、CAE(计算机辅助工程)、CIMS(计算机集成制造系统)、CBE(计算机辅助教育)、CAI(计算机辅助教学)

过程控制：数控机床和生产流水线的控制

人工智能：天网工程、无人驾驶、智慧医疗、机器人

网络应用：电子邮件、在线学习和教育、电子商务、网络游戏

任务习题

一、单选题

1. 目前普遍使用的微型计算机采用的逻辑元件是（　　）。

A. 电子管　　　　　　　　　　　　B. 大规模和超大规模集成电路

C. 晶体管　　　　　　　　　　　　D. 小规模集成电路

2. 在教育领域通过虚拟现实进行远程教学，这是计算机在（　　）方面的应用。

A. 科学计算　　　　B. 人工智能　　　　C. 辅助技术　　　　D. 信息处理

3. 第三代计算机的运算速度为每秒（　　）。

A. 数千次至几万次　　　　　　　　B. 几万次至几十万次

C. 几千万至几十亿次　　　　　　　D. 几百万次至几千万次

4. 计算机经历了四个时代，微处理器出现在（　　　）。

A. 第三个时代　　　　B. 第一个时代　　　　C. 第四个时代　　　　D. 第二个时代

5. 目前计算机发展经历了四代，高级程序设计语言出现在（　　　）。

A. 第一代　　　　　　B. 第二代　　　　　　C. 第三代　　　　　　D. 第四代

6. 世界上第一台电子数字计算机诞生于（　　　）年。

A. 1941　　　　　　　B. 1946　　　　　　　C. 1949　　　　　　　D. 1964

7. 我国高性能计算机形成的三大系列，不包括（　　　）。

A. 银河系列　　　　　B. 曙光系列　　　　　C. 龙芯系列　　　　　D. 神威系列

8. 个人计算机属于（　　　）。

A. 小巨型计算机　　　B. 中型计算机　　　　C. 小型计算机　　　　D. 微型计算机

二、多选题

1. 下列关于世界上第一台电子计算机 ENIAC 的叙述中，正确的是（　　　）。

A. 它是 1946 年在美国诞生的

B. 它主要采用电子管和继电器

C. 它是首次采用存储程序控制使计算机自动工作

D. 它主要用于弹道计算

2. 电子计算机主要的特点是（　　　）。

A. 具有逻辑判断和存储能力　　　　　　　B. 具有高速度、高精度的运算能力

C. 具有自动执行程序的能力　　　　　　　D. 具有人机对话能力

三、判断题

1. 1997 年 5 月 12 日，轰动全球的人机大战中，"更深的蓝"战胜了国际象棋之子卡斯帕罗夫，这是计算机在人工智能方面的应用。（　　　）

2. 目前计算机正朝着巨型化、微型化、网络化、智能化等方向发展。（　　　）

3. 计算机具有记忆功能但不具有逻辑判断功能。（　　　）

4. 在第二代计算机中，以晶体管取代电子管作为其主要的逻辑元件。（　　　）

5. 按用途对计算机进行分类，可以把计算机分为通用型计算机和专用型计算机。（　　　）

任务 2　认识计算机系统

在数字化浪潮席卷全球的今天，计算机已成为我们生活不可或缺的一部分。从便捷的智能手机到前沿的自动驾驶汽车，从强大的云计算到无所不在的物联网，计算机技术都在其中提供着强有力的支撑。那么，一个计算机系统究竟是如何工作的？整个计算机系统由哪些部件组成？让我们一起来探索它的内部世界。

任务情景

当我接触计算机之后，才真正体会到它不仅仅是一台机器，更是一场彻底改变了人类历史进程的技术大变革。

在人类历史上一直不缺少计算工具，用于解决计算的工具早已有之，如图1-2-1所示。从中国古代使用算筹这种简单的计算工具，通过手动摆放小棍来完成日常的数值运算开始，到算盘，通过拨动珠子来进行加减乘除等运算，再到计算器，通过运算电路来完成基础的数学运算，这些工具都无法实现计算自动化，只有到了计算机时代——随着世界上第一台电子计算机 ENIAC 的出现，这些问题才得以解决。通过计算机，人类可以编写程序，由程序控制整个运算过程，中途无须人工干预。

程序控制的引入彻底改变了人类处理信息和进行复杂计算的方式，从而计算能力得以不断提高，使得像天气预报、航天工程这样大规模的计算变得轻而易举。更重要的是，计算能力的提升还推动了人工智能、大数据分析等新兴领域的飞速发展，为人类社会的未来带来了无限可能。

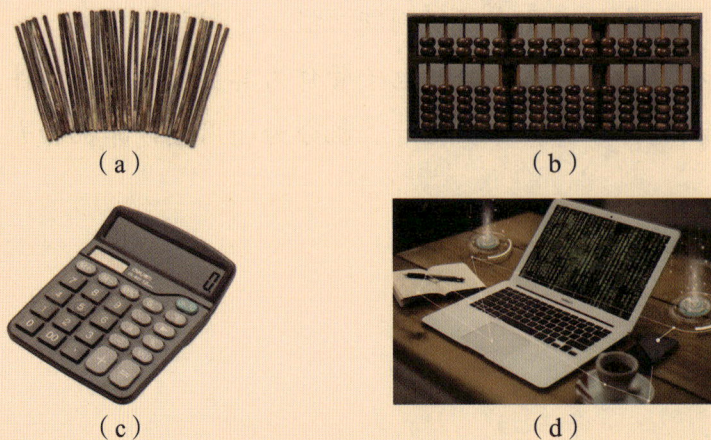

（a）
（b）
（c）
（d）

图 1-2-1　各种计算工具
（a）算筹；（b）算盘；（c）计算器；（d）现代计算机

🔵 学习体验

量子计算机：九章引领的未来计算新纪元

九章，由中国科学家团队研发的量子计算机（见图 1-2-2），根据中国古代数学著作《九章算术》命名。2023 年 10 月 11 日，中国科学家宣布成功构建 255 个光子的"九章三号"量子计算机，求解高斯玻色取样数学问题比目前全球最快的超级计算机快一亿亿倍。它卓越的计算能力和创新的技术架构，展示了量子计算机的无限潜力。

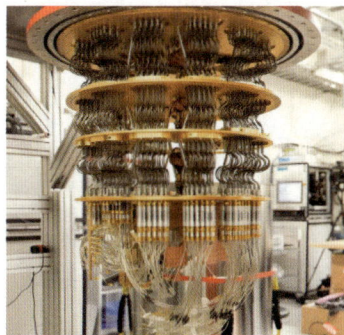

图 1-2-2　量子计算机

量子计算机与传统电子计算机在运算逻辑上迥异。在量子领域，其独特的性质仿佛赋予了计算实体"分身术"，每个分身独立探索不同的计算路径，从而迅速找到问题的最优解。量子计算机凭借量子比特的叠加和纠缠特性，实现了并行计算，这一革新性进展显著超越了传统计算机的计算能力，其超越之处不仅在于速度，更在于处理复杂问题的卓越能力。

🔵 知识学习

教学视频：认识计算机系统

1. 计算机系统

一个计算机系统的核心功能在于接收、存储、处理信息，并在需要的时候输出结果。

（1）计算机体系结构

计算机体系结构是计算机系统的蓝图，它定义了：

1）计算机采用二进制数制进行工作。

2）计算机由运算器、控制器、存储器、输入设备和输出设备五大部件组成。

3）计算机采用存储程序和程序控制的工作原理。

这种体系结构被称为冯·诺依曼体系结构，它为现代计算机体系结构奠定了重要的基础，被广泛应用于各种计算机和电子设备中。

（2）计算机工作原理

计算机的工作原理基于程序存储和程序控制两个概念。如图 1-2-3 所示，用户通过输入设备将指令和数据输入计算机，这些指令和数据被储存在存储器中，即存储程序，根据指令的要求，控制器指挥运算器从存储器中获取数据，执行算术运算和逻辑运算，然后将结果送回存储器中暂时保存或送到输出设备显示或打印出结果，即程序控制。

这个过程不断重复，控制器不断从存储器中取出并执行新的指令，直到整个程序执行完毕。这个过程确保了计算机能够按照用户编写的程序指令，自动、连续地执行一系列操作，实现了信息的输入、处理、存储和输出。

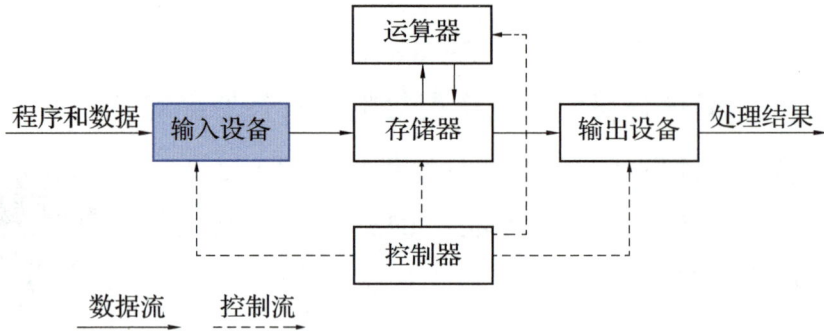

图 1-2-3　计算机工作流程

2. 计算机系统组成

计算机系统是一个复杂的集成系统，它由硬件系统和软件系统两大部分组成。硬件系统提供了计算机的物理基础，而软件系统则赋予了计算机处理各种事务的能力。这两部分紧密协作，共同完成各种复杂的任务。

（1）硬件系统

硬件系统组成常见的有两种表示方法。

1）按 5+1 结构表示，即 5 大部件和 1 总线，如图 1-2-4 所示。

计算机硬件系统是计算机实际设备的总称，看得见摸得着，包括控制器、运算器、存储器、输入设备以及输出设备。这些设备通过总线、接口和电路等连接在一起，共同完成计算机系统的工作。

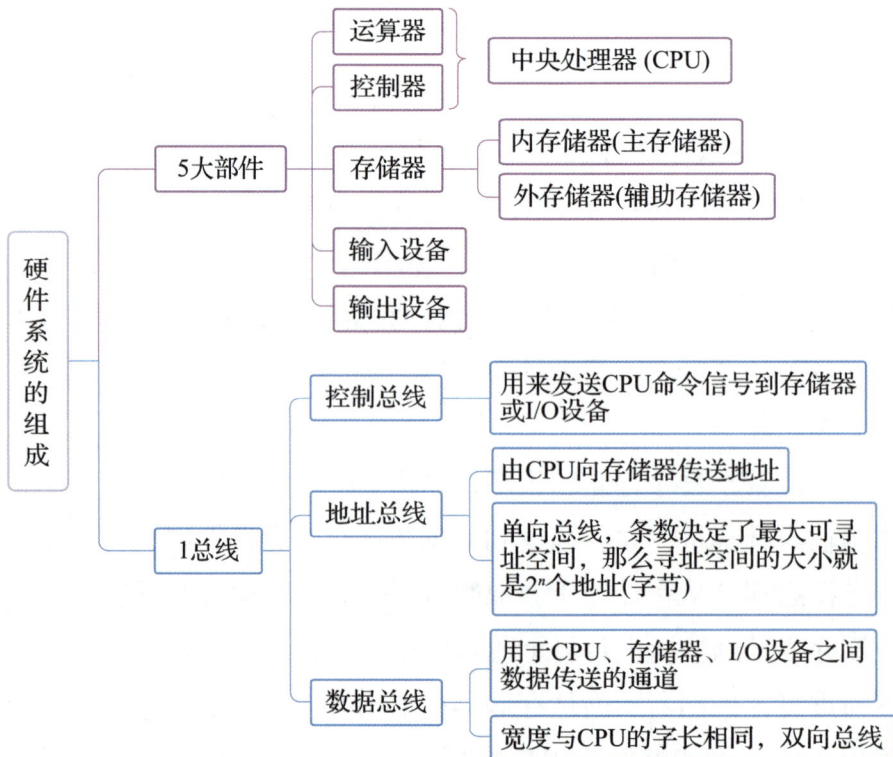

图 1-2-4　硬件系统的组成（按 5+1 结构表示）

①控制器。

控制器负责协调计算机各个部件的工作。

②运算器。

运算器是进行算术运算和逻辑运算的部件。算术运算包括加、减、乘、除等基本运算，逻辑运算则包括与（&）、或（|）、非（~）等操作。此外，运算器还包含寄存器组及控制电路，用以存储数据和完成指令所规定的运算逻辑。

通常把控制器和运算器集成在一起，称为中央处理器，简称 CPU。

③存储器。

存储器是计算机系统中的"记忆"设备，用来存放程序和数据。存储器按功能分为内存和外存。

内存是计算机中用于临时存储程序和数据的部件，通常由半导体集成电路芯片组成。它运行时可以执行从硬盘或其他外存设备中读取的数据，并可实时地将数据存回内存中。优点是读写速度快，缺点是一旦关机数据会丢失。

外存包括硬盘、软盘、光盘、U 盘等，通常用于永久性存储数据和程序。它们的特点是即使关机也不会丢失数据，容量大，缺点是读写速度较慢。

④输入设备。

输入设备的作用主要是把文本、图形、图像、声音等数据转换成计算机系统可以接收和处理的二进制数据，然后再送到计算机内存中临时存储起来。常见的键盘、鼠标、扫描仪、麦克风、条码阅读器等都属于输入设备。

⑤输出设备。

输出设备的作用主要是将计算机处理结果以人能识别的形式输出，如文字、图形、图像、声音等。常见的有显示器、打印机、绘图仪、音箱、投影仪等。

⑥总线。

总线（Bus）是计算机中用于在各种功能部件之间传输信息的公共通道。它由导线和相关电路组成，用于传输数据、地址和控制信号。可分为：

数据总线（Data Bus）：数据总线用于传输数据，它连接了 CPU、内存、输入 / 输出设备等各种组件，在不同组件之间进行数据传输。数据总线的宽度决定了一次可以传输的数据量，常见的数据总线宽度有 8 位、16 位、32 位、64 位。

地址总线（Address Bus）：地址总线用于传输内存地址，在 CPU 和内存之间进行寻址。地址总线的宽度决定了 CPU 可以寻址的内存范围，例如 32 位地址总线可以寻址的内存空间为 4GB。

控制总线（Control Bus）：控制总线用于传输控制信息，如读 / 写信号、时序信号等。它负责控制数据和地址总线的使用，以及设备之间的通信和协调。

2）按主机＋外设的结构表示，如图1-2-5所示。

一般地，把中央处理器（CPU）和内存储器合称为主机。外部设备简称外设，通常指与计算机相关的外部设备。这些设备包括用来存储信息的外存储器、输入数据和命令的输入设备以及用来输出数据和结果的输出设备。

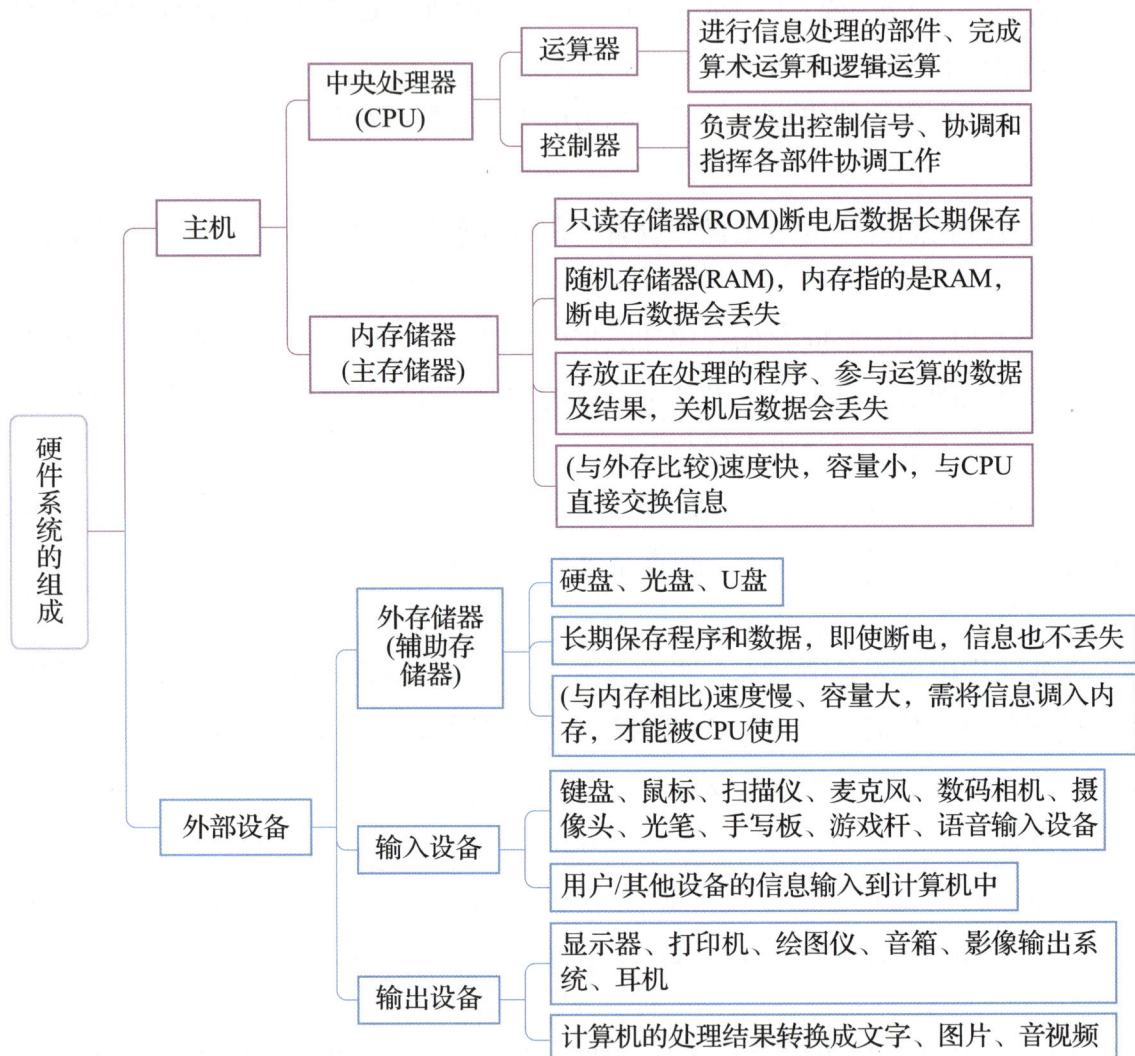

图 1-2-5　硬件系统的组成（按主机＋外设结构表示）

探 究 活 动

你认识下列计算机硬件吗？请将下列硬件名称填入相应的框内。

主机部件		外部部件	

（2）软件系统

软件是为计算机运行、维护、管理和应用所编制的所有程序的集合，包括系统软件和应用软件，如图 1-2-6 所示。

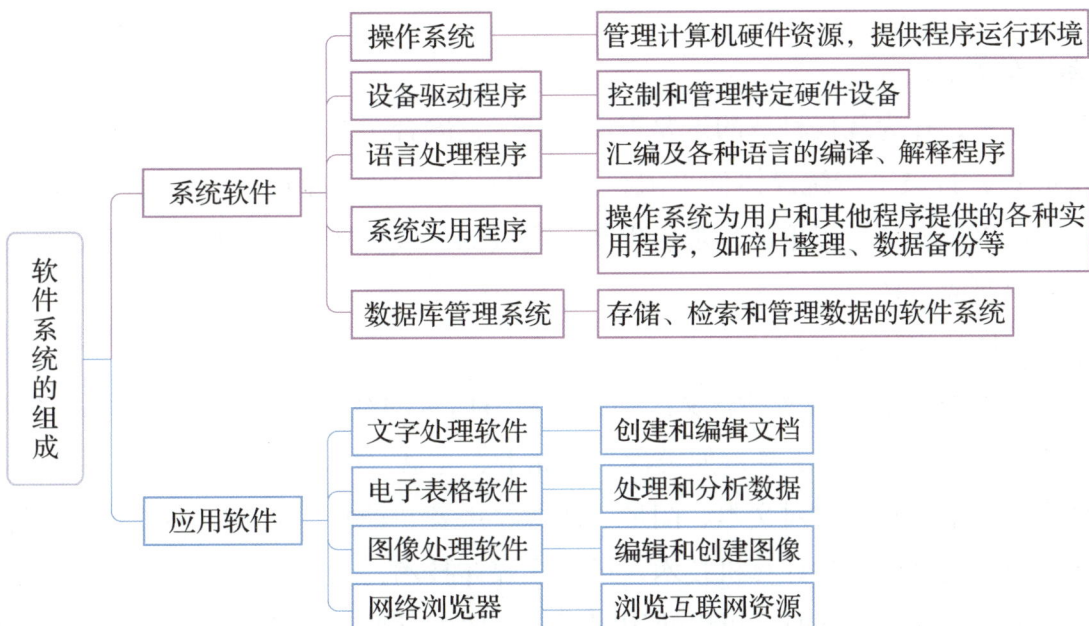

图 1-2-6　软件系统的组成

系统软件是指与计算机硬件紧密相关，用于管理和控制计算机硬件资源、支持应用软件开发和运行的软件，包括操作系统、数据库管理系统、语言处理程序、设备驱动程序、诊断及各种开发工具等。

应用软件也称为应用程序，是专门为执行特定任务或解决特定问题而设计的计算机软件。应用软件直接面向用户，利用计算机及其提供的系统软件来为用户解决各种实际问题。应用软件主要有办公处理软件（如 Microsoft Office、WPS Office）、图形处理软件（如 Photoshop）、多媒体制作软件、即时通信工具（如 QQ、微信）、音频/视频编辑软件、游戏软件等。

探 究 活 动

与自己的学习伙伴一起讨论下列各种软件的作用，并填写入分类框中。

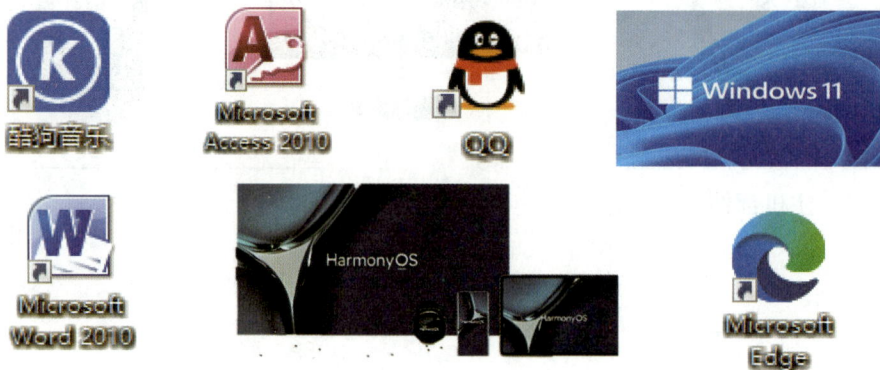

系统软件	应用软件

3. 多媒体技术

多媒体技术，作为现代科技的重要组成部分，它融合了文字、图像、音频、视频等多种信息表现形式，打破了传统媒体的界限，创造出一个更加丰富多彩、互动性强的多媒体世界。在这个世界里，信息以更加直观、生动、高效的方式传播，为人们带来了前所未有的感官体验和知识获取途径。

（1）多媒体技术相关概念

媒体在计算机领域里有两种含义：一是指传播信息的载体，如语言、文本、图像、音/视频等；二是指存储信息的工具，如磁盘、存储卡、光盘、U盘等。

多媒体技术指能够同时对文本、图形、图像、声音、动画、视频等多种媒体信息进行综合处理、管理和交互的一种计算机技术。通过多媒体技术，人们可以在计算机上观赏到视频图像，听到悦耳的音乐，同时还可以使用图形、图像等直观工具进行交互式操作和处理。

（2）多媒体技术的特点

1）交互性：多媒体技术提供了更为丰富的展示和操作方式，用户可以更直观、主动地获取信息，具有很强的交互性。

2）多样性：多媒体技术融合了计算机、声像、通信等多种技术，具有处理不同类型媒体信息的能力。

3）集成性：多媒体技术可以同时处理文字、图形、图像、音频、视频等各种媒体信息，具有高度的集成性。

4）数字化：媒体以数字形式存在。

5）实时性：对时间有要求的媒体，如声音、动画和视频等，都可以得到及时处理。

6）动态性：多媒体技术可以处理具有运动和变化的对象，可以动态地展示媒体信息。

（3）多媒体技术的应用

随着科技的飞速发展，多媒体技术已深入我们生活的方方面面，为教育、娱乐和商业领域带来了前所未有的变革。

在教育领域，多媒体技术以其生动、直观的特点，使教学变得更加有趣和高效。虚拟现实和增强现实技术的应用，让学生能够身临其境地体验学习内容，增强了学习效果。

在娱乐产业，多媒体技术为游戏、电影、音乐等提供了更广阔的创作空间。游戏开发者利用先进技术创造出逼真的虚拟世界，为玩家带来沉浸式的体验。

在商业领域，多媒体技术也发挥着重要作用。通过图像、声音和视频等元素的运用，商家能够更生动地展示产品，提高消费者的购买意愿。在营销和会议中，多媒体技术的使用也提高了信息传播的效率。

总之，多媒体技术以其独特的优势，正在深刻改变着我们的生活和工作方式，为我们带来了更多的便利和乐趣。

（4）常见多媒体文件类型

1）图像文件。

BMP：位图，是静态图像格式，能被多种应用程序支持，未经压缩，占用存储空间较大，不利于网络传输。文件扩展名通常为 .bmp。

JPEG：联合图像专家组，是第一个国际图像压缩标准，又是一种有损压缩格式，压缩比大，文件较小，被广泛应用于图像、视频处理领域。文件扩展名通常为 .jpeg 或 .jpg。

GIF：图像交换格式，支持 256 色，是一种无损压缩格式，分为静态 GIF 和动态 GIF 两种，支持透明背景图像，文件小。

PNG：可移植网络图形格式，它是一种无损压缩，压缩比高，且支持透明色，文件小。

TIFF：标签图像文件格式，它是一种主要用来存储包括照片和艺术图片在内的图像文件格式，文件扩展名通常为 .tiff 或 .tif。占用存储空间大，其大小比 GIF、JPEG 格式的文件都大。

WMF：Windows 图元文件，它是微软公司定义的图形文件格式。该文件所占磁盘空间比其他任何格式的图形文件都要小得多，但显示速度要比其他格式的图像文件慢，如 Microsoft Office 的剪贴画。

2）音频文件。

WAV：波形文件，是微软公司开发的一种声音文件格式，被 Windows 平台及其应用程序所广泛支持。文件小，多用于存储简短的声音片段。

MIDI：乐器数字接口文件，是数字音乐 / 电子合成乐器的统一国际标准。该文件非常小巧，比声音文件小得多，要形成电脑音乐必须通过声卡的还原、合成。

MP3：它是一种有损音频压缩技术，其全称是动态影像专家压缩标准音频层面3，压缩比大，文件通常较小，重放的音质较好。

WMA：微软音频格式文件，是微软公司推出的与MP3格式齐名的一种新的音频格式。WMA在压缩比和音质方面都超过了MP3，更是远胜于RA。

RealAudio：实时音频系统格式，是一种有损音乐压缩格式，它的压缩比可达到1：96，在网上比较流行。其最大特点是可以实现网上实时播放。文件格式主要有RA、RM、RMX三种。

3）视频文件。

AVI：音频/视频交错格式，它采用有损压缩方式，压缩比较高，支持256色和RLE压缩。主要应用在多媒体光盘上，用来保存电视、电影等信息，是目前视频文件的主流。

MPEG：动态图像专家组格式，是运动图像压缩算法的国际标准，它采用有损压缩算法减少运动图像中的冗余信息，平均压缩比为50：1，最高可达200：1，压缩率非常高，并且在微机上有统一的标准格式，兼容性相当好。

MOV：Quick Time影片格式，是Apple公司开发的一种音频、视频文件格式，用于存储常用数字媒体类型。MOV格式文件是以轨道的形式组织起来的，一个MOV格式文件结构中可以包含很多轨道。MOV格式在某些方面甚至比WMV和RM更优秀，并能被众多的多媒体编辑及视频处理软件所支持。

RealVideo：实时视频系统格式，是RealNetworks公司开发的一种新型流式视频文件格式。它是一种高压缩比的视频格式，主要用来实现影像数据的实时传送和实时播放。该格式文件包括扩展名为RA、RM、RAM、RMVB的四种视频格式。

FLV：Flash视频文件。它形成的文件极小、加载速度极快。目前，许多在线视频网站都采用此视频格式。

探究活动

请在网络上搜索"中国第一台计算机103机"的相关文字、图片和视频资料，并与班级同学分享。

学知砺德

鸿蒙系统

鸿蒙系统（见图1-2-7），寓意"混沌初开，万象更新"。鸿蒙系统的研发之路并非一帆风顺。从最初的构想、设计到最终的落地、应用，每一个环节都充满了挑战和困难。然而，研发团队凭借着坚定的信念和不懈的努力，攻克了一个又一个技术难关，最终让鸿蒙系统从纸上谈兵变成了现实。

　　鸿蒙系统的成功并非偶然。它采用了全新的分布式架构和微内核设计，实现了跨设备、跨平台的无缝协同，为用户带来了前所未有的智能体验。并积极与全球开发者合作，共同打造了一个繁荣的鸿蒙生态系统。

　　如今，鸿蒙系统已经广泛应用于华为的各种智能设备中，成为华为品牌的重要支撑。

图 1-2-7　鸿蒙系统

鸿蒙系统的成功推动了中国科技产业的蓬勃发展，它的崛起是中国科技大国崛起的一个缩影，它向世界展示了中国科技创新的实力和决心。

习题挑战

1.【判断题】计算机重新启动后，U 盘中的信息会全部丢失。　　　　（　　）

答案：错误

解析：计算机的存储器分为内存和外存，内存有 ROM 和 RAM 两种，ROM 和所有外存中的信息都可以长期保存，而 RAM 中的信息在断电后全部丢失。

2.【单选题】对一个存储器按照字节编号为 000000H~FFFFFFH，表示该存储器的容量是（　　）MB。

A. 64　　　　　　　　B. 32　　　　　　　　C. 16　　　　　　　　D. 128

答案：C

解析：结束地址 − 起始地址 +1= 地址总数，故有 FFFFFFH−000000H+1H=1000000H 个地址，转换成十进制数是 16777216 个地址，由于存储器是按照字节编号的，每个地址代表一个字节，所以共有 16777216 个字节，换成兆字节的单位，16777216/1024²=16MB，所以选 C。

3.【单选题】下列图像文件中，（　　）所占存储空间最大。

A. TIFF　　　　　　B. BMP　　　　　　C. PNG　　　　　　D. JPEG

答案：B

解析：图像文件所占存储空间大小的顺序是：BMP>TIFF>GIF>PNG>JPEG>WMF，所以选 B。

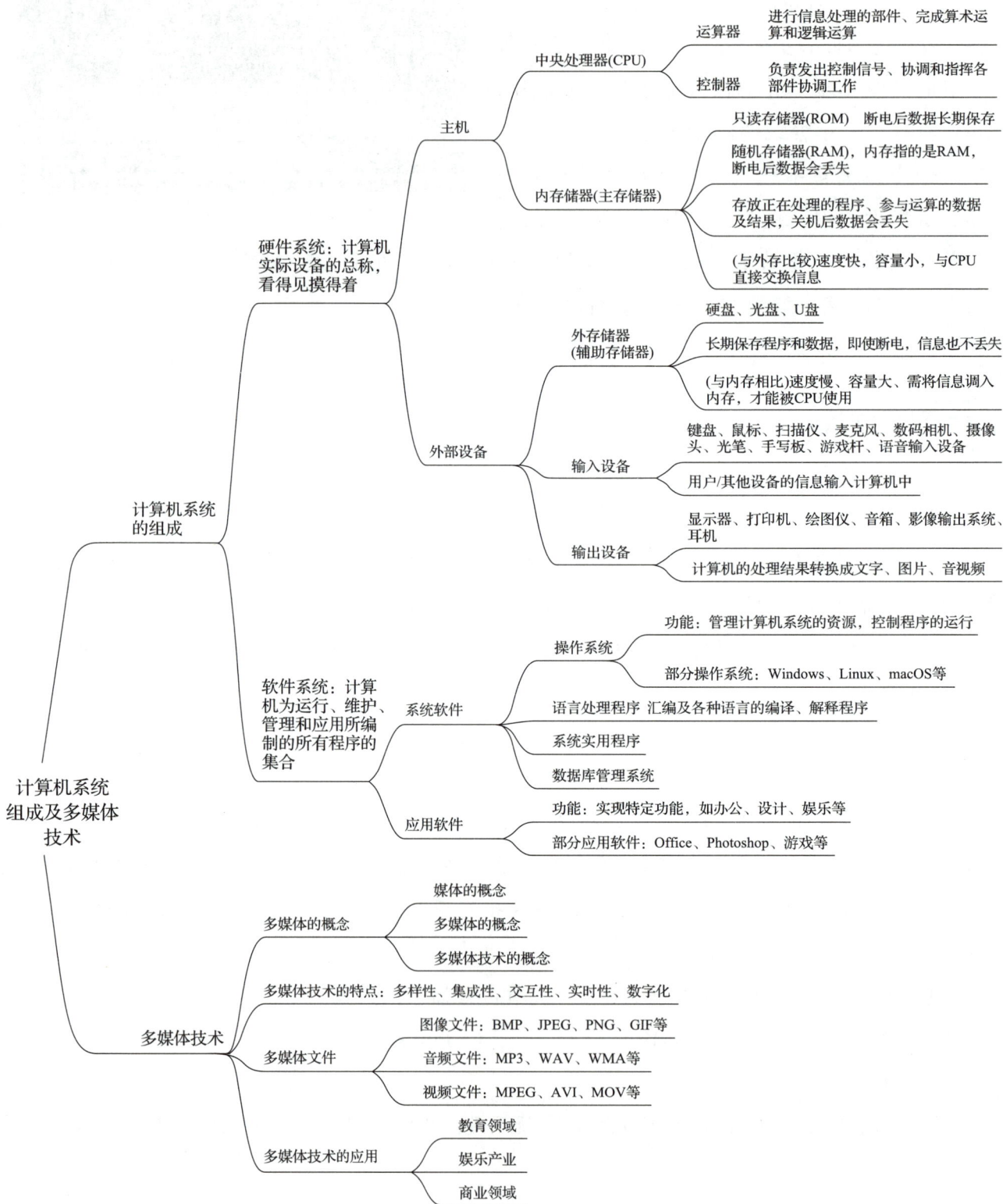

知识导图

计算机系统组成及多媒体技术
├── 计算机系统的组成
│   ├── 硬件系统：计算机实际设备的总称，看得见摸得着
│   │   ├── 主机
│   │   │   ├── 中央处理器(CPU)
│   │   │   │   ├── 运算器 —— 进行信息处理的部件、完成算术运算和逻辑运算
│   │   │   │   └── 控制器 —— 负责发出控制信号、协调和指挥各部件协调工作
│   │   │   └── 内存储器(主存储器)
│   │   │   ├── 只读存储器(ROM) 断电后数据长期保存
│   │   │   ├── 随机存储器(RAM)，内存指的是RAM，断电后数据会丢失
│   │   │   ├── 存放正在处理的程序、参与运算的数据及结果，关机后数据会丢失
│   │   │   └── (与外存比较)速度快，容量小，与CPU直接交换信息
│   │   └── 外部设备
│   │   ├── 外存储器(辅助存储器)
│   │   │   ├── 硬盘、光盘、U盘
│   │   │   ├── 长期保存程序和数据，即使断电，信息也不丢失
│   │   │   └── (与内存相比)速度慢、容量大、需将信息调入内存，才能被CPU使用
│   │   ├── 输入设备
│   │   │   ├── 键盘、鼠标、扫描仪、麦克风、数码相机、摄像头、光笔、手写板、游戏杆、语音输入设备
│   │   │   └── 用户/其他设备的信息输入计算机中
│   │   └── 输出设备
│   │   ├── 显示器、打印机、绘图仪、音箱、影像输出系统、耳机
│   │   └── 计算机的处理结果转换成文字、图片、音视频
│   └── 软件系统：计算机为运行、维护、管理和应用所编制的所有程序的集合
│   ├── 系统软件
│   │   ├── 操作系统
│   │   │   ├── 功能：管理计算机系统的资源，控制程序的运行
│   │   │   └── 部分操作系统：Windows、Linux、macOS等
│   │   ├── 语言处理程序 汇编及各种语言的编译、解释程序
│   │   ├── 系统实用程序
│   │   └── 数据库管理系统
│   └── 应用软件
│   ├── 功能：实现特定功能，如办公、设计、娱乐等
│   └── 部分应用软件：Office、Photoshop、游戏等
└── 多媒体技术
    ├── 多媒体的概念
    │   ├── 媒体的概念
    │   ├── 多媒体的概念
    │   └── 多媒体技术的概念
    ├── 多媒体技术的特点：多样性、集成性、交互性、实时性、数字化
    ├── 多媒体文件
    │   ├── 图像文件：BMP、JPEG、PNG、GIF等
    │   ├── 音频文件：MP3、WAV、WMA等
    │   └── 视频文件：MPEG、AVI、MOV等
    └── 多媒体技术的应用
        ├── 教育领域
        ├── 娱乐产业
        └── 商业领域

任务习题

一、单选题

1. 计算机系统由（　　　）。

A. 主机和系统软件组成 　　　　　　　B. 硬件系统和应用软件组成

C. 硬件系统和软件系统组成 　　　　　D. 微处理器和软件系统组成

2. 运算器的主要功能是（　　　）。

A. 实现算术运算和逻辑运算 　　　　　B. 保存各种指令信息供系统其他部件使用

C. 分析指令并进行译码 　　　　　　　D. 按主频指标规定发出时钟脉冲

3. 计算机中最基本的输出设备是（　　　）。

A. 鼠标　　　　　　B. 显示器　　　　　　C. 键盘　　　　　　D. 打印机

4. 为解决某一特定问题而设计的指令序列称为（　　　）。

A. 文档　　　　　　B. 语言　　　　　　C. 程序　　　　　　D. 系统

5. 某单位的工资管理系统属于（　　　）。

A. 工具软件　　　　B. 字处理软件　　　　C. 系统软件　　　　D. 应用软件

6. 下列四种软件中，属于系统软件的是（　　　）。

A. 目标程序　　　　B. 诊断程序　　　　C. 办公软件　　　　D. 图形图像处理软件

7. 对于一个 2KB 的存储空间，其地址编码可以是（　　　）。

A. 000H~7FFH　　　B. 0000H~7FFFH　　　C. 000H~FFFH　　　D. 0000H~FFFFH

8. 下列不是多媒体技术特点的是（　　　）。

A. 多样性　　　　　B. 破坏性　　　　　C. 交互性　　　　　D. 实时性

二、多选题

1. 下列关于系统软件的四条叙述中，错误的是（　　　）。

A. 系统软件与具体应用领域无关　　　　B. 系统软件与具体硬件逻辑功能无关

C. 系统软件是在应用软件基础上开发的　　D. 系统软件并不提供人机交互界面

2. 下列选项中，输入设备有（　　　）。

A. 绘图仪　　　　　B. 扫描仪　　　　　C. 游戏杆　　　　　D. 麦克风

三、判断题

1. 计算机硬件系统决定了整个计算机系统的性能，计算机软件系统对性能影响微乎其微，可以忽略不计。　　　　　　　　　　　　　　　　　　　　　　　　（　　　）

2. 计算机中全部信息，包括输入的原始数据、计算机程序、中间运行结果和最终运行结果等都存放在存储器中。　　　　　　　　　　　　　　　　　　　　　　（　　　）

3. 输入设备是计算机与用户其他设备通信的桥梁。游戏杆是一种输入设备。　（　　　）

4. 若一台微机地址总线的位长为 10 位，则其最大的寻址空间为 1024 字节。（　　）

5. PC 机突然停电时，RAM 中的信息全部丢失，硬盘中的信息部分丢失。（　　）

任务 3　数据表示和存储

　　当我们在日常生活中使用文字、图片、音频或视频等形式来传递信息时，这些信息一旦进入计算机，都必须经历数据表示和数据存储这两个过程。这些过程是计算机技术中最基础、最重要的组成部分，它们使计算机能够理解和处理人类的信息，从而实现人与计算机之间的交互。

任务情景

　　今天，我去银行存钱，目睹工作人员在计算机中迅速检索到了我的账户并把钱存到了我的账户中，这引发了我对计算机如何处理信息的疑问，存款数如是 2000，在计算机中还会是用阿拉伯数字 2000 来记录吗？我的账户名是用什么符号表示的？还会是汉字吗？这些信息又是以什么形式存储在计算机中的呢？

学习体验

　　当电脑的磁盘存储空间不足时，比较便捷的解决办法是采用云盘这种在网络中的存储方式。常见的云盘有百度网盘（见图 1-3-1）、阿里云盘、腾讯微云等，一般注册登录后，单击"上传"按钮，即可将本地文件上传到云盘。当需要时，选择云盘中的文件，单击"下载"按钮，也可将云盘上的文件下载到本地电脑。

图 1-3-1　百度网盘

　　云盘是目前一种重要的数据存储工具，借用它我们能随时随地访问、存储、共享和管理数据，而不会受时间、空间的限制。请自行注册一个百度网盘账号，并上传一个文件，感受云存储在管理文件上带来的便利。

🅑 **知识学习**

教学视频：计算机信息编码

1. 数据的分类及表示方法

（1）数据的分类

1）数值数据：数值数据是计算机中最常见的数据类型，包括整数、浮点数。

2）非数值数据：非数值数据包括字符、图像、音频、视频等。

（2）数据的表示

1）进制。

进制是一种基于位置的数字表示方法，是一种带进位的计数方法，即"逢几进一"或"借一当几"。常见的进制主要有二进制、八进制、十进制和十六进制。

每一种进制包括数码、基数、位权三个重要元素。

①数码。

数码是进制中表示数字的符号，不同的进制所使用的数码各不相同，且数码的个数与进制数一致。如二进制的数码是 0 和 1，共 2 个；八进制的数码是 0~7，共 8 个；十进制的数码是 0~9，共 10 个；十六进制的数码是 0~9 和 A~F，共 16 个。

②基数。

进制所使用的数码个数称为基数。如二进制的基数是 2，即"逢二进一"或"借一当二"；八进制的基数是 8，即"逢八进一"或"借一当八"；十进制的基数是 10，即"逢十进一"或"借一当十"；十六进制的基数是 16，即"逢十六进一"或"借一当十六"。

③位权。

进制中的每一位所代表的值称为位权，如二进制的位权是 2^n；八进制的位权是 8^n；十进制的位权是 10^n；十六进制的位权是 16^n，其中 n 表示位数 –1，即根据位置整数部分从右到左依次为 0，1，2，…小数部分从左到右依次为 –1，–2，–3，…

值得注意的是，位权只与位置有关，即使数码相同，由于其位置不同，位权也不相同。如我们熟悉的十进制数 222，它有三个 2，虽然数码是一样的，但各自的位权是不一样的，从左向右其位权分别是 100，10，1，即 10^2，10^1，10^0。

2）进制的表示方法。

①在数字后面加上一个表示所用进制的英文字母，其中二进制用 B、八进制用 O（为防止与 0 混淆，也用 Q）、十进制用 D（可省略）、十六进制用 H 表示，如 7040，32D，1011B，FFH。

②将数字用圆括号括起来，并将该进制的基数写在右下角，如 $(1011)_2$，$(704)_8$，$(FF)_{16}$。

探 究 活 动

请判断表 1-3-1 中各数所使用的进制，并将其相关信息填写在表中。

表 1-3-1　与进制数据相关的信息

数	进制	数码	基数	位权
75Q				
1101011B				
58D				
1F5H				

2. 进制转换

（1）十进制数转换为非十进制数

1）整数部分：除基取余，逆序排列。将要转换的十进制数连续除以基数，直到商为 0，然后将每次相除后的余数取下来逆序排列。

2）小数部分：乘基取整，顺序排列。将要转换的十进制的纯小数反复乘以基数，直到乘积的小数部分为 0 或小数位达到精度的要求，然后将乘积的整数部分顺序排列。

例：$(76.875)_{10} = (1001100.111)_2$

步骤：

第一步：先将该数分为整数部分和小数部分；

第二步：转换整数部分，如图 1-3-2 所示；

从下往上读取余数，就可以得到 76 转换成二进制数为 1001100。

第三步：转换小数部分，如图 1-3-3 所示；

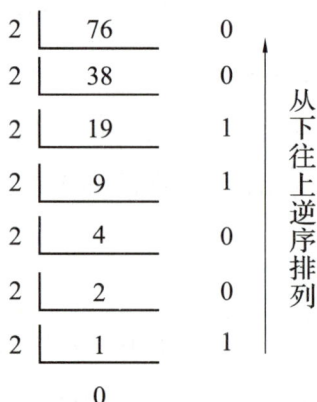

```
2 | 76    0
2 | 38    0    从
2 | 19    1    下
2 |  9    1    往
2 |  4    0    上
2 |  2    0    逆
2 |  1    1    序
     0         排
               列
```

图 1-3-2　转换整数部分

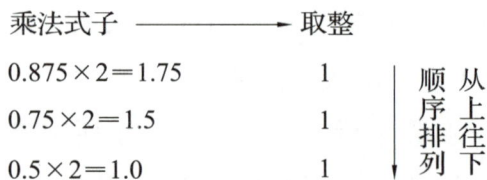

```
乘法式子 ———————→ 取整
0.875×2=1.75      1    顺   从
0.75×2=1.5        1    序   上
0.5×2=1.0         1    排   往
                       列   下
```

图 1-3-3　转换小数部分

从上往下读取整数，就可以得到 0.875 转换成二进制数为 0.111。

（2）非十进制数转换为十进制数

将非十进制数转为十进制数，可以采用"按权展开并求和"的方法。

例:

$(11001011)_2=1 \times 2^7+1 \times 2^6+0 \times 2^5+0 \times 2^4+1 \times 2^3+0 \times 2^2+1 \times 2^1+1 \times 2^0=203$

$(56)_8=5 \times 8^1+6 \times 8^0=46$

$(B6)_{16}=11 \times 16^1+6 \times 16^0=182$

（3）二进制数与八进制数的转换

1）二进制和八进制的对应关系。

用 3 位二进制数表示 1 位八进制数，二者的对应关系如图 1-3-4 所示。

二进制数 ——→	八进制数
000	0
001	1
010	2
011	3
100	4
101	5
110	6
111	7

图 1-3-4 二进制数和八进制数的对应关系

2）二进制和八进制互换的方法。

①二进制转换成八进制。

二进制转换成八进制的方法是取三合一法，即将要转换的二进制数以小数点为界，整数部分从右往左每 3 位一组，不足 3 位的在最前面补 0 凑足 3 位;小数部分从左往右每 3 位一组，不足 3 位的在最后面补 0 凑足 3 位。

例：将二进制数 1011100.01011 转换成八进制数，其过程如图 1-3-5 所示，结果为 $(1011100.01011)_2=(134.26)_8$。

$$\underset{1}{\underline{001}} \ \underset{3}{\underline{011}} \ \underset{4}{\underline{100}}.\underset{2}{\underline{010}} \ \underset{6}{\underline{110}}$$

图 1-3-5 二进制转换成八进制的方法

②八进制转换成二进制。

每 1 位八进制数用 3 位二进制数表示。

例：将 $(47)_8$ 转换为二进制数。

解：对照二进制和八进制的对应关系表，每 1 位八进制对应 3 位二进制。

  4   7

100 111

所以 $(47)_8 = (100111)_2$

（4）二进制数与十六进制数的转换

1）二进制和十六进制的对应关系。

用4位二进制数表示1位八进制数，二者的对应关系如图1-3-6所示。

二进制数 ——→ 十六进制数	二进制数 ——→ 十六进制数
0000　0	1000　8
0001　1	1001　9
0010　2	1010　A
0011　3	1011　B
0100　4	1100　C
0101　5	1101　D
0110　6	1110　E
0111　7	1111　F

图1-3-6　二进制和十六进制的对应关系

2）二进制和十六进制互换的方法。

①二进制转换成十六进制。

二进制转换成十六进制的方法是取四合一法，即将要转换的二进制数以小数点为界，整数部分从右往左每4位一组，不足4位的在最前面补0凑足4位；小数部分从左往右每4位一组，不足4位的在最后面补0凑足4位。

例：将二进制数1011100.01011转换成十六进制数，其过程如图1-3-7所示，结果为$(1011100.01011)_2 = (5C.58)_{16}$。

$$\underset{5}{0101}\ \underset{C}{1100}.\underset{5}{0101}\ \underset{8}{1000}$$

图1-3-7　二进制转换成十六进制的方法

②十六进制转换成二进制。

每1位十六进制数用4位二进制数表示。

例：将$(B7.3)_{16}$转换为二进制数。

解：对照二进制和十六进制的对应关系表，每1位十六进制对应4位二进制。

　　B　　　7.　　　3

1011　0111.　0011

所以$(B7.3)_{16} = (10110111.0011)_2$

探究活动

请将表1-3-2中的非十进制数转换为十进制数，写出它们的按权展开式及结果。

表 1-3-2　进制转换

数	按权展开式及结果
1011101B	
432Q	
3421H	

3. 信息存储

（1）信息存储介质

1）硬盘：这是计算机中最基本、最常用的存储器，用于存储大量的数据和程序。

2）内存储器（RAM）：这是计算机中临时存储数据和程序的地方。

3）闪存（Flash Memory）：这是一种非易失性存储器，断电后仍能保存数据。

4）光盘存储器（CD-ROM、DVD-ROM 等）：这是一种利用激光进行读写的存储设备，常用于存储大量的数据和程序。

讨 论 活 动

你还知道哪些新型的信息存储介质，分享给你的同学吧！

（2）信息存储单位

1）位（bit）。

位是计算机中最小的信息存储单位，指二进制数字中的一位，即 0 或 1 表示。如 $(10101)_2$ 为 5 位二进制数。n 位二进制数可以表示 2^n 种状态。

2）字节（Byte）。

字节是计算机中最基本的存储单位，1 字节等于 8 位，即 1Byte=8bit。此外，还有 KB（千字节）、MB（兆字节）、GB（吉字节）、TB（太字节）、PB（拍字节）、EB（艾字节）、ZB（泽字节）、YB（尧字节）等。它们的换算关系如下：

$1KB=1024B=2^{10}B$；

$1MB=1024KB=1024 \times 1024B=2^{20}B$；

$1GB=1024MB=1024 \times 1024 \times 1024B=2^{30}B$；

……

以此类推，从小到大，相邻的存储单位之间是 1024（$1024=2^{10}$）倍的关系。

3）字。

字是计算机一次存取、加工、运算和传送的数据整体，一个字通常由一个或若干个字节组成。字的长度就是字长，是 CPU 一次所能处理数据的二进制位数，是衡量计算机性能的一个重要指标。字长越长，计算机的精度和速度越高。不同档次的计算机有不同的字长，目前的计算机字长有 8 位、16 位、32 位和 64 位。

讨 论 活 动

图 1-3-8 所示的三个文件中，哪个所占存储空间最大？它有多少 MB？有多少 B？

📁 explorer	2024/3/13 14:57	应用程序	5,244 KB
❓ HelpPane	2023/12/21 21:41	应用程序	1,068 KB
🔖 hh	2022/5/7 13:20	应用程序	36 KB

图 1-3-8　文件列表

探 究 活 动

请查看你所使用计算机的各个磁盘分区的容量信息，并填写在表 1-3-3 中。

表 1-3-3　信息存储单位

磁盘分区	容量	已用空间	可用空间
C：			
D：			
E：			

4. 信息编码

计算机中的所有信息都以二进制编码形式存在。计算机采用二进制的主要原因是硬件技术容易实现，运算规则简单，适合逻辑运算，易于与十进制相互转换，抗干扰能力强，可靠性高。

（1）字符编码

1）ASCII 码。

ASCII 码（美国信息交换标准代码）是由美国国家标准学会制订的标准单字节字符编码方案，用于在计算机中表示英文字符。它分为标准 ASCII 码和扩展 ASCII 码，标准 ASCII 码使用 7 位二进制数来表示 128 个字符。标准 ASCII 码又将 128 个字符分为两类：可打印的 ASCII 字符（包括空格、标点符号、控制字符等）和可打印的英文字母。后 128 个称为扩展 ASCII 码，它允许将每个字符的第 8 位用于表示扩展的 128 个特殊符号字符、外来语字母和图形符号。

常见字符的 ASCII 码值的大小规则：0~9<A~Z<a~z。

①数字比字母要小，如 7<F。

②数字 0 比数字 9 要小，并按 0 到 9 顺序递增，如 3<8。

③字母 A 比字母 Z 要小，并按 A 到 Z 顺序递增，如 A<Z。

④同一个字母的大写比小写要小 32，如 A<a。

⑤记住几个常见字符的 ASCII 码值，如表 1-3-4 所示。

表 1-3-4 字符的 ASCII 码表

ASCII 码控制字符（高四位 0000 与 0001）

低四位	十进制	字符	Ctrl	代码	转义字符	字符解释	十进制	字符	Ctrl	代码	转义字符	字符解释
0000	0		^@	NUL	\0	空字符	16	▲	^P	DLE		数据链路转义
0001	1	☺	^A	SOH		标题开始	17	▼	^Q	DC1		设备控制 1
0010	2	☻	^B	STX		正文开始	18	↕	^R	DC2		设备控制 2
0011	3	♥	^C	ETX		正文结束	19	‼	^S	DC3		设备控制 3
0100	4	♦	^D	EOT		传输结束	20	¶	^T	DC4		设备控制 4
0101	5	♣	^E	ENQ		查询	21	§	^U	NAK		否定应答
0110	6	♠	^F	ACK		肯定应答	22	▬	^V	SYN		同步空闲
0111	7	•	^G	BEL	\a	响铃	23	↨	^W	ETB		传输块结束
1000	8	◘	^H	BS	\b	退格	24	↑	^X	CAN		取消
1001	9	○	^I	HT	\t	横向指标	25	↓	^Y	EM		介质结束
1010	10	◙	^J	LF	\n	换行	26	→	^Z	SUB	\c	替代
1011	11	♂	^K	VT	\v	纵向制表	27	∟	^[	ESC		溢出
1100	12	♀	^L	FF	\f	换页	28	↔	^\	FS		文件分隔符
1101	13	♪	^M	CR	\r	回车	29	↕	^]	GS		组分隔符
1110	14	♫	^N	SO		移出	30	◄	^^	RS		记录分隔符
1111	15	☼	^O	SI		移入	31	►	^_	US		单元分隔符

ASCII 码打印字符（高四位 0010～0111）

低四位	0010（2）十进制	字符	0011（3）十进制	字符	01/0（4）十进制	字符	0101（5）十进制	字符	0110（6）十进制	字符	0111（7）十进制	字符
0000	32	（空格）	48	0	64	@	80	P	96	`	112	p
0001	33	!	49	1	65	A	81	Q	97	a	113	q
0010	34	"	50	2	66	B	82	R	98	b	114	r
0011	35	#	51	3	67	C	83	S	99	c	115	s
0100	36	$	52	4	68	D	84	T	100	d	116	t
0101	37	%	53	5	69	E	85	U	101	e	117	u
0110	38	&	54	6	70	F	86	V	102	f	118	v
0111	39	'	55	7	71	G	87	W	103	g	119	w
1000	40	(	56	8	72	H	88	X	104	h	120	x
1001	41	)	57	9	73	I	89	Y	105	i	121	y
1010	42	*	58	:	74	J	90	Z	106	j	122	z
1011	43	+	59	;	75	K	91	[	107	k	123	{
1100	44	,	60	<	76	L	92	\	108	l	124	|
1101	45	-	61	=	77	M	93	]	109	m	125	}
1110	46	.	62	>	78	N	94	^	110	n	126	~
1111	47	/	63	?	79	O	95	_	111	o	127	⌂

Ctrl（高四位 0111）：Backspace 代码：DEL

注：表中的 ASCII 字符可以用 "Alt+ 小键盘上的数字键" 方法输入

2）Unicode。

Unicode（被称为统一码、万国码、单一码，学名是 Universal Multiple-Octet Coded Character Set，简称为 UCS）是计算机科学领域里的一项业界标准，包括字符集、编码方案等。Unicode 是为了解决传统的字符编码方案的局限而产生的，它为每种语言中的每个字符设定了统一并且唯一的二进制编码，以满足跨语言、跨平台进行文本转换、处理的要求。

（2）汉字编码

在汉字输入、输出、存储和处理的不同过程中，所使用的汉字编码不相同，常见的汉字编码主要有汉字输入码（外码）、汉字交换码（国标码）、汉字内码、汉字字形码等编码形式。汉字处理过程如图 1-3-9 所示。

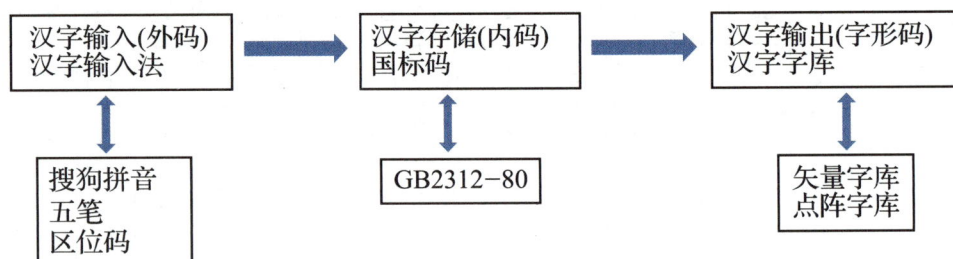

图 1-3-9　汉字处理过程

1）汉字输入码。

汉字输入码是用于将汉字输入到计算机或其他设备中的编码方式，属于外码。常见的有数字码（如区位码）、音码、形码、音形结合码（如自然码）等。每个汉字的外码不是唯一的。

2）国标码（汉字交换码）。

汉字在计算机中存储和处理需要用到国家标准《信息交换用汉字编码字符集 基本集》，简称国标码，标准代号是 GB/T 2312—1980。该标准将中文字符分为两个层次，即常用汉字和次常用汉字。其中，常用汉字 6763 个及非汉字图形字符 682 个，共 7445 个。按其使用频率又分为一级汉字 3755 个（按汉字拼音字母顺序排列），二级汉字 3008 个（按汉字部首顺序排列）。

3）区位码。

区位码是用于表示某个给定汉字（也包括其他字符）的唯一编码，是一个四位的十进制数，高两位为区码（01~94），低两位为位码（01~94）。如"学"字在区域表中处于第 49 区第 7 位，区位码即为 4907D。

国标码并不等于区位码，它是由区位码经过转换而得，其转换步骤为：

①将区位码的区码与位码分别转换成十六进制数表示；

②用十六进制数表示的区位码＋2020H ＝国标码。

以"具"字为例,其区位码为3063D。

第1步,将30转换成十六进制为1E;63转换成十六进制为3F,"具"字区位码用十六进制表示为1E3FH。

第2步,国标码为1E3FH+2020H=3E5FH。

4)汉字内码(机内码)。

汉字内码是指计算机内部进行存储、传递和运算所使用的统一机内代码,又称为内码。一个汉字内码占2个字节,每个汉字的机内码是唯一的。

国标码和机内码的换算:机内码=国标码+8080H。

5)汉字字形码。

汉字字形码也叫汉字字模点阵码,用在输出时产生汉字的字形,通常采用点阵形式,即将汉字笔画以点的形式描绘出来,每一个点用一个二进制数表示,笔画经过的地方为"1",没有笔画经过的地方为"0",点的多少决定了汉字的字形。

讨 论 活 动

小写字母a的ASCII码值是97,大写字母C的ASCII码值是多少?

学知砺德

一项仅次于"两弹一星"的发明——汉字信息处理系统工程

20世纪六七十年代,不少专家认为方块汉字(见图1-3-10)不能适应现代计算机的要求,会拖现代化的后腿,因此汉字需要改革,需要走西方文字拼音化的道路。此刻,汉字到了生死存亡的时刻。

1974年8月,在周恩来总理主导下,电子工业部、机械工业部、中国科学院、新华社等联合启动了"汉字信息处理系统工程"(简称748工程)。

这一国家级科技攻关项目在"20世纪我国重大工程技术成就"评选中荣获第二名,仅次于"两弹一星",并获得了国家最高科学技术奖。

图1-3-10　方块汉字

倪光南,首批中国工程院院士,以及与他同一研究所的科学家们在该工程中起到了关键作用。他们成功研制出了"111汉字信息处理实验系统",实现了汉字的输入、编码、存储、显示、打印等功能,并首次实现了联想输入方法。这标志着汉字显示技术的重大突破,为汉字的信息化和全球化传播奠定了基础。

习题挑战

1.【单选题】按 24×24 点阵存放 100 个汉字，大约需占存储空间（   ）。

A. 72B   B. 57600B   C. 576B   D. 7200B

答案：D

解析：每个汉字用 24×24 点来显示，1 个点占 1 个二进制位，8 个点就占 1 个字节，所以 100 个汉字所占存储空间为 24×24×100/8=7200B，故选 D。

2.【单选题】下列最大的存储单位是（   ）。

A. GB   B. EB   C. PB   D. TB

答案：B

解析：存储单位的大小顺序为 MB<GB<TB<PB<EB，故选 B。

3.【单选题】"好"的区位码是 2635，则它的机内码是（   ）。

A. 1A23H   B. 3A43H   C. BAC3H   D. C6D5H

答案：C

解析：将"好"的区位码 2635 分为区号 26 和位号 35，分别将区号和位号转换成十六进制为：1A 和 23，则区位码的十六进制为 1A23，其国标码＝区位码（十六进制）+2020H=1A23H+2020H=3A43H，则机内码＝国标码+8080H=3A43H+8080H=BAC3H，所以选 C。

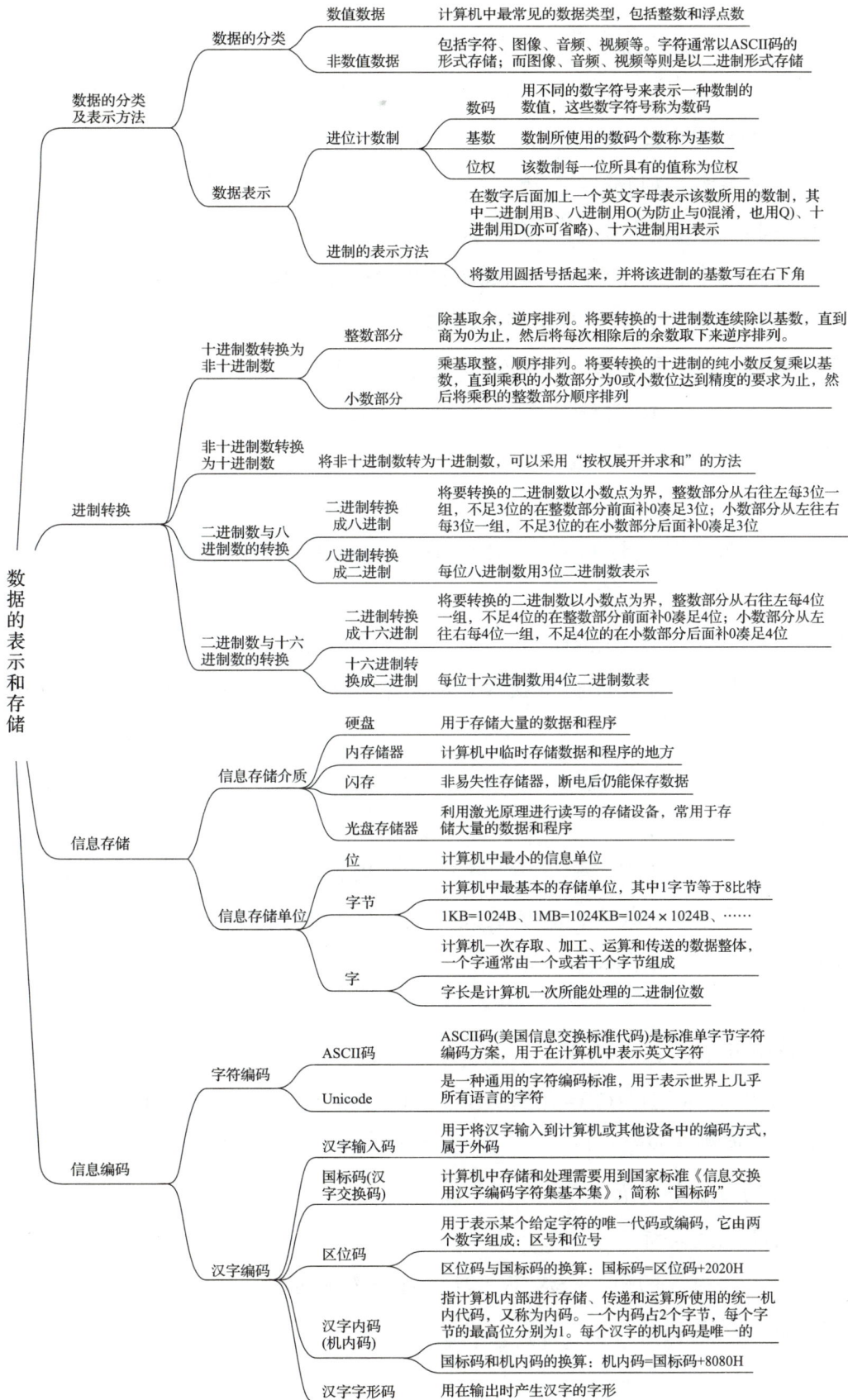

知识导图

数据的表示和存储

- **数据的分类及表示方法**
  - **数据的分类**
    - 数值数据 ── 计算机中最常见的数据类型，包括整数和浮点数
    - 非数值数据 ── 包括字符、图像、音频、视频等。字符通常以ASCII码的形式存储；而图像、音频、视频等则是以二进制形式存储
  - **数据表示**
    - 进位计数制
      - 数码 ── 用不同的数字符号来表示一种数制的数值，这些数字符号称为数码
      - 基数 ── 数制所使用的数码个数称为基数
      - 位权 ── 该数制每一位所具有的值称为位权
    - 进制的表示方法
      - 在数字后面加上一个英文字母表示该数所用的数制，其中二进制用B、八进制用O（为防止与0混淆，也用Q）、十进制用D（亦可省略）、十六进制用H表示
      - 将数用圆括号括起来，并将该进制的基数写在右下角

- **进制转换**
  - **十进制数转换为非十进制数**
    - 整数部分 ── 除基取余，逆序排列。将要转换的十进制数连续除以基数，直到商为0为止，然后将每次相除后的余数取下来逆序排列。
    - 小数部分 ── 乘基取整，顺序排列。将要转换的十进制的纯小数反复乘以基数，直到乘积的小数部分为0或小数位达到精度的要求为止，然后将乘积的整数部分顺序排列
  - **非十进制数转换为十进制数** ── 将非十进制数转为十进制数，可以采用"按权展开并求和"的方法
  - **二进制数与八进制数的转换**
    - 二进制转换成八进制 ── 将要转换的二进制数以小数点为界，整数部分从右往左每3位一组，不足3位的在整数部分前面补0凑足3位；小数部分从左往右每3位一组，不足3位的在小数部分后面补0凑足3位
    - 八进制转换成二进制 ── 每位八进制数用3位二进制数表示
  - **二进制数与十六进制数的转换**
    - 二进制转换成十六进制 ── 将要转换的二进制数以小数点为界，整数部分从右往左每4位一组，不足4位的在整数部分前面补0凑足4位；小数部分从左往右每4位一组，不足4位的在小数部分后面补0凑足4位
    - 十六进制转换成二进制 ── 每位十六进制数用4位二进制数表示

- **信息存储**
  - **信息存储介质**
    - 硬盘 ── 用于存储大量的数据和程序
    - 内存储器 ── 计算机中临时存储数据和程序的地方
    - 闪存 ── 非易失性存储器，断电后仍能保存数据
    - 光盘存储器 ── 利用激光原理进行读写的存储设备，常用于存储大量的数据和程序
  - **信息存储单位**
    - 位 ── 计算机中最小的信息单位
    - 字节
      - 计算机中最基本的存储单位，其中1字节等于8比特
      - 1KB=1024B、1MB=1024KB=1024×1024B、……
    - 字
      - 计算机一次存取、加工、运算和传送的数据整体，一个字通常由一个或若干个字节组成
      - 字长是计算机一次所能处理的二进制位数

- **信息编码**
  - **字符编码**
    - ASCII码 ── ASCII码（美国信息交换标准代码）是标准单字节字符编码方案，用于在计算机中表示英文字符
    - Unicode ── 是一种通用的字符编码标准，用于表示世界上几乎所有语言的字符
  - **汉字编码**
    - 汉字输入码 ── 用于将汉字输入到计算机或其他设备中的编码方式，属于外码
    - 国标码（汉字交换码） ── 计算机中存储和处理需要用到国家标准《信息交换用汉字编码字符集基本集》，简称"国标码"
    - 区位码
      - 用于表示某个给定字符的唯一代码或编码，它由两个数字组成：区号和位号
      - 区位码与国标码的换算：国标码=区位码+2020H
    - 汉字内码（机内码）
      - 指计算机内部进行存储、传递和运算所使用的统一机内代码，又称为内码。一个内码占2个字节，每个字节的最高位分别为1。每个汉字的机内码是唯一的
      - 国标码和机内码的换算：机内码=国标码+8080H
    - 汉字字形码 ── 用在输出时产生汉字的字形

任务习题

一、单选题

1. 与十进制数 291 等值的十六进制数为（　　）。

A. 123 　　　　　 B. 213 　　　　　 C. 231 　　　　　 D. 132

2. 下列四条叙述中，正确的一条是（　　）。

A. 字节通常用英文单词 bit 来表示

B. 曾经的经典 Pentium 计算机，其字长为 5 个字节

C. 计算机存储器中将 8 个相邻的二进制位作为一个单位，这种单位称为字节

D. 微型计算机的字长并不一定是字节的倍数

3. 微型计算机中使用最普遍的字符编码是（　　）。

A. EBCDIC 码 　　 B. 国标码 　　　 C. BCD 码 　　　 D. ASCII 码

4. 与十进制数 254 等值的二进制数是（　　）。

A. 11111110 　　 B. 11101111 　　 C. 11111011 　　 D. 11101110

5. 按 16×16 点阵存放国标 GB/T 2312—1980 中一级汉字（共 3755 个）的汉字库，大约需占（　　）存储空间。

A. 1MB 　　　　 B. 512KB 　　　 C. 256KB 　　　 D. 128KB

6. 若在一个非零无符号二进制整数右边加两个零形成一个新的数，则新数的值是原数值的（　　）。

A. 四倍 　　　　 B. 二倍 　　　　 C. 四分之一 　　　 D. 二分之一

7. 汉字的外部码又称为（　　）。

A. 交换码 　　　 B. 字码 　　　　 C. 国标码 　　　 D. 输入码

8. 下列四个不同进制的数中，数值最大的是（　　）。

A. 1001001B 　　 B. 4AH 　　　　 C. 71 　　　　　 D. 110Q

二、多选题

1. 下列单位换算中，正确的是（　　）。

A. 1KB=8192b 　 B. 1GB=1024MB 　 C. 1PB=1024TB 　 D. 1TB=2^{20}MB

2. 有关汉字机内码的说法，（　　）是正确的。

A. 汉字机内码占 2 个字节

B. 汉字机内码就是国标码

C. 用不同输入法输入的同一个汉字，其机内码是不同的

D. 汉字机内码的最高位为 1

三、判断题

1. 三位二进制数对应一位八进制数。   (　　)

2. 在计算机中，汉字的机内码是唯一的。   (　　)

3. 根据计算机的特点，方便对汉字的处理，在设计时就将汉字的机内码和外码一一对应，这样机内码和外码都是唯一的。   (　　)

4. 区位码输入法一字一码，无重码。   (　　)

5. 为了方便汉字的输入，出现了很多汉字的输入法，因此汉字的输入码有多种类型。

                                                                  (　　)

任务4　信息录入

数字时代，信息记录的方式发生了质的飞跃，与传统的用笔来书写记录不同，信息录入方式日新月异，出现了许多更快速、便捷的录入方式，如语音识别录入、条形码和二维码扫描录入、AI 智能录入等，录入的信息种类更加丰富，如数字、文字、图形、图像、语音等。信息录入（见图 1-4-1），这个看似简单的操作，已是我们踏入数字社会的重要一环。

图 1-4-1　信息录入

任务情景

　　清晨醒来，我第一时间拿起手机，在聊天软件中输入文字，与亲朋好友互道早安，分享新一天的心情和计划。上班时，我在电脑上输入文档、报告、邮件等，传达工作中的信息和想法。当我需要查询信息时，也会在搜索引擎中输入关键词，寻找我想要的答案。购物时，在电商平台上输入商品图片，以便筛选出符合自己心意的物品。甚至在休闲时光，我也会在社交平台上输入有趣的段子或生活点滴，记录下美好的瞬间，与他人一同分享生活的喜怒哀乐。信息输入就这样紧密地融入我生活的方方面面，成为我沟通、学习、工作和娱乐不可或缺的一部分。

教学视频：
录入英文

🅑 学习体验

使用者无须接触屏幕，凭借"空中手势"即可完成信息录入，这种最自然的人机交互方式，在许多科幻电影里已是司空见惯。在现实生活中，百度输入法的"凌空手写"（见图1-4-2）也能做到，此项技术运用了百度全新的文字识别技术，它不需要特殊的手写笔，也不需要深度摄像头或多目摄像头等硬件，只需要最普通的RGB摄像头就可以完美支持，当用户将手掌正面移动到取景框中时，即可开始书写。

图1-4-2　百度输入法的"凌空手写"

"凌空手写"这类非接触式、用户能够以徒手方式进行操作的书写方式，正是接近人类自然交互的方式。

🅑 知识学习

1. 认识键盘

（1）键盘的结构

键盘由外壳、键帽、接口和电路板等组成。

外壳：用于保护和固定内部组件。

键帽：键盘上的按键，通常由塑料制成，上面印有字母、数字、符号等标记。

接口：键盘通过接口与计算机相连，常见的接口有PS/2、USB等。

电路板：当按键被按下时，电路板会接收到信号，并将其发送到计算机或其他设备。

（2）键盘的工作原理

键盘的工作原理可以分为以下三个步骤：

1）机械感应：当用户按下键盘上的按键时，按键内部的机械感应器会接收到压力，记录下这个动作。

2）信号生成：压力被传递到电路板，电路板将信号转化为每个按键唯一对应的键码。

3）数据传输：键码通过键盘的数据线（通常是USB接口）传输到计算机，操作系统根据当前的键盘布局和状态来解释这些键码。

2. 键盘操作基础

（1）键盘分区

键盘通常分为五个区：主键盘区、功能键区、控制键区、状态指示区和数字键区，如图1-4-3所示。

图 1-4-3　键盘分区图

1）主键盘区。

主键盘区是我们最常用的键盘区域，由 26 个字母键、10 个数字键以及一些符号和控制键组成，主要是用来输入字母、数字和符号，如图 1-4-4 所示。

图 1-4-4　主键盘区

字母键：从 A~Z，双挡键，每个键有大小写两挡，直接按下用于输入小写英文字母。

数字键：用于输入数字 0~9。

符号键：用于输入各种符号，有上下两挡，如 键的下挡是等号，上挡就是加号。

回车键：Enter 键，用于确认输入的指令，或在编辑文档时换行。

空格键：键盘上最长的键，按下该键可输入空格。

上挡键（Shift）：与有两挡的键组合，可输入该键的上挡字符。

退格键（Backspace）：用于删除光标前的一个字符。

Ctrl 键：控制键，键盘的左、右下角各有一个，与其他键组合可实现某些操作，如 Ctrl+C（复制）、Ctrl+V（粘贴）、Ctrl+X（剪切）。

Alt 键：转换键，空格键的旁边各有一个，用于激活 Windows 菜单或与其他键组合执行其他特定操作，如 Alt+F4 可关闭窗口。

Tab 键：制表键，在文字编辑时用于将光标移动一个制表位，或与 Alt 键组合用于切换当前窗口。

Caps Lock 键：大写锁定键，这是一个切换键，锁定时用于连续输入大写字母。

■键：Win 键，用于打开开始菜单或与其他键组合执行一些特定操作。

2）功能键区。

功能键区位于键盘的最上端，由 ESC、F1~F12、Print Screen、Pause Break、Scroll Lock 这 16 个键组成，如图 1-4-5 所示。

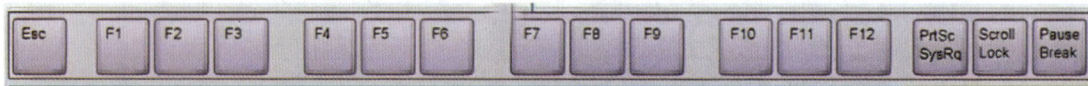

图 1-4-5　功能键区

ESC 键：返回键或取消键，用于退出应用程序或取消操作命令。

F1~F12：功能键，在不同的程序中具有不同的作用。

Print Screen 键：用于全屏截图。

Pause Break 键：暂停键，在某些命令行界面中按下该键屏幕会暂停显示。

3）控制键区。

控制键区又称为编辑键区，如图 1-4-6 所示。

Insert 键：插入键。在文档编辑时，用于切换插入和改写状态。

Home 键：行首键。按下该键，光标将移动到当前行的开头位置。

End 键：行尾键。按下该键，光标将移动到当前行的末尾位置。

Delete 键：删除键。按下该键将删除光标后的一个字符。

Page Up 键：向上翻页键。按下该键，屏幕向上翻一页。

Page Down 键：向下翻页键。按下该键，屏幕向下翻一页。

←/↑/→/↓键：光标移动键。使光标按箭头所指方向移动一个字符位。

4）数字键区。

数字键区也称小键盘区、辅助键区，如图 1-4-7 所示。用于快速输入数字，包括数字 0~9 键、+（加号键）、-（减号键）、*（乘号键）、/（除号键）、Del（删除键）。

图 1-4-6　控制键区

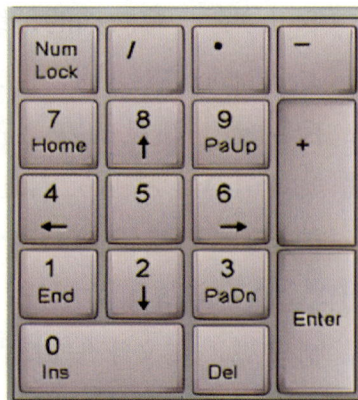

图 1-4-7　数字键区

Num Lock 键：数字锁定键，按下后，Num Lock 指示灯亮起，按下数字键可输入数字；再次按下该键后，Num Lock 指示灯熄灭，数字锁定关闭，实现数字键下挡所标示的功能，如控制光标的移动。

5）状态指示区。

由三个指示灯组成，如图1-4-8所示。

图1-4-8　状态指示区

Num Lock 指示灯：用于指示数字键盘区是否处于"数字锁定"状态。

Caps Lock 指示灯：当 Caps Lock 灯亮起时，指示大写字母锁定功能已经开启，当 Caps Lock 灯熄灭时，指示大写字母锁定功能关闭。

（2）信息录入方式

①键盘录入：使用键盘输入字符、数字和特殊符号，是信息录入最基本的方式。

②语音录入：使用语音识别技术，通过口语输入文字和命令。

③触摸屏录入：在带有触摸屏的设备，如电脑、手机上，通过手指在触摸屏上点击、滑动等操作进行信息录入。

④扫描输入：使用扫描仪或者手机摄像头，录入纸质文稿或图片。

⑤传感器输入：通过各种传感器（如温度传感器、压力传感器等）获取物理数据并录入系统。

⑥扫码录入：使用扫描设备或者手机摄像头扫描条形码或二维码，录入相关信息。

⑦在线录入：通过互联网多人协作在线录入信息。

探究活动

表1-4-1中所用的信息录入方式是什么？请写在表中。

表1-4-1　信息录入方式

图示	信息录入方式
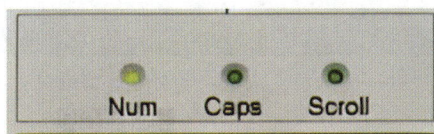	

图示	信息录入方式
线上活动二维码	

（3）打字基本姿势

学习键盘输入时，必须注意基本的姿势，如图 1-4-9 所示。

①身体坐正，与电脑桌保持合适的距离，确保双臂能够自然舒展，不要紧贴身体，也不要离电脑屏幕太远。

②两只手放置键盘的位置应该保持一致，避免出现一左一右的情况。

③肘部、上臂与身体角度要保持 90° 左右，下臂与键盘角度要保持约 75°。

④坐姿时背部应挺立，腰部要挺直并贴近椅背，避免弯腰或驼背。

⑤电脑屏幕高度应与视平线保持一致，或者略微偏上，这样可以有效缓解长时间打字对视力的损害。

⑥脚可以放在地上，也可以使用脚踏板，但要确保地面舒适干燥，避免滑倒。

⑦正确的打字姿势有助于提高打字速度和准确性，同时也有助于保护身体健康。

图 1-4-9　正确打字姿势图

（4）打字正确指法

正确的指法能够提高打字速度，减少手指疲劳，错误的指法可能会造成视觉混乱，影响速度和准确性。

①基准指法：将左手的食指、中指、无名指、小指分别对应 F、D、S、A 四个键位；将

右手的食指、中指、无名指、小指分别对应 J、K、L、；四个键位。F 键和 J 键上通常有一个小横杠，作为定位键，帮助用户快速找到基准键位。

②指法分区：如图 1-4-10 所示，分为左手和右手两个区，每个手指分配了一组键位。

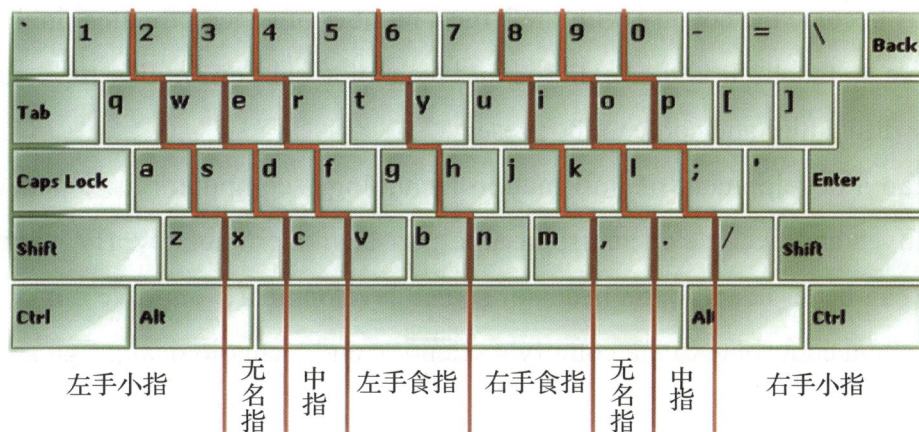

图 1-4-10　指法分区

3.英文录入

（1）基准指法练习

①准备打字时，先将双手食指分别放在 F 键和 J 键上。

②然后，将中指、无名指、小指分别放在其余的基准键上。

③两个拇指则放在空格键上。

④手指击键后放回原位。

（2）单词→短句→文章练习

①熟悉键盘：熟悉并掌握常用键位和功能，了解字母和单词的布局。

②快速键入：尽可能快地键入字母、单词和句子，并避免错误。

③练习盲打：熟悉键盘的布局和键位之后，尝试进行盲打，提高输入速度和准确性。

④练习长单词和复杂的句子：对于长单词和复杂的句子，可以尝试分解成小部分，逐一击破。

⑤多使用快捷键：熟悉并使用常用的快捷键，如 Ctrl+C（复制）、Ctrl+V（粘贴）等，提高输入速度。

⑥养成好的习惯：避免不必要的击键，保持适当的休息，避免过度疲劳。

为了提高录入速度和准确性，还可以使用一些技巧，如预测输入、自动纠正和联想输入等。同时，也要注意保持正确的坐姿和适当的距离，以及定期进行适当的运动。

> **提示：** 在输入组合键时，有时不能确保几个键能同时按下，为解决这个问题，可先按下一个键不放，再依次按下另一个键或几个键不放（可以左右手配合），例如先按下 Ctrl 键不放，然后再按下 S 键来保存文件。

实践操作

启动文字编辑软件，录入下列英文内容。

China began to study computers in 1956 and successfully developed China's first computer in 1958. Now it has become the country with the largest number of supercomputers in the world. What makes us achieve so much? It is the scientific and technological powers that have supported us to overcome many difficulties and come to the present.

With the rapid development of information technology, computers have penetrated into all aspects of our lives and become an indispensable part of modern society. By learning computer knowledge, we can better adapt to the needs of social development, improve our own quality and competitiveness, and contribute to the country's scientific and technological progress and economic development.

4. 汉字录入环境设置与输入

（1）安装中文输入法。

Windows 系统预置了"微软拼音""微软五笔"输入法。另外，用户还可以根据自己的需要安装第三方中文输入法。下面以安装搜狗拼音输入法为例，其安装步骤如图 1-4-11 所示。

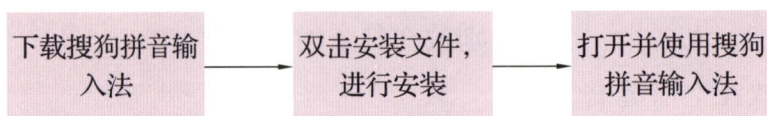

下载搜狗拼音输入法 → 双击安装文件，进行安装 → 打开并使用搜狗拼音输入法

图 1-4-11　安装搜狗拼音输入法

教学视频：录入中文

（2）添加和删除输入法。

不管是用户安装的，还是操作系统内置的输入法，都会在输入法列表中呈现出来，用户可以把输入法从列表中删除或添加到列表中，如图 1-4-12 所示。

在 Windows 10 操作系统中，打开开始菜单，单击"设置"图标（齿轮状按钮），再单击"时间和语言"选项，在"语言"设置中，单击"首选语言"→"中文"→"选项"后，单击"添加键盘"，选择一种要添加的输入法，就可以将该输入法添加到列表中，相反，如果要删除一种输入法，单击该输入法选择删除就行。

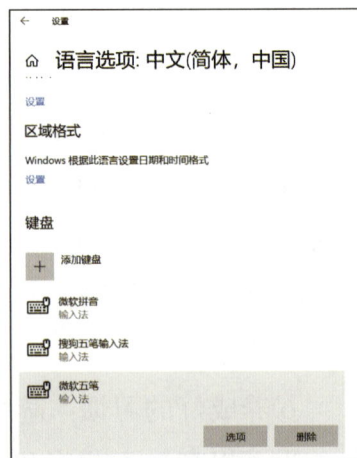

图 1-4-12　添加删除输入法

> **提示：** 在 Windows 7 操作系统中添加或删除输入法与 Windows 10 不一样，其操作步骤为：在"控制面板"中，打开"区域和语言"对话框，单击"键盘和语言"选项卡中的"更改键盘"选项，在"文本服务和输入语言"对话框中，单击"添加"按钮来添加新的输入法，或者选中不需要的输入法单击"删除"按钮来删除它。

实践操作

启动文字编辑软件，选择一种你习惯的中文输入法，录入下面的中文文章。

智能时代的脑科学与类脑智能研究

20 世纪 90 年代末，随着互联网的出现，人类社会步入智能时代，其标志是计算机科学和信息技术迅速发展、互联网普及、大数据兴起、人工智能（AI）技术进步。智能时代是以智能科技为核心技术、智能计算力为代表性生产力的时代。近年来，随着计算机算力的增加，AI 技术得到了快速发展和应用，人们推测当计算机的智能算力超过人脑的算力时，可能引发智能科技的变革。理解人脑如何能够低能耗地进行大规模智能计算的原理是开发下一代智能算力的源泉。脑科学（brain science）是研究人、动物和机器的认知与智能的本质和规律的科学。人类大脑是最为复杂的信息和智能系统，对脑感知、认知功能神经网络的解析会启迪类脑智能理论和类脑智能技术。

提示：在中英文混合录入时，熟练掌握一些组合键，能快速提高输入效率，如表 1-4-2 所示。

表 1-4-2 中英文录入常用组合键

组合键	功能
Ctrl+Space	切换中 / 英文输入法
Ctrl+Shift	切换各种中文输入法
Shift+Space	切换全角 / 半角
Ctrl+ .	切换中英文标点符号

探究活动

我们学校的图书馆现在准备从传统转型为智能化的图书馆，假如你是图书馆的工作人员，如何通过信息录入技术，让图书馆实现数字化转型。请以小组为单位，利用网络资源，搜集有关智慧图书馆的知识，在组内进行讨论，形成方案，并在全班分享。

学知砺德

汉字输入法的变革

汉字数以万计，计算机键盘不可能为每一个汉字造一个按键，因此在计算机上输入汉字尤为困难，汉字输入法（见图 1-4-13）一直是个技术挑战。

1983 年，中国工程师王永民成功研发出五笔输入法，通过将汉字拆分为字根并映射到键盘上，开启了汉字输入

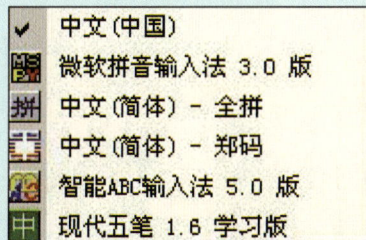

图 1-4-13 汉字输入法

的新纪元。

但是五笔输入法不易学、字根难记，随着拼音的普及，基于拼音的汉字输入法开始兴起。20世纪90年代，拼音输入法问世，但拼音输入有一个大问题，就是同音字多，重码率高，在技术上也面临革新。工程师们通过不断更新词库、优化算法等方式，提高了拼音输入法的准确性和速度，使拼音输入法成为大多数人最常用的。后面还出现了兼具形码和音码特点的音形码，随着技术的发展，新的汉字输入法不断被开发出来，如适合老年人的手写输入法，通过说话就能输入汉字的语音输入法，可以凌空手写的AI智能输入法等。

我们可能感受不到中文输入法创新变革背后工程师们的辛勤付出，但正是他们的努力，使我们能够便捷地在各种电子设备上书写汉字。

习题挑战

1.【单选题】以下（   ）组合键可以完成中文输入法之间的切换。

A. Ctrl+Shift   B. Ctrl+Space   C. Ctrl+ .   D. Shift+Space

答案：A

解析：Ctrl+Shift：切换中文输入法；Ctrl+Space：切换中/英文输入法；Shift+Space：切换全角/半角；Ctrl+ .：切换中英文标点符号，故选A。

2.【单选题】Ctrl+Home键可使光标快速返回到（   ）。

A. 行首   B. 行尾   C. 文档开头   D. 文档结尾

答案：C

解析：Home键：光标快速返回到行首；Ctrl+Home键：光标快速返回到文档开头；End键：C光标快速返回到行尾；Ctrl+End键：光标快速返回到文档结尾，故选C。

3.【单选题】键盘中Tab键是（   ）。

A. 转换键   B. 控制键   C. 制表键   D. 空格键

答案：C

解析：Shift是转换键；Ctrl是控制键；Tab是制表键；Space是空格键，故选C。

知识导图

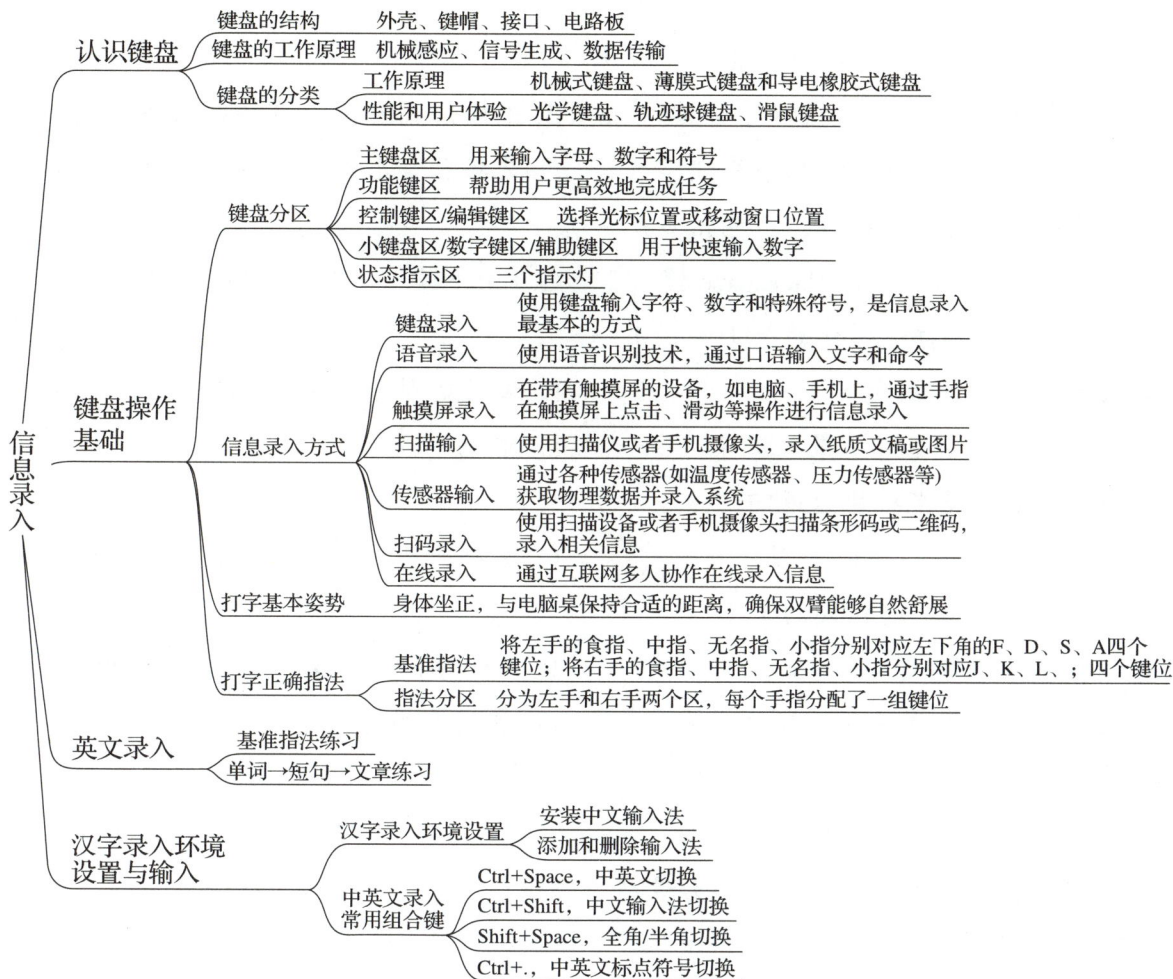

附图:

键盘常用功能图如图 1-4-14 所示。

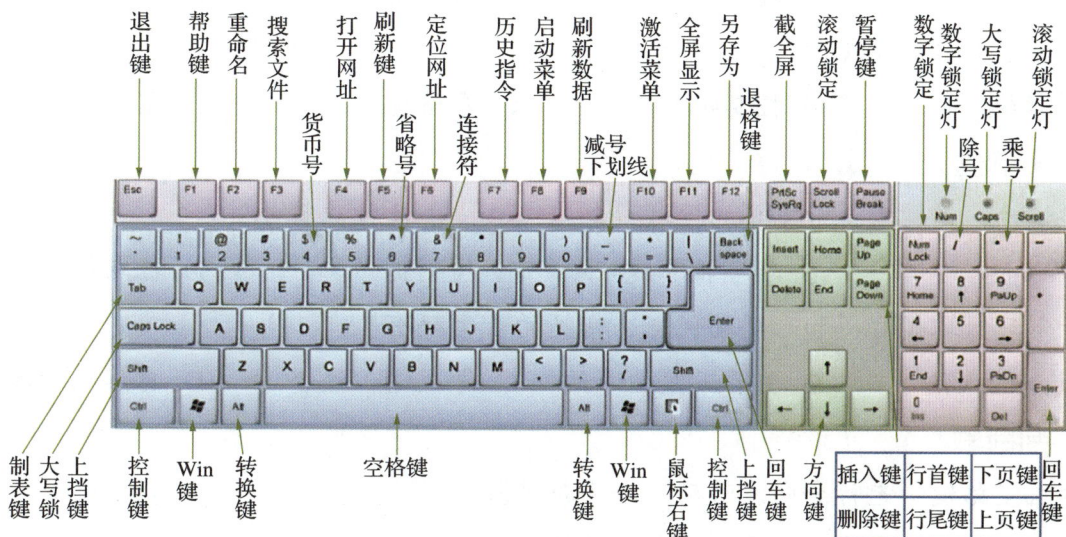

图 1-4-14　键盘常用功能图

任务习题

一、单选题

1. 要输入双字符键的上半部字符（　　　）。

A. 先按住 Shift 键，再按该双字符键　　　　B. 先按住 Ctrl 键，再按该双字符键

C. 先按住 Alt 键，再按该双字符键　　　　　D. 先按住 Tab 键，再按该双字符键

2. 主键盘区上的主要键位，不包括（　　　）。

A. Space 键　　　　　B. Backspace 键　　　　C. Enter 键　　　　D. Esc 键

3. 下列关于音码描述错误的是（　　　）。

A. 又称拼音输入法　　　　　　　　　　B. 编码规则源于汉字的拼音

C. 掌握汉字的拼音即可录入汉字　　　　D. 重码率较低

4. Ctrl+End 键是光标快速返回到（　　　）。

A. 行首　　　　　　　B. 行尾　　　　　　C. 文档开头　　　　D. 文档结尾

5. 下列关于形码描述错误的是（　　　）。

A. 根据笔画来输入汉字　　　　　　　　B. 以汉字的偏旁部首为基础进行编码

C. 五笔输入法是常用的形码输入法　　　D. 重码率相对较高

6. 正确的击键要求不包括（　　　）。

A. 击键时，手指要自然微曲成弧形

B. 击键时，通过手指关节活动的力量敲击键位

C. 不击键时，手指可以离开基本键位

D. 击键完毕，手指立即回到基准键位

7. 主要作用是退出某个程序或撤销当前操作的键位是（　　　）。

A. Insert 键　　　　　B. Home 键　　　　C. End 键　　　　D. Esc 键

8. 键盘中 Ctrl 键是（　　　）。

A. 转换键　　　　　　B. 控制键　　　　　C. 表格键　　　　D. 空格键

二、多选题

1. 主键盘区是键盘上最重要的区域，包括（　　　）及特殊符号键。

A. 字母键　　　　　　B. 数字符号键　　　　C. 控制键　　　　D. 标点符号

2. 音形码吸取了音码和形码的优点，常见的音形码有（　　　）。

A. 搜狗输入法　　　　B. 极品五笔输入法　　C. 郑码输入法　　　D. 自然码输入法

三、判断题

1. 单击空格键，光标会向左移动一个字符位置。（　　　）

2. 单击 Delete 键，会删除光标左侧的字符。（　　　）

3. 一般来说，键盘上 F1 键的作用被定义为帮助。　　　　　　　　（　　）

4. 功能键的作用不能改变。　　　　　　　　　　　　　　　　　　（　　）

5. Print Screen 键是打印屏幕键。单击之后，当前屏幕的显示内容就保存在剪贴板中。

　　　　　　　　　　　　　　　　　　　　　　　　　　　　　　（　　）

任务 5　探索"主机"的奥秘

有人将计算机比作人体，其各部分在"大脑"的指挥下协同完成各项复杂任务，创造了众多科技奇迹。那么，这位智慧伙伴的内部构造是怎样的呢？我们将一同探讨中央处理器、内存、硬盘、显卡等核心组件，揭开计算机内部的奥秘。

任务情景

同事小张最近想要买一台电脑，但对计算机的硬件配置感到十分迷茫。他告诉我，自己只知道电脑由主机（见图 1-5-1）、显示器、键盘、鼠标等组成，但关于主机内部的构造、配置一台电脑需要哪些部件却一无所知。

尽管电脑已经普及千家万户，但和小张一样，大部分人对电脑硬件的了解仍停留在表面。作为一名计算机从业人员，我觉得自己肩负着普及计算机相关知识的重任。

图 1-5-1　主机

学习体验

计算机主机就像是人的躯体，它承载着计算机运行的核心部件。那么，你对计算机主机里的部件有多少了解呢？请打开一台计算机主机箱盖，观察里面的各个部件，思考它们各自的功能，如图 1-5-2 所示。

图 1-5-2　主机内部构造

知识学习

1. 主机箱

　　主机箱就像人的骨骼，为所有的内部器官提供了保护和支撑。主机箱通常由金属或塑料制成，用于容纳主板、电源、存储设备等部件，同时具有防尘和防护电磁辐射的作用。

　　从类型上看，有台式机（mini、全塔、中塔、开放式）机箱（见图1-5-3）、游戏机箱、HTPC机箱、服务器机箱（见图1-5-4）。台式机机箱的多种选择，可以满足不同用户对于电脑外观和性能的需求；游戏机箱更注重散热性能和外观设计，为游戏玩家提供更流畅的游戏体验；HTPC机箱更小巧，方便放置在电视柜或家庭影院系统中；而服务器机箱则更注重稳定性和扩展性，以满足大型数据中心或企业的需求。

图 1-5-3　台式机机箱

图 1-5-4　服务器机箱

　　从结构上看，主机箱有EATX、ATX、MATX、ITX和RTX等多种规格，这些结构标准不仅决定了主板的大小和形状，也影响了其他硬件的兼容性和机箱的整体设计。

　　机箱的主要性能指标有坚固性、散热性、屏蔽性、可扩展性和美观性等。

教学视频：解剖微型计算机

2. 主板

主板（见图 1-5-5），又称系统板、母板，犹如人体的神经系统。它巧妙地连接着 CPU、内存、硬盘、显卡等核心硬件设备，并协调它们之间的运作。

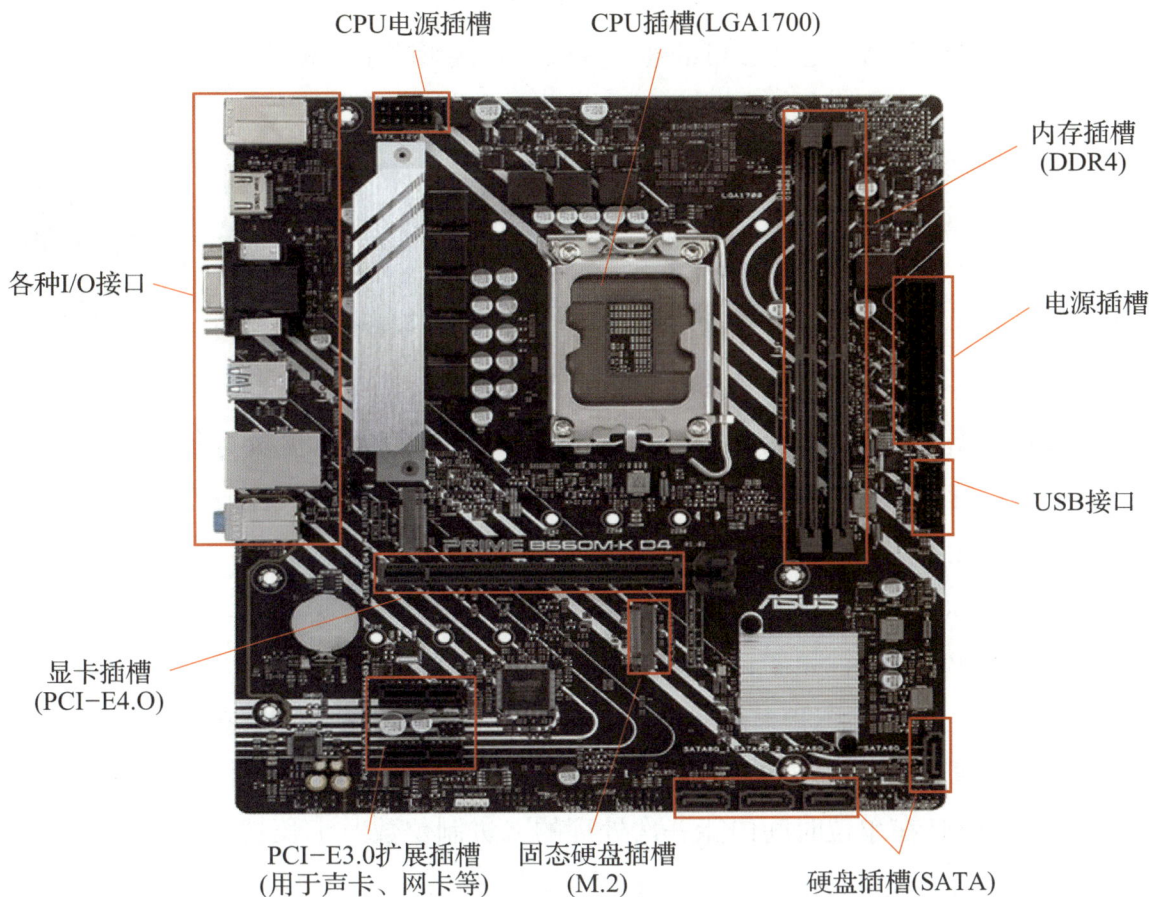

图 1-5-5 主板

主板主要由芯片组、扩展槽、电源插座、接口等部分组成。芯片组是主板的核心，传统的芯片组包括北桥芯片和南桥芯片。北桥芯片主要负责连接高速设备，如 CPU、内存和显卡，而南桥芯片则负责连接低速设备，如硬盘、USB 接口等。但随着技术的进步和集成度的提高，传统的北桥和南桥芯片已经逐渐被整合在一起或者由处理器集成完成。扩展槽用于安装各种扩展卡，如声卡、网卡等，以增加计算机的功能。电源插座是为主板提供电力的接口，确保主板能够正常工作。

主板的性能指标主要包括主板芯片组、对内存的支持、主板板型、扩展性能与外围接口等。

1）主板芯片组：主板芯片组是整个主板的核心，它决定了主板的性能和兼容性。芯片组负责协调各个部件之间的数据传输和通信，确保整个系统的稳定运行。

2）对内存的支持：内存插槽的类型决定了主板所支持的内存类型，而插槽的数量则影响了内存的扩展性。此外，主板还需要确保内存的稳定运行，提供可靠的数据传输通道。

3）主板板型：主板的板型决定了主板的尺寸、扩展能力以及可安装的设备数量。常见的主板板型有 ATX（标准型）、M-ATX（紧凑型）、Mini-ITX（迷你型）、E-ATX（加强型）等。

4）扩展性能与外围接口：主板提供了丰富的扩展插槽和接口，如 PCI-E、SATA 等，用于连接显卡、硬盘等外部设备。这些接口的速度和数量直接影响了主板的扩展能力和整体性能。

3. CPU

CPU，即中央处理器（Central Processing Unit），是计算机主机的"大脑"，负责执行计算机系统中的各种运算和指令，如图 1-5-6 所示。它是计算机硬件中最核心的部件之一，对于计算机的性能和速度起着至关重要的作用。

图 1-5-6　CPU

CPU 主要由运算器、控制器和寄存器三部分组成。运算器负责执行各种算术和逻辑运算，控制器则负责管理和控制计算机的各个部件，确保它们能够协同工作。寄存器则是 CPU 内部的临时存储单元，用于存储运算的中间结果和指令等信息。

CPU 的性能指标主要包括主频、外频、字长、核心数、缓存容量等。

1）主频，即 CPU 的时钟频率，是 CPU 运算时的工作频率（单位为 MHz 或 GHz），决定计算机的运行速度。CPU 的主频 = 外频 × 倍频系数。主频越高，CPU 在单位时间内执行的指令数就越多，运算速度也就越快。外频是 CPU 的基准频率，单位是 MHz（兆赫兹）。

2）字长是指 CPU 在单位时间内能一次处理的二进制位数。字长越长，CPU 的运算速度就越快。字长主要有 8 位、16 位、32 位、64 位等。

3）核心数是指 CPU 内部处理器的数量。多核心 CPU 意味着 CPU 能够同时处理更多的任务。例如，一个四核 CPU 可以同时处理四个任务，而单核 CPU 则只能依次处理这些任务。多核心设计使得 CPU 在处理复杂任务和多任务并行处理时具有更高的效率，从而提高了计算机的整体性能。

思政园地——"针"尖上的舞者：守护芯片质量的秘密

4）缓存（Cache）是位于 CPU 内部或非常接近 CPU 位置的临时存储器，介于 CPU 与内存之间，用于存储 CPU 最近访问的数据和指令。当 CPU 需要数据时，它首先会在缓存中查找，如果找到，则直接从缓存中读取，由于缓存的访问速度比内存快，避免了访问内存的时间延迟。缓存通常分为一级缓存、二级缓存和三级缓存。一级缓存速度最快，但容量最小；二级缓存速度稍慢，但容量较大；三级缓存则具有更大的容量，用于存储不经常访问的数据。

探究活动

CPU 是计算机的核心部件，它承载着数据处理和运算的重任。在当今科技日新月异的时代，芯片技术更是成为国家科技实力的重要体现。中国芯片产业经历了从无到有、从弱到强的艰苦发展历程。

现在，请以小组为单位，利用网络资源，搜集有关中国芯片的相关故事，并在全班分享。

4. 内存

内存，也被称作内部存储器或主存储器，类似人的短期记忆。内存是 CPU 能直接寻址的存储空间，用来存储计算机运行期间所需的数据和程序。

内存按功能分为随机存取存储器（RAM）和只读存储器（ROM）。

1）随机存取存储器（RAM）：我们通常所说的内存，主要是指 RAM 部分，即安装在计算机主板上的内存条（见图 1-5-7）。RAM 可以随时读写，且速度非常快。当计算机关机或重启时，RAM 中的数据会丢失，因此它通常用于存储临时数据。

图 1-5-7　内存条

2）只读存储器（ROM）：ROM 中的数据在出厂时就已经写入，并且不能被用户修改，断电后数据不会丢失。它通常用于存储计算机启动时需要的基本指令，如 BIOS（基本输入、输出系统）。

内存的性能指标主要包括内存容量、内存类型、内存主频等。

1）内存容量指内存可以存储的数据量大小，通常以兆字节（MB）、吉字节（GB）为单位。内存容量越大，计算机能够同时处理的数据量就越多。

2）内存类型指的是内存的技术标准和规范，目前常见的内存类型包括 DDR2、DDR3、DDR4、DDR5 等，每种类型都有其特定的频率、带宽和功耗等参数。

3）内存主频和 CPU 主频一样，习惯上被用来表示内存的速度，它代表着该内存所能达到的最高工作频率。内存主频是以 MHz（兆赫）为单位来计量的。内存主频越高在一定程度上代表着内存所能达到的速度越快。

内存的主要作用是为 CPU 提供高速且可随机访问的数据存储。当 CPU 需要执行某个程序或处理某些数据时，它会先从硬盘中读取这些数据到内存中，然后再从内存中读取数据并进行处理。这种从内存中读取数据的方式比直接从硬盘中读取要快得多，因此内存的存在大大提高了计算机的运行效率。

5. 硬盘

硬盘就像人的记忆系统。它作为计算机存储系统的核心部件，承载着操作系统、应用程序、用户数据等关键信息，是计算机运行不可或缺的重要元素。

硬盘的类型主要包括机械硬盘（HDD）和固态硬盘（SSD）。

1）机械硬盘（见图1-5-8）主要由盘片、磁头、控制电路等部分组成。盘片是存储数据的介质，表面涂有磁性材料，用于记录数据。磁头则是负责读写数据的装置，能够精确地定位并读写盘片上的数据。控制电路则负责控制硬盘的工作

图1-5-8　机械硬盘

状态，确保数据的准确传输。机械硬盘的性能指标主要包括容量、转速、缓存和接口类型等。

①容量决定了硬盘能够存储的数据量大小，通常以GB、TB为单位表示。机械硬盘的容量 = 磁柱数 × 磁头数 × 扇区数 ×512B（每个扇区大小为512B）。

②转速影响着硬盘的读写速度，通常以转 / 分钟（r/min）为单位表示。

③缓存用于暂时存储频繁访问的数据，以提高读写效率。

④硬盘的接口类型决定了其与主板之间的连接方式和数据传输速度。常见的机械硬盘接口类型包括SATA、IDE和SCSI等。其中，SATA接口是最常用的接口类型，具有传输速度快、兼容性好等优点。

⑤机械硬盘具有存储容量大、传输速度快、可靠性高等特点。

2）固态硬盘（见图1-5-9）是用固态电子存储芯片阵列制成的硬盘，由控制单元和存储单元组成。固态硬盘的存储介质分为两种，一种采用闪存（FLASH芯片）作为存储介质，另一种采用DRAM作为存储介质。通常所说的固态硬盘是指采用闪存作为存储介质的硬盘。

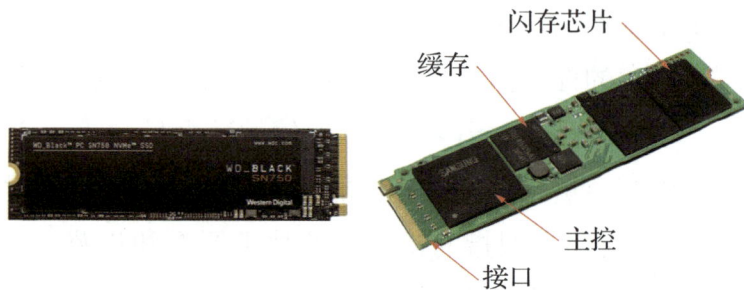

图1-5-9　固态硬盘

①固态硬盘的主要性能指标有存储容量、主控芯片、闪存类型、缓存大小和接口类型等。

②常见的固态硬盘接口类型有SATA、MSATA 、PCI-E、M.2等。

③与传统机械硬盘相比，固态硬盘具有读写速度快、质量轻、能耗低、体积小、噪声小、防振抗摔等优点，但也有容量相对较小、价格昂贵、使用寿命短、数据恢复困难等缺点。

6. 显卡

显卡（见图1-5-10）又称显示适配器，类似人的视觉系统。显卡作为计算机图形处理的核心部件，承担着将CPU发送的图像和视频信息进行处理，并输出到显示器进行显示的重要任务。

显卡分为独立显卡和集成显卡。独立显卡安装在主板的 AGP 或 PCI-E 接口上。独立显卡性能较强，能够应对复杂的图形处理任务，如大型游戏、高清视频编辑等。集成显卡则与主板集成在一起，共享系统内存，性能相对较弱，适用于日常办公、简单娱乐等场景。

图 1-5-10　显卡

独立显卡主要由 GPU（图形处理单元）、显存和接口等部分组成。GPU 是显卡的核心，负责执行复杂的图形处理任务，如渲染 3D 场景、处理图像特效等。显存则用于存储 GPU 处理过程中所需的数据和指令，其大小和速度直接影响着显卡的性能。接口负责将显卡与显示器等外部设备连接起来，实现信息的传输。

显卡的主要性能指标有显卡类型、显存容量、核心频率和位宽等。

7. 网卡

网卡，又称网络适配器，可以看作人体中"神经系统的一部分"，是计算机与局域网相互连接的设备。网卡的主要功能体现在两方面：一是将计算机的数据封装为帧，并通过传输介质将数据发送到网络上去，二是接收网络上传过来的帧，并将帧重新组合成数据。

网卡的分类：按与计算机的连接方式分，网卡主要分为有线网卡和无线网卡；按与计算机的连接和安装方式分为集成网卡和独立网卡。

网卡的结构主要包括接口、控制电路、数据缓冲区和处理器等部分。

网卡的性能指标有传输速率和工作模式。

图 1-5-11 所示为 PCI-E 接口网卡，图 1-5-12 所示为 USB 接口网卡。

图 1-5-11　PCI-E 接口网卡

图 1-5-12　USB 接口网卡

8. 声卡

声卡，可以看作人的听觉系统。声卡作为计算机音频处理的核心部件，负责处理计算机中的音频信号，并将其输出到音响设备或录音设备中。

声卡的类型多种多样，根据用途和性能的不同，可以分为内置声卡（见图 1-5-13）和外置声卡（见图 1-5-14）两大类。内置声卡通常集成在计算机主板上，满足普通用户的日常需求，如听音乐、观看影片等。外置声卡则具有更高的性能和更丰富的功能，适用于专业音频制作、音乐创作等场景，能够提供更为纯净、高质量的音频输出。

图 1-5-13　内置声卡

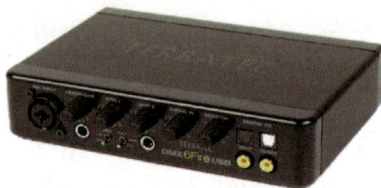

图 1-5-14　外置声卡

声卡主要由音频处理芯片、输入/输出接口、数字模拟转换器（DAC）和模拟数字转换器（ADC）等部分组成。

声卡的主要性能指标有采样位数、采样频率、复音数和动态范围等。

9. 光盘驱动器

光盘驱动器又称光驱（见图 1-5-15），它是计算机用来读写光盘内容的驱动器。光驱可分为 CD-ROM（只读光盘存储器）驱动器、DVD-ROM（数字多用途只读光盘存储器）、康宝光驱（COMBO）、蓝光光驱（BD-ROM）和刻录光驱等。

光驱的主要性能指标有数据传输率、平均寻道时间、CPU 占用时间等。

10. 电源

计算机电源（见图 1-5-16）是将交流电通过开关电源变压器转换为稳定的直流电，以供计算机系统部件正常工作的设备。目前主流的电源是 ATX 电源。

计算机电源的主要性能指标有电源标准、电源功率、输出电压的稳定性和输出电压波纹大小等。

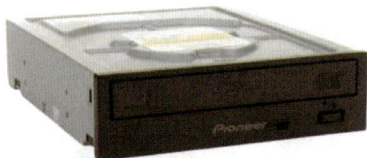

图 1-5-15　光驱

图 1-5-16　电源

探究活动

学习本节后，你是否更了解计算机主机的构成？请利用所学，填写主机组成部件及性能指标于表 1-5-1 中。之后，建议查询这些部件的市场价格，并与同学们分享、交流学习感受。

表 1-5-1　计算机主机的组成部件及性能指标

名称	部件描述	性能指标	价格区间

名称	部件描述	性能指标	价格区间

11. 扩展插槽

扩展插槽（见图 1-5-17）用于连接外部设备，如显卡、网卡、声卡等。常见的扩展插槽包括 PCI（Peripheral Component Interconnect）、PCI Express 等。

图 1-5-17 扩展插槽

🔵 学知砺德

"中国芯"的崛起

在科技迅猛发展的今天，芯片作为信息产业的"心脏"，其战略地位日益凸显。近年来，"中国芯"的设计水平取得了令人瞩目的提升，已与国际先进水平比肩，充分展现了我国在芯片领域的创新能力和国际竞争力。

"中国芯"的崛起，是自主创新的生动诠释。华为的海思麒麟系列芯片，以其卓越的性能和先进的技术，在全球通信领域大放异彩，为智能手机等终端设备提供了强大的动力，如图 1-5-18 所示。而龙芯系列 CPU，则凭借自主设计的指令集和微架构，实现了高性能与低功耗的完美平衡，广泛应用于政府、国防、教育等领域，为国家信息安全和科技进步作出了重要贡献，如图1-5-19所示。

这些成果的取得，离不开科研人员的艰苦努力和企业的持续投入，更得益于国家对于自主创新的坚定支持和引导。正是有了这样的环境和条件，"中国芯"才能不断突破技术瓶颈，实现跨越式发展。

图1-5-18　麒麟CPU

图1-5-19　龙芯LS3A6000芯片

习题挑战

1.【单选题】计算机断电后，（　　　）设备中的信息会全部丢失。

A. U盘　　　　　　　B. 硬盘　　　　　　　C. RAM　　　　　　　D. ROM

答案：C

解析：随机存取存储器RAM是最常见的内存类型，它可以随时读写，且速度非常快。当计算机关机或重启时，RAM中的数据会丢失，因此它通常用于存储临时数据。

2.【单选题】下列关于CPU（中央处理器）的描述中，哪一项是正确的？（　　　）

A. CPU的主要功能是进行算术运算和逻辑运算

B. CPU的速度完全决定了计算机的运算速度

C. CPU的频率越高，功耗就一定越低

D. CPU的核心数越多，性能就一定越好

答案：A

解析：计算机的运算速度和CPU的性能都是综合多个因素的结果，不能仅靠任何一个单一指标来判断。

3.【单选题】下列关于硬盘的描述中，哪一项是正确的？（　　　）

A. 固态硬盘（SSD）的读写速度通常比机械硬盘（HDD）慢

B. 硬盘的容量越大，存取速度就越快

C. 固态硬盘（SSD）没有机械部件，因此更耐震动和冲击

D. 硬盘的接口类型与其存储容量成正比

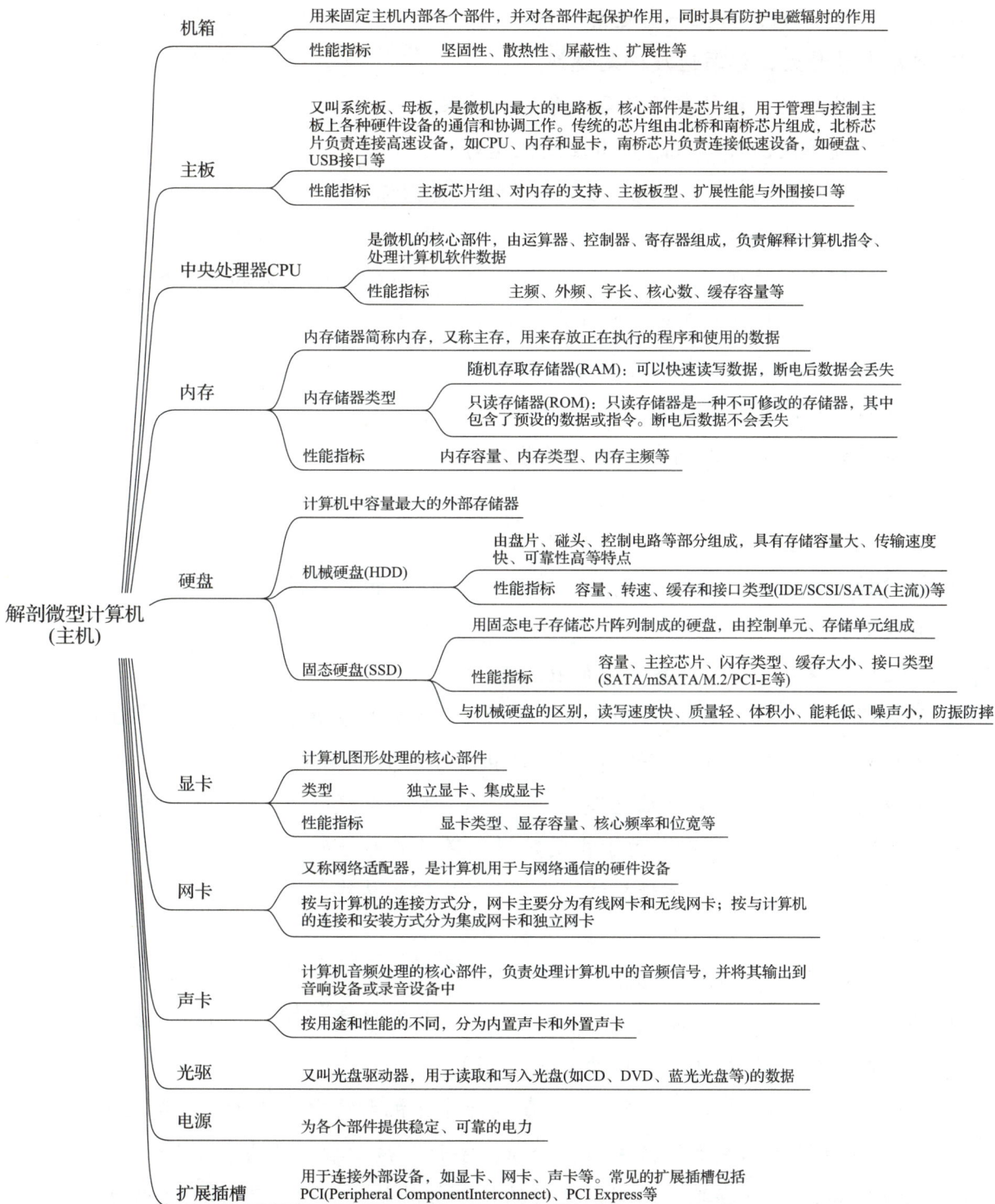

答案：C

解析：固态硬盘的读写速度通常比机械硬盘快。硬盘的存取速度与其容量大小没有直接关系。硬盘的接口类型（如SATA、PCIe等）与其存储容量没有直接的正比关系。

知识导图

机箱
- 用来固定主机内部各个部件，并对各部件起保护作用，同时具有防护电磁辐射的作用
- 性能指标　坚固性、散热性、屏蔽性、扩展性等

主板
- 又叫系统板、母板，是微机内最大的电路板，核心部件是芯片组，用于管理与控制主板上各种硬件设备的通信和协调工作。传统的芯片组由北桥和南桥芯片组成，北桥芯片负责连接高速设备，如CPU、内存和显卡，南桥芯片负责连接低速设备，如硬盘、USB接口等
- 性能指标　主板芯片组、对内存的支持、主板板型、扩展性能与外围接口等

中央处理器CPU
- 是微机的核心部件，由运算器、控制器、寄存器组成，负责解释计算机指令、处理计算机软件数据
- 性能指标　主频、外频、字长、核心数、缓存容量等

内存
- 内存储器简称内存，又称主存，用来存放正在执行的程序和使用的数据
- 内存储器类型
  - 随机存取存储器(RAM)：可以快速读写数据，断电后数据会丢失
  - 只读存储器(ROM)：只读存储器是一种不可修改的存储器，其中包含了预设的数据或指令。断电后数据不会丢失
- 性能指标　内存容量、内存类型、内存主频等

硬盘
- 计算机中容量最大的外部存储器
- 机械硬盘(HDD)
  - 由盘片、碰头、控制电路等部分组成，具有存储容量大、传输速度快、可靠性高等特点
  - 性能指标　容量、转速、缓存和接口类型(IDE/SCSI/SATA(主流))等
- 固态硬盘(SSD)
  - 用固态电子存储芯片阵列制成的硬盘，由控制单元、存储单元组成
  - 性能指标　容量、主控芯片、闪存类型、缓存大小、接口类型(SATA/mSATA/M.2/PCI-E等)
  - 与机械硬盘的区别，读写速度快、质量轻、体积小、能耗低、噪声小，防振防摔

显卡
- 计算机图形处理的核心部件
- 类型　独立显卡、集成显卡
- 性能指标　显卡类型、显存容量、核心频率和位宽等

网卡
- 又称网络适配器，是计算机用于与网络通信的硬件设备
- 按与计算机的连接方式分，网卡主要分为有线网卡和无线网卡；按与计算机的连接和安装方式分为集成网卡和独立网卡

声卡
- 计算机音频处理的核心部件，负责处理计算机中的音频信号，并将其输出到音响设备或录音设备中
- 按用途和性能的不同，分为内置声卡和外置声卡

光驱
- 又叫光盘驱动器，用于读取和写入光盘(如CD、DVD、蓝光光盘等)的数据

电源
- 为各个部件提供稳定、可靠的电力

扩展插槽
- 用于连接外部设备，如显卡、网卡、声卡等。常见的扩展插槽包括PCI(Peripheral ComponentInterconnect)、PCI Express等

（解剖微型计算机（主机））

任务习题

一、单选题

1. 下列硬盘的性能指标中，（　　　）决定了硬盘读写数据的速度。

A. 硬盘容量　　　　　　B. 硬盘转速　　　　　　C. 硬盘接口类型　　　　D. 硬盘品牌

2. 关于计算机硬件的性能指标，以下说法正确的是（　　　）。

A. CPU 主频越高，功耗一定越大

B. 硬盘容量越大，读写速度一定越快

C. 内存容量越大，计算机运行多任务能力越强

D. 网卡速度越快，计算机的整体性能就越好

3. 在选择主板时，（　　　）不是主要考虑的性能指标。

A. 芯片组支持的 CPU 类型　　　　　　B. 主板上的扩展插槽数量

C. 主板的颜色和外观　　　　　　　　D. 主板的供电设计和散热性能

4. 内存的容量大小对计算机性能的影响是（　　　）。

A. 容量越大，计算机性能越差

B. 容量大小对计算机性能无影响

C. 容量越大，计算机能同时处理的任务越多

D. 容量越小，计算机运行越稳定

5. CPU 的性能主要取决于（　　　）因素。

A. 核心数量和主频　　　　　　　　　B. 功耗和散热性能

C. 品牌和价格　　　　　　　　　　　D. 外观和大小

6. 主板的性能与（　　　）指标关系最为密切。

A. 硬盘容量　　　　　　B. 芯片组型号　　　　C. 显示器分辨率　　　　D. 网卡速度

7. 以下（　　　）主要用于 CPU 内部，连接各个寄存器与运算器。

A. 数据总线　　　　　　B. 地址总线　　　　　C. 控制总线　　　　　　D. 内部总线

8. 在计算机的硬件架构中，用于指明数据传送目的地址的是（　　　）。

A. 数据总线　　　　　　B. 地址总线　　　　　C. 控制总线　　　　　　D. 电源总线

二、多选题

1. 主板主要（　　　）部件组成。

A. 芯片组　　　　　　　B. 扩展槽　　　　　　C. 电源插座　　　　　　D. 接口

2. 下列关于 CPU 的描述，正确的是（　　　）。

A. CPU 是计算机主机的"大脑"，负责执行计算机系统中的各种运算和指令

B. CPU 的性能指标主要包括主频、外频、字长、核心数、缓存容量等

C. 主频越高，CPU 在单位时间内执行的指令数就越少，运算速度也就越慢

D. 缓存通常分为一级缓存、二级缓存和三级缓存，其中一级缓存速度最快但容量最小

3. 下列关于内存的描述，正确的是（　　　）。

A. 内存的主要作用是为 CPU 提供高速且可随机访问的数据存储

B. 内存频率对计算机的整体性能没有影响

C. 升级内存是提高计算机性能的有效方式之一

D. 任何类型的内存都可以随意升级，无须考虑兼容性

三、判断题

1. CPU 的字长越长，其在单位时间内能一次处理的二进制位数就越多，从而提升了其运算能力。　　　　　　　　　　　　　　　　　　　　　　　　（　　　）

2. 随机存取存储器（RAM）中的数据在关机或重启后会保留。　　（　　　）

3. 主板的芯片组决定了主板可以支持的处理器类型、内存类型和扩展插槽的种类，因此芯片组是主板性能的关键因素之一。　　　　　　　　　　　　　　（　　　）

4. 光驱的写入功能允许用户将数据从计算机写入光盘，所有类型的光驱都具备写入功能。　　　　　　　　　　　　　　　　　　　　　　　　　　　（　　　）

5. 总线是计算机系统中连接各个部件的唯一通信通道。　　　　　（　　　）

任务6　揭开"外设"的面纱

一个完整的计算机系统，除了主机之外，还需要各种外部设备来扩展其功能和应用范围。这些外部设备，就像主机的得力助手，为我们提供了更加丰富、便捷的信息交互方式。

🅑 任务情景

暑假，我来到游乐场，体验了震撼人心的"飞翔"游乐项目。巨幕上，一幅幅画面徐徐展开，我仿佛化身为一只雄鹰翱翔高空。长城的雄伟、三峡大坝的磅礴、天安门的历史厚重，一一呈现眼前，如图 1-6-1 所示。巨幕细腻真实，让我仿佛置身其中。音响系统带来沉浸式体验，风声、水声、历史回声与画面融合，让我感受飞翔的自由与畅快。这次体验让我深刻感受到计算机外设的极致应用，巨幕与音响的出色表现，让飞翔更加真实，身心愉悦。

图 1-6-1　虚拟现实技术

学习体验

在计算机中，外部设备，简称"外设"，是指连在计算机主机以外的设备。外部设备扮演着至关重要的角色，它们扩展了计算机的基本功能，使信息输入、输出、存储等操作变得更为便捷和高效。请和你的同学开展头脑风暴，比比谁知道的外设多。

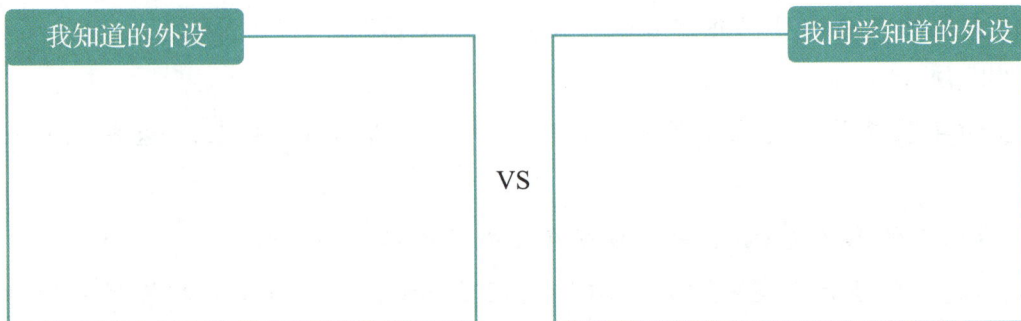

我知道的外设		我同学知道的外设
	VS	

知识学习

教学视频：连接计算机及常用设备

在计算机硬件系统中，外部设备包括输入设备、输出设备和外存储器。

1. 输入设备

（1）键盘

键盘（Keyboard）是计算机最基本的输入设备。键盘根据键位数多少一般分为87、101、104、107、108 键位键盘，比较常用的是 104 键键盘（见图 1-6-2）和 87 键键盘（见图 1-6-3）；按接口不同，一般有 PS/2 和 USB 两种接口键盘；按连 接方式不同，一般分为有线和无线（红外线、蓝牙、2.4 G 无线电）两种键盘；按工作原理可分为机械式键盘、塑料薄膜式键盘、导电橡胶式键盘、无接点静电电容键盘。

图 1-6-2　104 键键盘

图 1-6-3　87 键键盘

（2）鼠标

鼠标是计算机最常用的输入设备，一般由左键与右键、滚轮、连接线或无线接收器组成。

鼠标按工作原理及其内部结构分为机械鼠标、光机鼠标、光电鼠标；按接口类型不同可分为串行鼠标、PS/2 鼠标、USB 鼠标和总线鼠标；按连接方式可分为有线鼠标（见图 1-6-4）和无线鼠标（见图 1-6-5）。

图 1-6-4　有线鼠标

图 1-6-5　无线鼠标

　　鼠标的性能指标主要有分辨率（dpi）、刷新率、按键点按次数、光学扫描率、响应速率（报告率）等。分辨率是鼠标的定位精度指标，即鼠标移动中每移动一英寸（1英寸=2.54厘米）能准确定位的最大信息数。刷新率也称采样频率，是指鼠标每秒钟能采集和处理的图像数量。按键点按次数决定了鼠标的使用寿命。光学扫描率是指鼠标的光头在1秒钟内接收到的光反射信号并将其转化为数字信号的次数。响应速率（报告率）也称为报告率，是指每秒钟鼠标向计算机传送数据的次数。

　　（3）扫描仪

　　扫描仪利用光电技术和数字处理技术，通过扫描方式将图形或图像信息转换为数字信号，进而被计算机识别、存储和处理。

　　扫描仪按结构来分，可以分为手持式、台式、滚筒式、馈纸式、平板式、胶片式等多种类型。图 1-6-6 所示为平板式扫描仪，图 1-6-7 所示为馈纸式扫描仪。

图 1-6-6　平板式扫描仪

图 1-6-7　馈纸式扫描仪

　　扫描仪的性能指标主要有分辨率、扫描速度、色彩位数、感光元件等。分辨率决定了扫描仪扫描图像的清晰程度，通常以 dpi（每英寸点数）来表示。数值越大，扫描的分辨率越高，图像的品质也就越好。扫描速度是指扫描仪从预览开始到图像扫描完成，光头移动的时间。色彩位数也称为色彩深度，是扫描仪所能捕获色彩层次信息的重要技术指标。感光元件是扫描图像的拾取设备，市场上主流的扫描仪主要采用的感光元件是 CCD。此外，扫描仪的性能指标还包括扫描幅面、接口方式、光源和灰度值等。

（4）摄像头

摄像头（见图1-6-8）是一种视频输入设备，主要用于捕捉和记录图像。摄像头可分为数字摄像头和模拟摄像头两大类。数字摄像头可以直接捕捉影像，并通过串、并口或USB接口传输到计算机。而模拟摄像头则需要将视频采集设备产生的模拟视频信号转换成数字信号，再存储在计算机里。

图1-6-8　摄像头

摄像头的性能指标包括分辨率、帧率、视野角、对焦范围、接口类型等。分辨率决定了摄像头捕捉图像的清晰度，帧率影响视频的流畅度，视野角和对焦范围决定了摄像头能够捕捉到的画面范围和清晰度，接口类型则影响摄像头与计算机的连接方式和数据传输速度。

除了基本的图像捕捉功能，现代摄像头还具备多种功能，如自动对焦、人脸识别、夜视功能等。

（5）麦克风

麦克风（见图1-6-9）是一种将声音转换为电信号的能量转换器件，广泛应用于电话、语音识别、音乐录制等多种场合。

图1-6-9　麦克风

（6）条码阅读器

条码阅读器（见图1-6-10），也称为条码扫描器或条码扫描枪，是一种用于读取条码所包含信息的阅读设备。它利用光学原理，通过扫描条码并解码其内容，将信息通过数据线或无线方式传输到电脑或其他设备。

条码阅读器广泛应用于超市、物流快递、图书馆等场所，用于扫描商品、单据的条码。根据形式的不同，条码阅读器主要有光笔、CCD 和激光枪三种类型。

（7）光笔

光笔（见图 1-6-11）是一种特殊的笔形工具，它带有光电传感器，使用时需与专用的光笔接收器配套。

（8）手写板

手写板（见图 1-6-12），也被称为手写仪，是一种手写绘图输入设备。手写板通过相应的识别方法将专用手写笔或手指在特定区域内书写的文字或绘制的图形进行转换，然后输入到计算机。

图 1-6-10 条码阅读器   图 1-6-11 光笔   图 1-6-12 手写板

探究活动

随着科技的进步，输入设备已经变得愈加丰富和多样化，为我们的生活带来了更多的便利和可能性。这些新型的输入设备不仅改变了我们与计算机交互的方式，也极大地扩展了我们在各个领域的应用场景。你还知道哪些新型的输入设备呢？它们在人们生活中的应用场景是什么呢？请查找资料，填入表 1-6-1 中。

表 1-6-1 新型输入设备及应用场景

新型输入设备名称	应用场景

2. 输出设备

计算机的输出设备是指将计算机内部的数据、信息、指令或操作结果转换为人类可识别或可感知形式的设备。这些设备在计算机的运行中起着至关重要的作用，它们允许用户接收和交互信息，从而完成各种任务。常见的输出设备有显示器、打印机、音箱、绘图仪、投影仪等。

（1）显示器

显示器是计算机最基本的输出设备，用于将计算机处理后的信息以图像、视频、文本等形式展示给用户。

显示器按照显示技术可以分为多种类型，如阴极射线管显示器（CRT）（见图1-6-13）、液晶显示器（LCD）（见图1-6-14）、有机发光二极管显示器（OLED）等。CRT显示器虽然具有色彩鲜艳、对比度高等优点，但由于体积较大、能耗较高等缺点，现在已逐渐被淘汰。LCD显示器具有体积小、能耗低、分辨率高等优点，成为目前市场上主流的显示器类型。OLED显示器采用自发光原理，无须背光源，因此可以实现更高的对比度和更深的黑色表现。

图1-6-13　CRT显示器

图1-6-14　LCD显示器

LCD显示器的性能指标主要包括可视面积与点距、最佳分辨率、亮度和对比度、响应时间、可视角度和最大显示色彩数等。可视面积指显示器屏幕上实际用于显示图像的区域大小。这个面积越大，用户能够看到的画面内容就越多；点距指相邻两个像素点之间的距离。点距越小，画面细节表现力就越强，图像显示就越清晰；亮度指显示器屏幕发出的光强度，亮度越高，显示器在明亮环境下表现越好；对比度指显示器最亮和最暗部分的亮度比值。

显示器一般连接到显卡的VGA接口上，一些显卡还提供了DVI或HDMI接口。

（2）打印机

打印机主要用于将电脑中的文档、图片等信息打印到纸张上。打印机根据打印方式分为击打式和非击打式；根据打印原理主要分为激光打印机（见图1-6-15）、喷墨打印机（见图1-6-16）和针式打印机（见图1-6-17）。

激光打印机：利用激光束在感光鼓上形成静电潜像，再通过碳粉附着和转印到纸张上完成打印。其具有打印速度快、质量高、噪声低，但价格相对较高等特点，广泛应用于办公和商务场合。

图1-6-15　激光打印机

喷墨打印机：通过喷头将墨水喷射到纸张上形成文字和图像。根据喷墨方式的不同，可分为压电式和热气泡式。喷墨打印机具有打印价格低、体积小、重量轻、噪声低、打印质量高于针式打印机、打印成本较高等特点。

图 1-6-16　喷墨打印机

图 1-6-17　针式打印机

针式打印机：通过打印头中的针头撞击色带，在纸张上留下点阵组成的字符或图形。针式打印机噪声大、速度慢、打印质量相对较低，但价格便宜，对纸张无特殊要求，常用于打印发票、收据等。

打印机的性能指标主要有打印速度、打印质量、耗材成本、兼容性等。

（3）投影仪

投影仪（见图 1-6-18）是一种可以将图像或视频投射到幕布或墙壁上的设备，广泛应用于家庭、办公室、学校、会议室等多种场合。根据工作方式不同，投影仪可分为 CRT、LCD（液晶投影机）和 DLP（数字光处理器投影机）等不同类型。投影仪的性能指标主要有光输出、对比度、亮度、色平衡、扫描频率、分辨率、视频宽度等。

图 1-6-18　投影仪

（4）音箱

音箱（见图 1-6-19）是一种将音频信号转换为声音的设备。它通常包含一个或多个扬声器，以及一个功率放大器，用于将音频信号放大到足够的水平以驱动扬声器发声。音箱根据有无放大电路分为有源音箱（内置放大器）或无源音箱（需要外部放大器）。

音箱的主要性能指标有额定功率、信噪比、频响范围、失真度、阻抗等。

图 1-6-19　音箱

（5）绘图仪

绘图仪（见图1-6-20）是一种专业的图形输出设备，主要用于将计算机中的图形数据转换为实际的图形，使其可以呈现在纸张或其他介质上。它广泛应用于工程、建筑和地理等领域，能够精确绘制高质量的图表、地图和设计图。

绘图仪的性能指标主要有绘图笔数、图纸尺寸、分辨率、接口形式及绘图语言等。

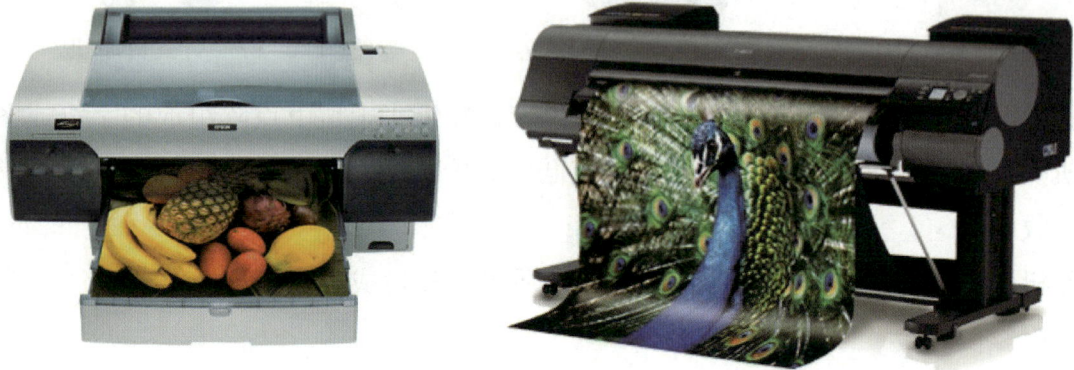

图 1-6-20　绘图仪

探 究 活 动

现代的输出设备已经变得非常多样化，它们在日常生活和工作中发挥着重要的作用。以下是一些现代的输出设备，你认识它们吗？它们在生活中的用途是什么呢？请填写表1-6-2。

表 1-6-2　现代输出设备名称及应用

设备	名称	应用

3. 存储设备

（1）移动硬盘

移动硬盘（见图1-6-21）是一种采用USB或IEEE 1394接口，可以随时插上或拔下，便于携带的硬盘存储器。它具有安全可靠、容量大、兼容性好、体积小、使用和携带方便、速度快等特点。市面上的移动硬盘主要分为移动机械硬盘（PHDD）和移动固态硬盘（PSSD）两种。

（2）桌面存储

桌面存储（见图1-6-22）是介于移动与专业存储之间的大容量存储器，专为台式机或电脑主机提供稳定存储解决方案。它强调与主机的连接稳定性和数据存储的可靠性，而非便携性。桌面存储设计满足特定工作或业务需求，如图形设计、视频编辑等，具有大容量、高速度和安全性等特点。相较于移动硬盘，桌面存储更注重固定、稳定的环境，提供更为可靠的数据存储服务，适用于长期、大量存储需求。

图1-6-21　移动硬盘

图1-6-22　桌面存储

（3）U盘

U盘（USB Flash Drive）（见图1-6-23）是一种便携式存储设备，它通过USB接口与计算机进行连接，可以实现数据的存储、传输和备份。U盘通常采用闪存（Flash Memory）作为存储介质，因此也被称为闪存盘或闪盘。

U盘具有体积小、重量轻、容量大、携带方便、使用简单等优点，可以用来存储各种类型的文件，如文档、图片、音频、视频等，并且可以在不同的计算机之间进行数据传输和共享。

（4）光盘

光盘（Compact Disk，简称CD）（见图1-6-24）是一种通过激光扫描记录和读出信息的介质，分为只读型（如CD-ROM、DVD-ROM）和可记录型（如CD-R、CD-RW、DVD-R）。只读型光盘存储固定数据，不可写入；可记录型则允许数据写入和修改。光盘优势在于大容量、高可靠性与便携性，但读取速度较慢且易受损。随着科技的发展，U盘、移动硬盘等新型存储介质已逐渐取代光盘，成为更高效的存储方案。

图 1-6-23　U 盘

图 1-6-24　光盘

讨 论 活 动

通过本节知识的学习，你对计算机的"外设"是否有更清晰的认识了呢？请在下框中填写相应的设备，并说出每种设备在生活中的应用。

输入设备	输出设备	存储设备

4. 常见外部设备接口

外部设备接口即 I/O 接口，是指计算机与外部设备之间连接和通信的接口。这些接口允许计算机与外部设备（如打印机、显示器、键盘、鼠标、存储设备、摄像头、音频设备等）进行数据交换和控制。

探 究 活 动

请观察连接到你电脑上的键盘、鼠标、显示器、音箱、耳机或摄像头等外部设备在主机上的接口，并描述它们的外观特征。

（1）PS/2 接口

PS/2 接口（见图 1-6-25）是一种 6 针圆形接口，主要用于连接键盘及鼠标。PS/2 接口是输入装置接口，而不是传输接口，所以 PS/2 接口只有扫描速率，没有传输速率的概念，在 Windows 环境下，PS/2 鼠标的采样率默认为 60 次 / 秒。PS/2 接口曾广泛应用于计算机，但随 USB 接口的普及而逐渐边缘化。然而，PS/2 键盘接口的全按键无冲突特性使其在键盘通信上仍具优势，因此多数计算机主板仍保留 PS/2 键盘端口或共享端口。PS/2 不支持热插拔，更换设备时可能需要重启。

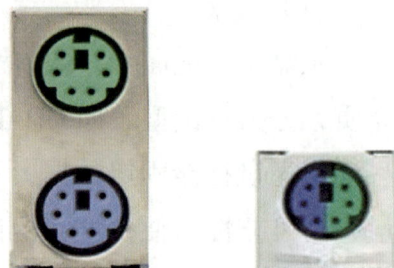

图 1-6-25　PS/2 接口

（2）USB 接口

USB 接口（见图 1-6-26），全称为通用串行总线（Universal Serial Bus，缩写为 USB），是一种串口总线标准，也是一种输入、输出接口的技术规范。USB 接口的设计使它能够方便地连接到多种设备，如鼠标、

图 1-6-26　USB 接口

键盘、打印机、扫描仪、数码相机、音频设备、存储设备、外部硬盘等。

USB 接口是一种即插即用的接口，支持设备的即插即用和热插拔功能。USB 接口支持的数据传输速率不断提高，从最初的 USB 1.0 的 1.5Mbit/s（位 / 秒）发展到 USB 2.0 的 480Mbit/s、USB 3.0 的 5Gbit/s，最新的 USB 3.2 的速度可以达到 20Gbit/s，即 2.5GB 每秒。此外，USB 接口还提供了多种供电模式，以适应不同设备的需求。

（3）HDMI 接口

HDMI，全称 High Definition Multimedia Interface，即高清多媒体接口，是一种全数字化视频和声音发送接口，可以发送未压缩的音频及视频信号，如图 1-6-27 所示。HDMI 可用于机顶盒、DVD 播放机、个人计算机、电视、游戏主机、综合扩大机、数字音响与电视机等设备。HDMI 可以同时发送音频和视频信号，由于音频和视频信号采用同一条线材，大大简化了系统线路的安装难度。

在数据传输速度方面，HDMI 接口的速度与其版本密切相关。例如，HDMI 1.4 版本支持最高 10.2Gbit/s 的速率，而 HDMI 2.0 版本则支持最高 18Gbit/s 的速率。最新的 HDMI 2.1 版本更是支持高达 48Gbit/s 的速率，可以满足更高分辨率和更高帧率的视频传输需求。

（4）VGA 接口

VGA（Video Graphics Array）接口（见图 1-6-28），即视频图形阵列接口，又称 D-SUB 接口。是一个 15 针的 D 形接口，是显卡上连接显示器的标准接口。它传输红、绿、蓝模拟信号及同步信号（水平和垂直信号）。

图 1-6-27　HDMI 接口

图 1-6-28　VGA 接口

（5）串行接口

串行接口（Serial Interface）（见图 1-6-29）是一种采用串行通信方式的扩展接口，通常指 COM 接口，也被称为串口。它是一种数据一位一位地顺序传送的通信方式，其特点包括通信线路简单（只需一对传输线即可实现双向通信，甚至可以直接利用电话线作为传输线）、成本低、适用于远距离通信，但传送速度相对较慢。

图 1-6-29　串行接口

串口可以连接计算机与鼠标、外置 Modem、老式摄像头和手写板等外设，也可应用于两台计算机（或设备）之间的互联及数据传输。

在数据传输率方面，串口的速率一般为 115Kbit/s~230Kbit/s。但由于串口不支持热插拔及传输速率较低，目前大部分主板及便携式计算机已经取消该接口。

（6）并行接口

并行接口（见图 1-6-30），也称为并行端口或并口，主要用于连接打印机和绘图仪。并行接口是一种采用并行传输方式来传输数据的接口标准，传输速率最高可达 16Mbit/s，但并行传输的距离受到限制，因为长度增加，干扰就会增加，容易出错。

（7）IEEE 1394 接口

IEEE 1394 接口（见图 1-6-31），也被称为火线接口（FireWire），是由美国电气和电子工程师学会（IEEE）制定的标准。它是一种高速度传送接口，常用于连接外部硬盘、数字摄像机等设备。IEEE 1394 接口支持外设热插拔，可为外设提供电源，省去了外设自带的电源，能连接多个不同设备，支持同步数据传输。

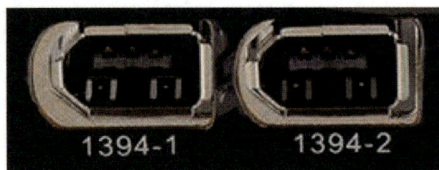

图 1-6-30　并行接口　　　　　图 1-6-31　IEEE 1394 接口

IEEE 1394 分两种传输方式：Backplane 模式和 Cable 模式。Backplane 模式最小的速率也比 USB 1.1 的最高速率要高，分别为 12.5 Mbit/s、25 Mbit/s 和 50 Mbit/s，可以用于多数的高带宽应用。Cable 模式速率分别有 100 Mbit/s、200 Mbit/s 和 400 Mbit/s 几种。在 200 Mbit/s 的速率下可以传输不经压缩的高质量数据电影。

（8）Type-C 接口

Type-C（见图 1-6-32）是 USB 标准化组织为解决接口不统一和电能单向传输问题而制定的 USB 接口规范。它支持正反插入，集充电、显示、数据传输等功能于一体，实现"一口多用"。Type-C 适用于智能手机、平板、笔记本及外接存储等

图 1-6-32　Type-C 接口

多种设备，广泛应用于移动充电、数据传输、笔记本快充及外部设备连接等场景。

（9）RJ-45 接口

RJ-45 接口（见图 1-6-33）是一种常见的网络接口，用于连接各种计算机网络设备，如路由器、交换机、调制解调器等。这种接口由插头（接头、水晶头）和插座（模块）组成，插头有 8 个凹槽和 8 个触点。RJ-45 接口有两类：用于以太网网卡、路由器以太网接口等的 DTE（数据终端设备）类型和用于交换机等的 DCE（数字通信设备）类型。

（10）音频插孔

音频插孔（见图1-6-34）通常用于连接各种音频设备，如耳机、音箱、麦克风等，以便实现音频信号的输入和输出。

图 1-6-33　RJ-45 接口

图 1-6-34　音频插孔

一般来说，蓝色标识的插孔是音频输入口（线性输出），用于接收外部音频设备的音频信号并输入到电脑里。草绿色标识的插孔是音频输出口，用于连接耳机或音箱。粉色标识的插孔是麦克风专用口，用于连接耳麦或麦克风。

探究活动

通过前面知识的学习，你对计算机的各种接口有更清晰的认识了吗？请在下面的标注框中写出各接口的名称，并说一说它们各自所能连接的设备。

学知砺德

中国制造新模样："中国屏"攀登柔性显示之巅

随着科技的飞速发展，中国制造正迎来全新的面貌。其中，柔性屏技术的崛起尤为引人注目，它不仅展现了中国制造业的创新实力，也预示着未来显示技术的革命性变革。

柔性屏（见图1-6-35），它轻薄如纸，却蕴含了无尽的科技魅力。在看似简单的膜层之中，隐藏着十一个精密的层次，每一个膜层都需要进行高精度、高洁净的操作。这其中的工艺复杂程度令人咋舌，需要历经上千道精细工序，才能最终诞生出一块完美的柔性屏。

如今，我国柔性屏已经广泛应用于智能手机、平板电脑、可穿戴设备等领域，为人们的生活带来了全新的体验，如图1-6-36所示。它的轻薄、可弯曲、耐摔等特性，使电子产品变得更加便携、耐用。

图1-6-35　柔性屏

图1-6-36　智能手机柔性屏

习题挑战

1.【单选题】下列选项中，（　　　）包含了输入设备、输出设备以及既能作为输入设备又能作为输出设备的实例。

A. 扫描仪、显示器、键盘　　　　　　　B. 摄像头、打印机、触摸屏

C. 麦克风、音箱、鼠标　　　　　　　　D. 手写板、投影仪、显示器

答案：B

解析：摄像头（输入设备）、打印机（输出设备）、触摸屏（既能作为输入设备又能作为输出设备）。

2.【单选题】在计算机中，用于长期保存数据的设备是（　　　）。

A. 内存　　　　　　B. 硬盘　　　　　　C. CPU　　　　　　D. 显卡

答案：B

解析：硬盘是计算机中的主要存储设备，用于长期保存大量数据。内存是临时存储设备，用于暂时存放数据和程序，CPU是中央处理器，负责执行程序；显卡是输出设备，用于显示图像。

3.【单选题】下列说法不正确的是（　　　）。

A. 关闭显示器的电源，正在运行的程序立即停止运行

B. U盘既可以作为输入设备，又可以作为输出设备

C. 打印机根据打印方式分为击打式打印机和非击打式打印机

D. Type-C接口最大的特点是支持正反两个方向插入

答案：A

解析：关闭显示器的电源，并不会导致正在运行的程序立即停止运行。显示器只是计算机的一个输出设备，用于显示图像和视频信息。当你关闭显示器时，计算机主机仍然在运行，包括正在运行的程序。

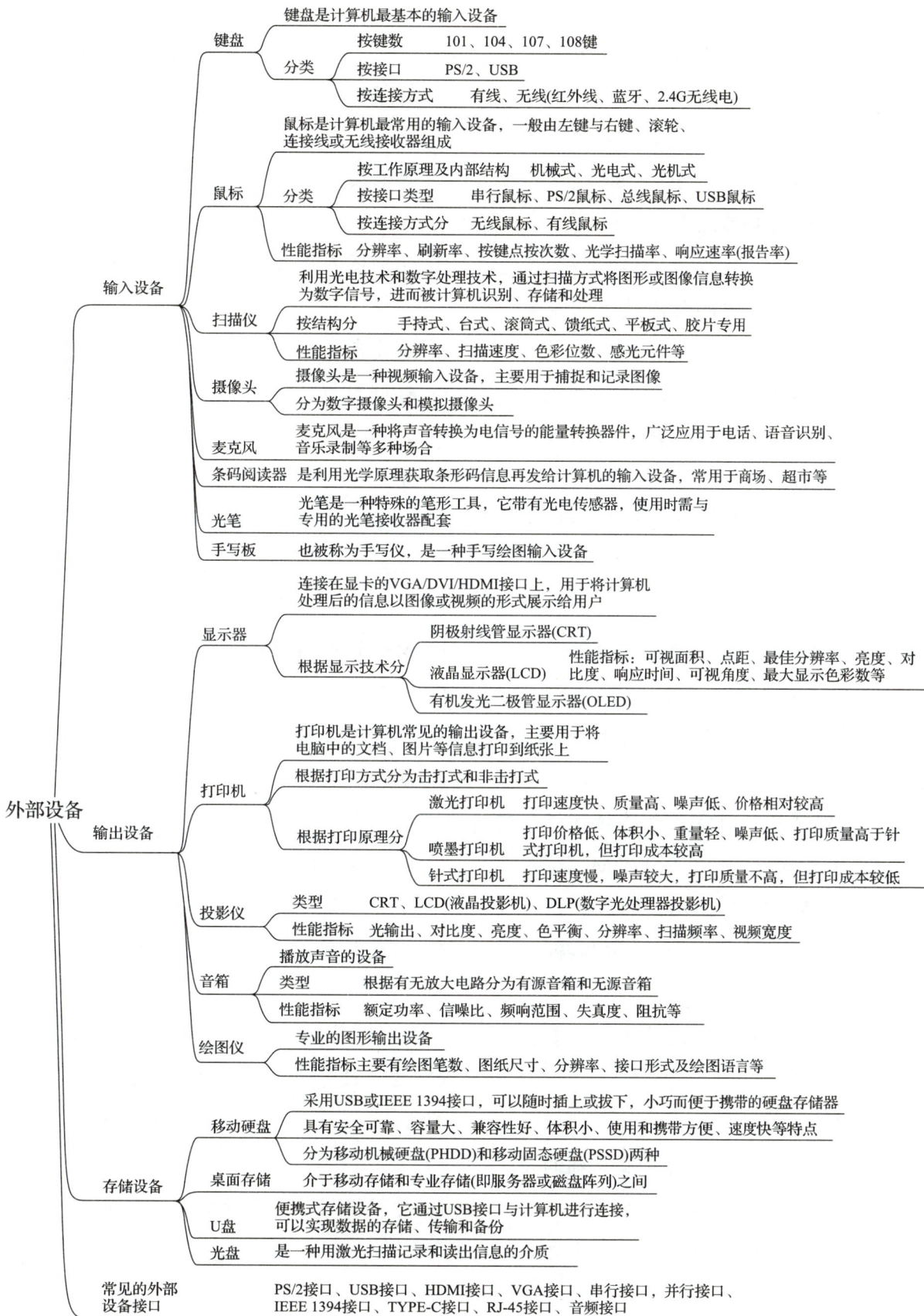

知识导图

外部设备

- **输入设备**
  - **键盘**
    - 键盘是计算机最基本的输入设备
    - 分类
      - 按键数　　101、104、107、108键
      - 按接口　　PS/2、USB
      - 按连接方式　　有线、无线(红外线、蓝牙、2.4G无线电)
  - **鼠标**
    - 鼠标是计算机最常用的输入设备，一般由左键与右键、滚轮、连接线或无线接收器组成
    - 分类
      - 按工作原理及内部结构　　机械式、光电式、光机式
      - 按接口类型　　串行鼠标、PS/2鼠标、总线鼠标、USB鼠标
      - 按连接方式分　　无线鼠标、有线鼠标
    - 性能指标　分辨率、刷新率、按键点按次数、光学扫描率、响应速率(报告率)
  - **扫描仪**
    - 利用光电技术和数字处理技术，通过扫描方式将图形或图像信息转换为数字信号，进而被计算机识别、存储和处理
    - 按结构分　　手持式、台式、滚筒式、馈纸式、平板式、胶片专用
    - 性能指标　　分辨率、扫描速度、色彩位数、感光元件等
  - **摄像头**
    - 摄像头是一种视频输入设备，主要用于捕捉和记录图像
    - 分为数字摄像头和模拟摄像头
  - **麦克风**
    - 麦克风是一种将声音转换为电信号的能量转换器件，广泛应用于电话、语音识别、音乐录制等多种场合
  - **条码阅读器**
    - 是利用光学原理获取条形码信息再发给计算机的输入设备，常用于商场、超市等
  - **光笔**
    - 光笔是一种特殊的笔形工具，它带有光电传感器，使用时需与专用的光笔接收器配套
  - **手写板**
    - 也被称为手写仪，是一种手写绘图输入设备

- **输出设备**
  - **显示器**
    - 连接在显卡的VGA/DVI/HDMI接口上，用于将计算机处理后的信息以图像或视频的形式展示给用户
    - 根据显示技术分
      - 阴极射线管显示器(CRT)
      - 液晶显示器(LCD)　　性能指标：可视面积、点距、最佳分辨率、亮度、对比度、响应时间、可视角度、最大显示色彩数等
      - 有机发光二极管显示器(OLED)
  - **打印机**
    - 打印机是计算机常见的输出设备，主要用于将电脑中的文档、图片等信息打印到纸张上
    - 根据打印方式分为击打式和非击打式
    - 根据打印原理分
      - 激光打印机　　打印速度快、质量高、噪声低、价格相对较高
      - 喷墨打印机　　打印价格低、体积小、重量轻、噪声低、打印质量高于针式打印机，但打印成本较高
      - 针式打印机　　打印速度慢、噪声较大、打印质量不高，但打印成本较低
  - **投影仪**
    - 类型　　CRT、LCD(液晶投影机)、DLP(数字光处理器投影机)
    - 性能指标　光输出、对比度、亮度、色平衡、分辨率、扫描频率、视频宽度
  - **音箱**
    - 播放声音的设备
    - 类型　　根据有无放大电路分为有源音箱和无源音箱
    - 性能指标　额定功率、信噪比、频响范围、失真度、阻抗等
  - **绘图仪**
    - 专业的图形输出设备
    - 性能指标主要有绘图笔数、图纸尺寸、分辨率、接口形式及绘图语言等

- **存储设备**
  - **移动硬盘**
    - 采用USB或IEEE 1394接口，可以随时插上或拔下，小巧而便于携带的硬盘存储器
    - 具有安全可靠、容量大、兼容性好、体积小、使用和携带方便、速度快等特点
    - 分为移动机械硬盘(PHDD)和移动固态硬盘(PSSD)两种
  - **桌面存储**
    - 介于移动存储和专业存储(即服务器或磁盘阵列)之间
  - **U盘**
    - 便携式存储设备，它通过USB接口与计算机进行连接，可以实现数据的存储、传输和备份
  - **光盘**
    - 是一种用激光扫描记录和读出信息的介质

- **常见的外部设备接口**
  - PS/2接口、USB接口、HDMI接口、VGA接口、串行接口，并行接口、IEEE 1394接口、TYPE-C接口、RJ-45接口、音频接口

🎯 任务习题

一、单选题

1. 下列设备中，属于输入设备的是（　　　）。

A. 显示器　　　　　　B. 键盘　　　　　　　　C. 打印机　　　　　D. 音箱

2. 显示器在计算机中扮演的角色是（　　　）。

A. 输入设备　　　　　B. 输出设备　　　　　　C. 存储设备　　　　D. 处理设备

3. 扫描仪的主要功能是（　　　）。

A. 显示图像　　　　B. 打印文档　　　　　C. 扫描图片或文档　　D. 存储数据

4. 鼠标在计算机中的作用是（　　　）。

A. 显示文字　　　　　　　　　　　　　B. 播放声音

C. 输入指令和选择对象　　　　　　　　D. 存储数据

5. 下列（　　　）设备不是输出设备。

A. 显示器　　　　　B. 打印机　　　　　　C. 麦克风　　　　　D. 投影仪

6. 计算机中用于临时存储数据和程序的是（　　　）。

A. 硬盘　　　　　　B. 内存　　　　　　　C. 光盘　　　　　　D. U 盘

7. 下列关于存储设备的说法正确的是（　　　）。

A. 内存中的数据会在关机后丢失　　　　B. 硬盘的读写速度比内存快

C. U 盘无法存储大文件　　　　　　　　D. SSD 比传统机械硬盘更易于损坏

8. 以下（　　　）既可以作为输入设备又可以作为输出设备。

A. 键盘　　　　　　B. 显示器　　　　　　C. 触摸屏　　　　　D. 打印机

9. 以下哪种接口通常用于连接鼠标和键盘？（　　　）

A. PS/2 接口　　　　B. HDMI 接口　　　　C. VGA 接口　　　　D. DisplayPort 接口

10. 以下哪个接口可以用于连接打印机？（　　　）

A. USB 接口　　　　B. HDMI 接口　　　　C. 以太网接口　　　　D. 音频接口

二、多选题

1. 下列属于输入设备的是（　　　）。

A. 键盘　　　　　　B. 鼠标　　　　　　　C. 显示器　　　　　D. 扫描仪

E. 打印机

2. 下列关于输出设备的说法正确的是（　　　）。

A. 显示器用于显示图像和视频　　　　B. 打印机用于将电子文档打印成纸质文档

C. 音箱用于播放音频　　D. 键盘用于输入文字和信息

3. 存储设备通常具有哪些特点？（　　　　）

A. 能够长期保存数据　　　　　　　B. 可以随时读取和写入数据

C. 速度快，能够立即访问数据　　　D. 通常比内存容量小

E. 数据在断电后会丢失

三、判断题

1. 鼠标和键盘都是计算机的输入设备。（　　　）

2. 显示器是计算机的输出设备，用于显示图像和视频信息。（　　　）

3. 音箱是计算机的存储设备，用于保存音频文件。（　　　）

4. 内存是计算机的存储设备，用于长期保存数据。（　　　）

5. 扫描仪是计算机的输入设备，可以将纸质文档转换为电子文档。（　　　）

6. HDMI 接口只能用于连接显示器进行视频输出，不能用于音频传输。（　　　）

任务7　解锁 BIOS 之秘

有人说，BIOS 是计算机启动时的"第一道门"，也是计算机与各种外设沟通的"翻译官"，这扇神秘的门后，隐藏着计算机硬件的底层秘密，掌控着系统启动、硬件配置以及性能优化等诸多关键环节。解锁 BIOS 之秘，就如同掌握了一把通往计算机硬件深层的钥匙，可以让我们更深入地了解计算机的工作原理，从而更好地管理和优化我们的计算机。

任务情景

当我刚入门计算机的时候，有一次，我的电脑操作系统崩溃了，据说可以自己安装操作系统，于是本着一个计算机专业人员对自己的充分自信，我开始着手这件事，当我们准备好了一切，却发现怎么也无法进入系统安装界面，问题出在哪了？原来我没有修改 BIOS 中的启动顺序，一直都用硬盘里坏掉的系统在启动。这次经历，让我发现 BIOS 的重要性，BIOS 设置也是计算机专业人员必学内容。

学习体验

当你在计算机开机时按下 Delete 键或 F2 键，通常会进入 BIOS（基本输入 / 输出系统）或 UEFI（统一可扩展固件接口）设置界面。这个界面对于大多数非专业用户来说可能显得

有些陌生和复杂，因为它充满了各种专业术语和英文选项。图 1-7-1 所示是 Phoenix BIOS 菜单选项，请你查询计算机的用户手册或在线资源，了解 BIOS 菜单中各个选项的英文含义及在 BIOS 中的含义，并填在表 1-7-1 中。

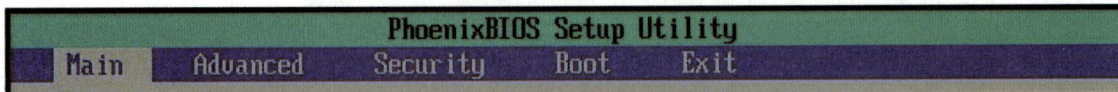

PhoenixBIOS Setup Utility

| Main | Advanced | Security | Boot | Exit |

图 1-7-1　Phoenix BIOS 菜单选项

表 1-7-1　BIOS 菜单中各选项含义

选项	单词含义	在 BIOS 菜单中的含义
Main		
Advanced		
Security		
Boot		
Exit		

知识学习

BIOS（Basic Input/Output System）是计算机系统中的基本输入/输出系统，它是一组固化到计算机主板上一个 ROM 芯片上的程序，保存着计算机最重要的基本输入/输出的程序、系统设置信息、开机后自检程序和系统自启动程序。BIOS 的主要功能是为计算机提供最底层、最直接的硬件设置和控制。

教学视频：
设置BIOS

1. BIOS 的工作流程

BIOS 的工作流程在计算机启动过程中起着至关重要的作用，如图 1-7-2 所示。

1）启动阶段：当计算机接通电源后，BIOS 首先开始运行。这是计算机启动过程中的第一步，此时计算机的其他部分尚未启动。

2）硬件自检（POST）：BIOS 开始执行一系列的自检过程，这个过程被称为 Power On Self Test（POST，硬件自检）。POST 的目的是检查计算机的主要硬件组件，如 CPU、内存、硬盘、显卡等，是否正确安装并

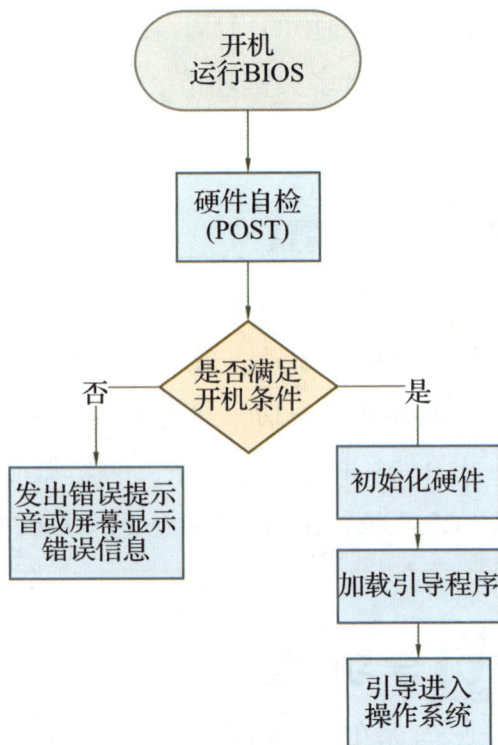

图 1-7-2　BIOS 的工作流程

可以正常工作。如果自检过程中发现任何错误，BIOS 通常会发出错误提示音或在屏幕上显示错误信息。

3）初始化硬件：如果 POST 成功完成，BIOS 将开始初始化硬件。这包括设置内存参数、配置中断、识别并配置连接的外设等。BIOS 还会加载一些必要的驱动程序，如显卡驱动等。

4）加载引导程序：接下来，BIOS 会读取 CMOS 存储器中的参数，确定从哪个设备启动计算机，可以是硬盘、光驱、USB 设备或其他启动设备。一旦确定了启动设备，BIOS 会从该设备的引导扇区读取启动引导程序（Boot Loader），如 GRUB 等，并将其加载到内存中。

5）引导操作系统：启动引导程序的任务是引导操作系统的加载。它可能会显示一些启动画面或菜单，然后加载操作系统的核心文件，最终将控制权交给操作系统。

2. BIOS 的基本类别

1）Award BIOS：这是由 Award Software 公司开发的 BIOS 产品。在早期工控机中，Award BIOS 使用广泛，其功能较为齐全，支持许多新硬件，并且采用全英文界面，如图 1-7-3 所示。然而，它只支持键盘操作，对于普通用户来说，操作的难度较大。在 Phoenix 公司与 Award 公司合并前，Award BIOS 便被大多数台式机主板采用。两家公司合并后，Award BIOS 也被称为 Phoenix-Award BIOS。

图 1-7-3　Award BIOS 界面

2）AMI BIOS：AMI BIOS 是 AMI 公司生产的 BIOS。该公司成立于 1985 年，其生产的 AMI BIOS 在早期台式电脑市场中占据了一席之地。但随着时间推移，AMI BIOS 的市场份额逐渐被 Award BIOS 所占据。图 1-7-4 所示为 AMI BIOS 界面。

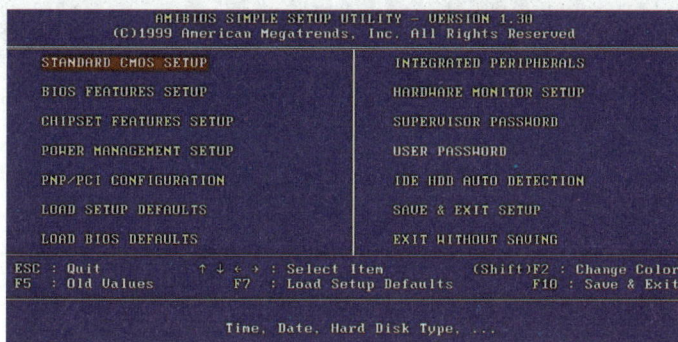

图 1-7-4　AMI BIOS 界面

3）Phoenix BIOS：这是由 Phoenix 公司生产的 BIOS。在性能和稳定性上，Phoenix BIOS 要优于 Award 和 AMI，因此被广泛应用于服务器系统、品牌机和笔记本电脑，其界面如图 1-7-5 所示。

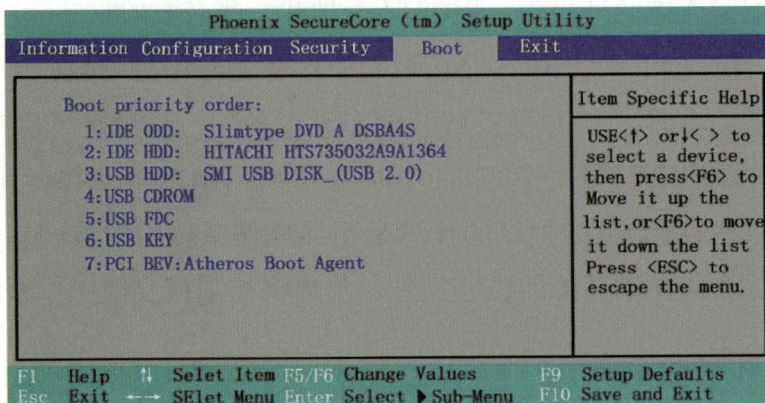

图 1-7-5　Phoenix BIOS 界面

（4）UEFI BIOS：UEFI 全称为统一的可扩展固件接口，是 2012 年推出的新型 BIOS 模式。与传统的 BIOS 相比，UEFI 模式是一种新的启动模式，它支持全新的 GPT 分区模式，开机速度更快，更安全，兼容性和可扩展性更高。UEFI 程序采用 C 语言图形化界面，支持多种语言显示，同时支持键盘和鼠标操作，为用户提供了更为便捷和友好的操作体验，其界面如图 1-7-6 所示。

图 1-7-6　UEFI BIOS 界面

3. CMOS

CMOS（Complementary Metal Oxide Semiconductor），即互补金属氧化物半导体，是一种应用于制造大规模集成电路芯片，尤其是电脑芯片的重要原料。CMOS 芯片（见图 1-7-7）是计算机主板上的一块可读写的 RAM 芯片，用来保存当前系统的硬件配置和用户对某些参

数的设定。CMOS 芯片可由主板的电池供电，即使系统断电，信息也不会丢失。CMOS RAM 芯片本身只是一块存储器，只有数据保存功能，而对 CMOS 芯片中各项参数的设定要通过专门的程序。早期的 CMOS 设置程序驻留在软盘上（如 IBM 的 PC/AT 机型），使用很不方便。现在多数厂家将 CMOS 设置程序做到了 BIOS 芯片中，在开机时通过特定的按键就可进入 CMOS 设置程序，方便地对系统进行设置，因此，人们又习惯称 CMOS 设置为 BIOS 设置。

图 1-7-7　CMOS 芯片

在 BIOS 设置中，用户可以对电脑的各种参数进行设定，比如硬盘的个数、光驱的类型、启动顺序、内存的容量、CPU 的速度、显卡的容量等。CMOS 设置是保证电脑正常工作的重要前提，是用户不得不掌握的基本技能。用户可以在开机时通过特定的按键（通常是 Delete 键或 F2 键）进入 CMOS 设置程序，根据需要进行调整。

讨 论 活 动

请与你的同学讨论 BIOS 与 CMOS 的关系，并将讨论结果写在下面的讨论框中。

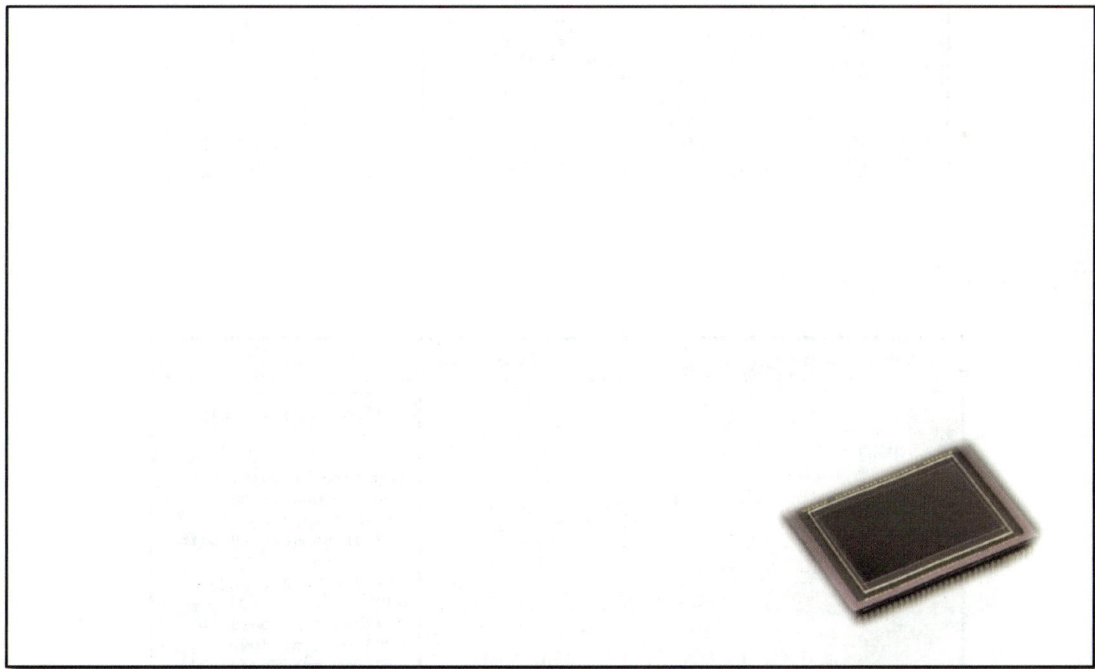

实 践 操 作

1. BIOS 中设置启动顺序

在 BIOS 中设置启动顺序是计算机维护和配置中的一个重要环节，其重要性主要体现在以下几个方面：

知识拓展设置BIOS

首先，确保正确的操作系统被加载。当计算机中存在多个存储设备或多个操作系统时，通过设置启动顺序，可以决定计算机在启动时加载哪个设备上的操作系统。这对于计算机的正常运行至关重要，特别是在多系统环境下。

其次，可以优化电脑系统的性能，提升其运行效率和稳定性。例如，将硬盘设置为首选启动设备，可以确保每次开机时都能自动加载操作系统，避免了不必要的启动延迟。

最后，在某些特殊情况下，如计算机硬盘中的系统出现故障时，通过更改 BIOS 中的启动顺序，将启动盘设为 U 盘或光盘，可以方便地进行系统的修复或重新安装。

1）进入 BIOS。在电脑开机出现画面前按住 F2/DEL/F12/ESC 键（电脑制造商不同，按键不同），进入 BIOS 设置界面，如图 1-7-8 所示。

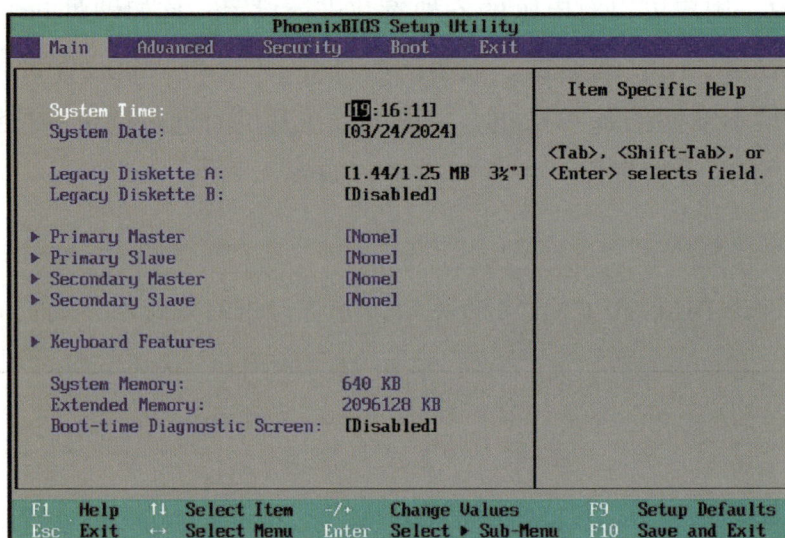

图 1-7-8　BIOS 设置界面

2）进入 Boot（启动）菜单，如图 1-7-9 所示。

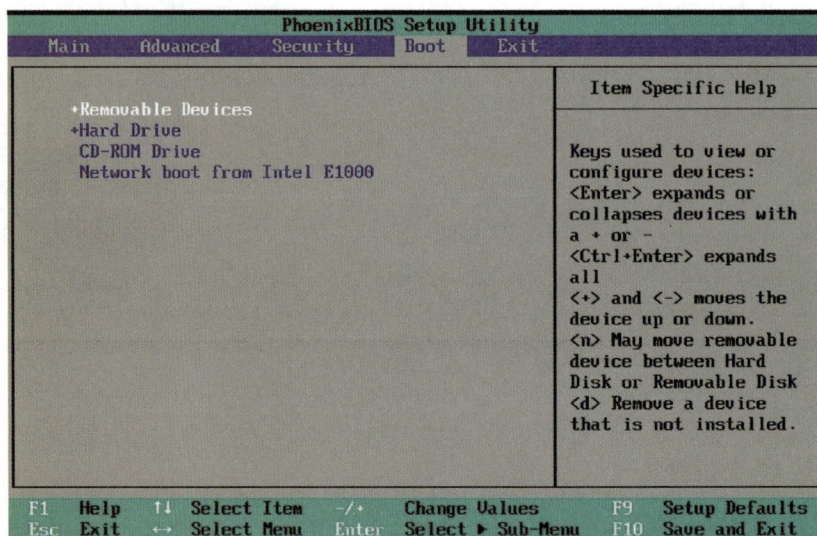

图 1-7-9　进入 Boot（启动）菜单

3）选中 CD-ROM Drive（光驱），如图 1-7-10 所示。

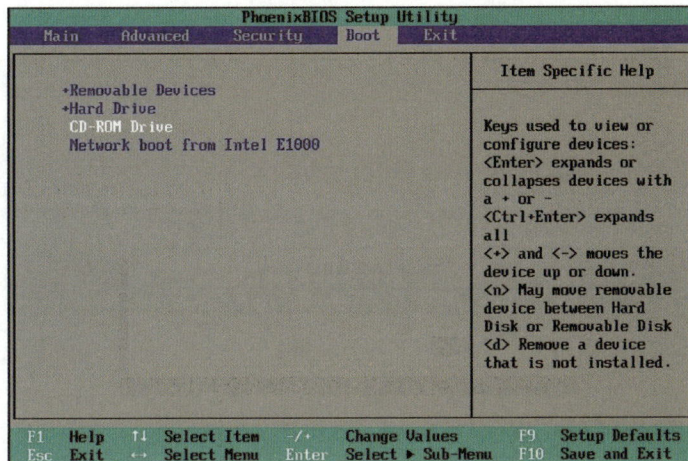

图 1-7-10 选中 CD-ROM Drive

4）使 CD-ROM Drive（光驱）位于最上方，如图 1-7-11 所示。

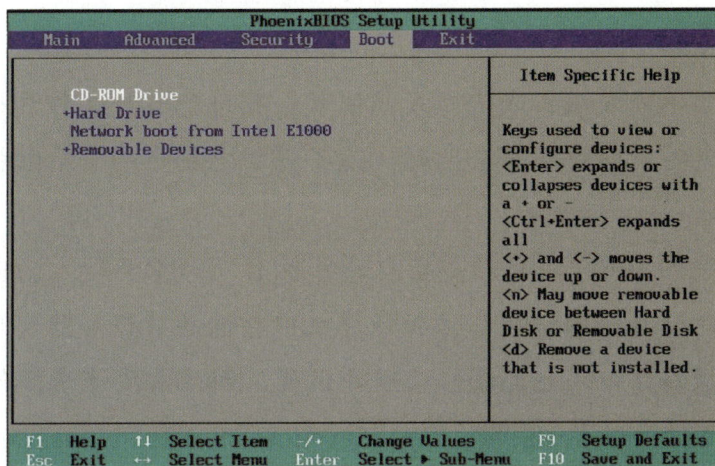

图 1-7-11 使 CD-ROM Drive（光驱）位于最上方

5）进入 Exit（退出）菜单，如图 1-7-12 所示。

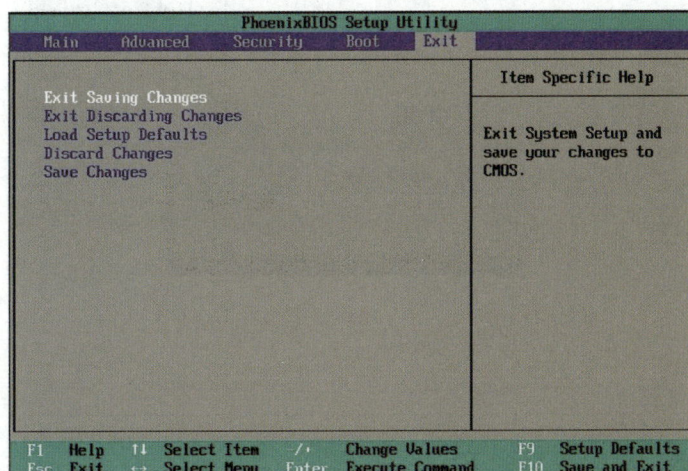

图 1-7-12 进入 EXIT 菜单

6）选中 Exit Saving Changes（保存更改并退出），选中 Yes，按下 Enter 键，如图 1-7-13 所示。

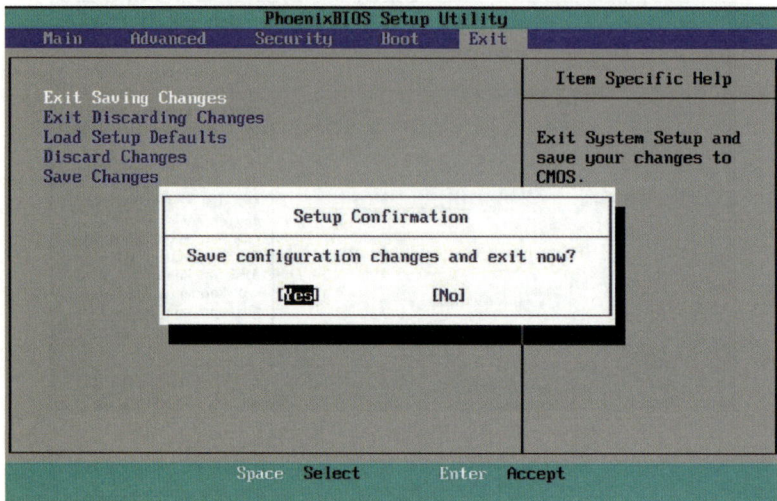

图 1-7-13　保存并退出

2. 设置 BIOS 密码

随着互联网技术的不断发展，我们越来越依赖电脑进行各种工作和娱乐活动。然而，电脑中存储的数据和信息可能会存在安全问题。为了保护电脑中的重要数据和隐私信息，我们可以设置电脑主板密码。

电脑主板密码，也叫 BIOS 密码，是指在计算机启动时需要输入的密码。这个密码通常用于限制非授权人员对计算机的访问，保护计算机中存储的数据和隐私信息。如果没有正确的密码，就无法进入操作系统，也无法修改硬件设置，因此需要谨慎操作。

进入 BIOS 后，选择 Security 菜单，进入 Set Supervisor Password，输入密码后保存退出即可，如图 1-7-14 所示。

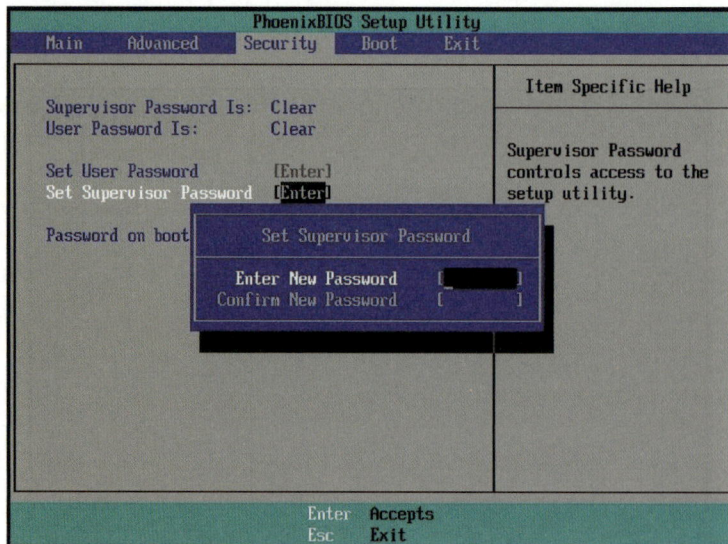

图 1-7-14　设置 BIOS 密码

探究活动

BIOS 的功能十分丰富，除了设置启动顺序和密码设置外，还可以修改日期和时间，你知道如何操作吗？请自主尝试操作，并和同学一起讨论分享。

学知砺德

中国芯魂: 14 秒开机背后的故事

搭载国产硬件和软件的笔记本电脑，仅需 14 秒即可启动，这背后凝结了"中国芯"与"中国魂"的共同努力。龙芯 CPU，历经坎坷，逐步崛起，其性能提升与单核优化赢得了市场认可。同时，银河麒麟操作系统作为国产翘楚，为计算机提供了强大的支持。

然而，仅有国产 CPU 和操作系统并不足以实现完全自主可控。兼容性问题成为关键，因此，建立硬件与软件间的桥梁——国产 BIOS，显得至关重要。传统的 BIOS 难以适配国产软硬件，因此国内企业致力于研发国产 BIOS，以解决兼容难题。

基于 UEFI 标准，我们成功研发出适用于国产 CPU 和操作系统的 BIOS 产品，完美支持龙芯 CPU 和银河麒麟系统，并实现了惊人的 14 秒开机。这一成果源于对 BIOS 自检、操作系统加载、硬件驱动及固件应用的优化，大幅提升了用户体验。

这一成就展现了中国在信息技术领域的自主创新与信息安全领域的自主可控能力。在当前国际形势下，自主可控的信息技术对于保障国家安全、促进经济发展、提升民生福祉具有重要意义。我们为国内信创人的成就感到自豪，也对未来充满期待。

习题挑战

1.【单选题】BIOS 的主要功能不包括以下哪项？（　　）

A. 检测硬件设备　　　　　　　　　B. 加载操作系统

C. 运行应用程序　　　　　　　　　D. 提供基本输入 / 输出功能

答案：C

解析：BIOS 的主要功能包括检测硬件设备、加载操作系统以及提供基本输入 / 输出功能。运行应用程序不是 BIOS 的主要功能，而是操作系统的任务。

2.【单选题】BIOS 自检过程中如果发现硬件故障，通常会怎样？（　　）

A. 忽略故障并继续启动　　　　　　B. 显示错误信息并停止启动

C. 自动修复故障并继续启动　　　　D. 重启计算机并重新自检

答案：B

解析：BIOS 自检过程中如果发现硬件故障，通常会显示错误信息并停止启动，以便用户能够识别并解决问题。BIOS不会忽略故障、自动修复故障或重启计算机重新自检。

3.【单选题】BIOS和CMOS的关系是什么？（　　　）

A. BIOS 包含 CMOS

B. CMOS 包含 BIOS

C. BIOS 和 CMOS 相互独立

D. BIOS 使用 CMOS 保存配置信息

答案：D

解析：BIOS和CMOS是两个不同的概念，但它们之间有一定的联系。BIOS是基本输入/输出系统，负责计算机启动和硬件初始化；而CMOS是互补金属氧化物半导体，通常指计算机主板上的一个存储芯片，用于保存BIOS的配置信息。

知识导图

设置BIOS

- 基本输入/输出系统，是一组被固化到计算机主板上ROM芯片中的程序。保存着计算机最重要的基本输入/输出程序、系统设置信息、开机后自检程序和系统自启动程序
- BIOS的工作过程　启动阶段—硬件自检—初始化硬件—加载引导程序—引导操作系统
- 类别　Award BIOS、AMI BIOS、Phoenix BIOS、UEFI BIOS
- 进入BIOS设置的方式可以因计算机品牌和型号而异
  - 在计算机开机自检(POST)期间，通常会在屏幕上显示相应的提示信息，指示你应该按哪个键来进入BIOS设置。常见的按键包括Delete键、F2键、F10键或Esc键
  - 快捷键组合：有些计算机可能需要按下特定的快捷键组合才能进入BIOS设置。例如，常见的组合包括Ctrl+Alt+Delete、Ctrl+Alt+Esc、Fn+Esc等
- CMOS
  - 互补金属氧化物半导体，是主板上的一块可读写的RAM芯片，用来保存BIOS的硬件配置和用户对某些参数的设定
  - 由主板上的纽扣电池供电，保证断电后数据不丢失
- BIOS与CMOS的关系
  - CMOS保存着BIOS的设置参数
  - 通过BIOS设置程序对CMOS中的参数进行修改
- 常用操作
  - 修改启动顺序
  - 修改开机密码
  - 设置系统日期和时间

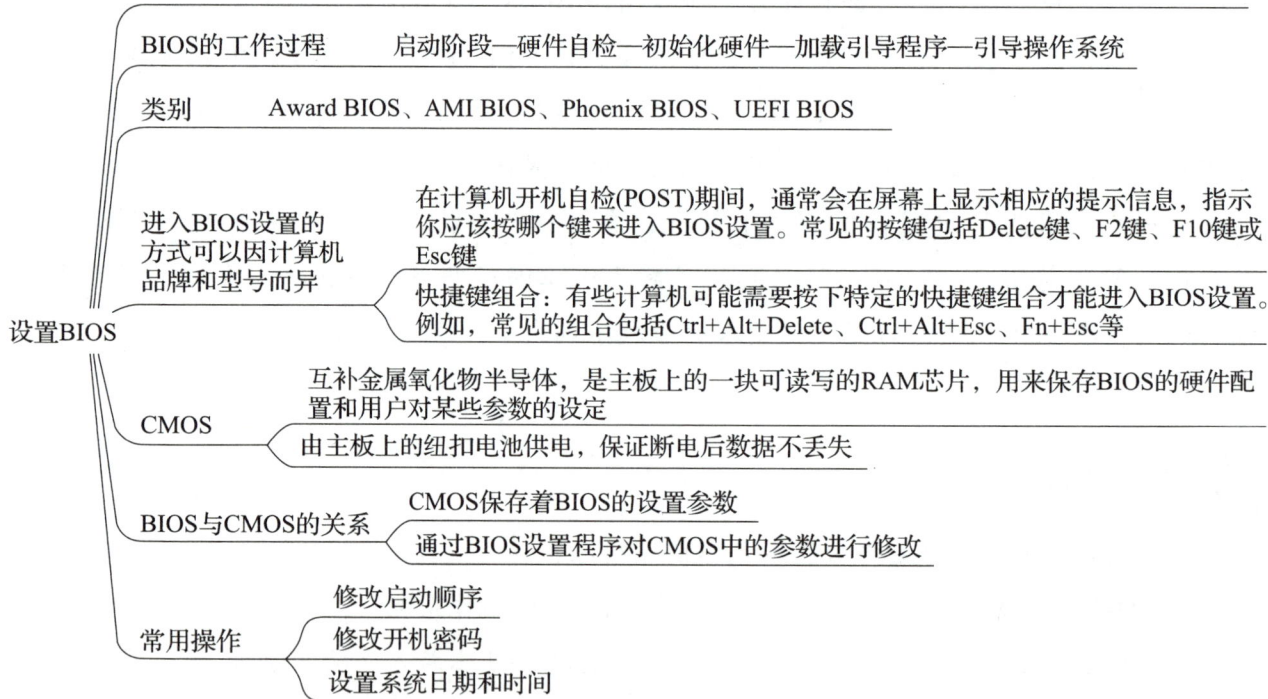

任务习题

一、单选题

1. BIOS 是计算机启动时运行的什么程序？（　　　）

A. 应用程序　　　　B. 驱动程序　　　　C. 第一个程序　　　　D. 最后一个程序

2. BIOS 的设置通常可以通过什么方式进行？（　　　）

A. 操作系统界面　　　　　　　　B. 命令行工具

C. 开机时按特定按键进入的设置界面　　　　D. 外部设备连接

3. UEFI BIOS 相对于传统 BIOS 有什么优势？（　　　）

A. 更低的安全性　　　　　　　　　　　　B. 更少的芯片架构支持

C. 更高的兼容性和可扩展性　　　　　　　D. 更慢的启动速度

4. 在计算机启动时，（　　　）首先被加载到内存中执行。

A. BIOS　　　　　　B. 操作系统　　　　　C. 驱动程序　　　　　D. 应用程序

5. 如果计算机在启动过程中没有检测到键盘，可能的原因是（　　　）。

A. 键盘与计算机的连接问题　　　　　　　B. BIOS 设置中的启动顺序错误

C. BIOS 芯片损坏　　　　　　　　　　　D. 操作系统故障

6. 在电脑启动时，如果听到持续的蜂鸣声，通常意味着（　　　）。

A. 内存故障　　　　　B. 硬盘故障　　　　　C. BIOS 设置错误　　　D. 电源故障

7. BIOS 的工作过程中，哪个阶段是对硬件设备进行自检和初始化？（　　　）

A. POST（加电自检）阶段　　　　　　　　B. 加载操作系统阶段

C. BIOS 设置阶段　　　　　　　　　　　D. 关机阶段

8. 关于 BIOS 的类别，以下哪个描述是正确的？（　　　）

A. BIOS 只有传统 BIOS 一种类型

B. UEFI BIOS 是传统 BIOS 的升级版本，提供更高的兼容性和安全性

C. UEFI BIOS 不支持现代操作系统

D. 传统 BIOS 比 UEFI BIOS 具有更多的功能和更高的性能

二、多选题

1. BIOS 的工作过程中可能包括哪些步骤？（　　　）

A. 初始化硬件设备　　　　　　　　　　　B. 加载操作系统

C. 读取 CMOS 配置信息　　　　　　　　　D. 检查内存错误

2. CMOS 设置中，通常可以设置哪些信息？（　　　）

A. 系统日期和时间　　　　　　　　　　　B. 硬件设备的配置信息

C. BIOS 程序的代码　　　　　　　　　　　D. 用户密码

E. 操作系统的启动顺序

3. BIOS 的类别主要包括（　　　）。

A. Award BIOS　　　　B. UEFI BIOS　　　　C. AMI BIOS　　　　D. Phoenix BIOS

三、判断题

1. BIOS 是计算机启动时首先加载的程序，负责初始化硬件设备。　　　　　　（　　　）

2. CMOS 是 BIOS 程序的一部分，用于存储 BIOS 设置。　　　　　　　　　（　　　）

3. UEFI BIOS 是传统 BIOS 的升级版本，提供了更多的功能和更高的性能。　（　　　）

4. 在 BIOS 设置中，用户无法更改操作系统的安装位置。　　　　　　　　　（　　　）

5. BIOS 中的 POST 过程会检测所有硬件设备是否正常工作，如果有问题会发出警告声。

（　　　）

任务8　计算机软件初探

如今，计算机技术已深入我们生活的方方面面，我们依赖计算机来辅助完成各种任务，是什么让计算机能够实现各种各样的任务呢？答案就是软件。软件是计算机的灵魂，更是其核心动力，它赋予了计算机智慧，不断推动计算机技术的进步和创新。

任务情景

最近，我喜欢上了短视频，它用简短的画面带我领略了众多引人入胜的故事、迷人的景点和诱人的美食。观看时，我萌生了自己制作视频的想法。经过一番比较和选择，我安装了视频制作软件——剪影。在这一过程中，我意识到软件原来也有不同的分类。计算机的运行离不开软件，而软件的不断丰富和完善为人们的生活和工作带来了更多便利和创新。图1-8-1所示为视频处理软件。

剪影　　　　　　Premiere　　　　快剪辑

图1-8-1　视频处理软件

学习体验

计算机的使用已经完全融入了我们的生活，不仅改变了我们的日常办公、教学方式，也丰富了我们的生活和娱乐形式。同时，计算机的发展还推动了各行各业的迅速进步。然而，这些都离不开各类软件的支持，软件的种类有很多，如数据库管理系统、文字编辑工具、绘图软件等。现在，请你思考一下，下表中所示的图标代表哪款软件？它有何作用呢？请以小组讨论的方式把调查结果填在表1-8-1中。

表1-8-1　软件信息调查表

软件图标	软件名称	功能
微信图标		

续表

软件图标	软件名称	功能

知识学习

1. 软件的定义

计算机软件是指在计算机系统中运行的程序、数据和相关文档的集合。软件是由程序开发人员编写的一系列指令和数据，通过这些指令和数据，计算机能够执行各种任务和功能，满足用户不同的需求。

2. 计算机语言

计算机语言是人类与计算机之间进行通信和交流的工具，包括机器语言、汇编语言、高级语言三大类。

1）机器语言：这是计算机能够直接理解和执行的语言，由二进制代码组成，每一条指令都对应着计算机硬件特定的操作。由于机器语言与计算机的底层硬件直接相关，因此它难以编写、阅读和维护，移植性差，通常只被硬件开发人员和底层系统程序员所使用。

2）汇编语言：汇编语言是一种低级语言，它使用助记符来表示机器指令，从而提高了代码的可读性和可维护性。汇编语言与机器语言密切相关，因为它仍然需要程序员了解底层硬件的细节。然而，相对于机器语言，汇编语言更容易编写和理解。

3）高级语言：高级语言是一种更接近于人类自然语言和数学公式的程序设计语言，使程序员能够更容易地编写和理解程序。高级语言具有高度的抽象性和可移植性，因此它广泛应用于各种软件开发项目，包括桌面应用、网络应用、游戏开发、数据库管理等领域。常见的高级语言有 C、C++、Java、Python、JavaScript 等。

3. 计算机程序

计算机程序是一系列按照特定顺序组织的指令集合，这些指令被设计用来告诉计算机执行特定的任务或完成特定的功能，程序通常由程序员使用计算机语言编写。

计算机不能直接执行高级语言，只能直接执行机器语言，所以必须要把高级语言翻译成机器语言，如图1-8-2所示。翻译的方式有两种，一种是编译，一种是解释。

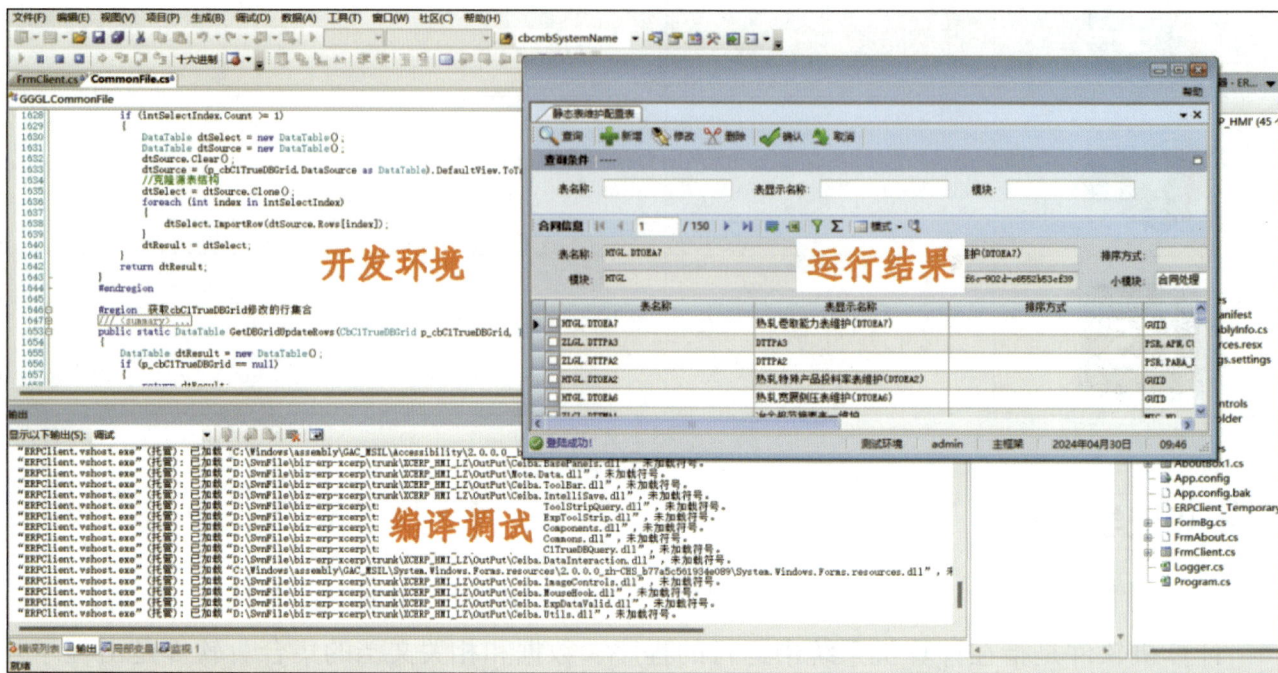

图1-8-2　程序开发、编译调试及运行

编译是将高级语言代码一次性全部转换为机器语言代码的过程。编译后的程序（称为目标程序或可执行文件）可以被计算机直接执行。解释是逐行或逐块地将高级语言代码转换为机器语言代码并执行的过程。其区别是：编译将源程序翻译成可执行的目标代码，翻译与执行是分开的；而解释是一边解释一边执行，不生成任何的目标程序。

实践操作

1. 驱动程序安装与卸载

驱动程序是一种特殊的程序，它创建了硬件与软件之间的接口，使操作系统能够控制硬件设备的工作。硬件设备没有正确安装驱动程序，无法正常工作，因此驱动程序被比作是硬件和系统之间的桥梁。

一般当操作系统安装完毕后，就开始安装硬件设备的驱动程序。不过，大多数情况下，我们并不需要安装所有硬件设备的驱动程序，例如硬盘、显示器、光驱等就不需要安装驱动程序，因为操作系统已自动识别和安装了，而显卡、声卡、网卡、扫描仪、摄像头等就需要手动安装驱动程序。

安装驱动程序的方法因设备类型和操作系统的不同而有所差异，常见的驱动程序安装方法有下面四种：

驱动程序的安装

1）用光盘安装驱动程序。许多硬件设备都会附带一张光盘，里面包含了该设备的驱动程序和安装程序，用户只需按照光盘上的提示来进行驱动程序的安装即可，如图1-8-3所示。

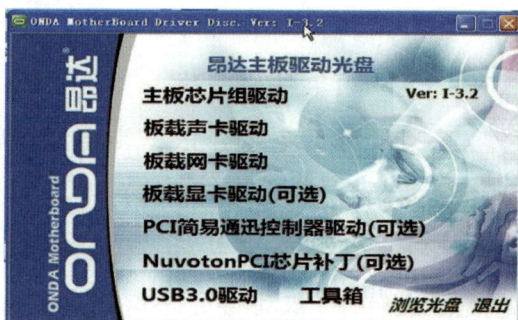

图1-8-3 使用光盘安装驱动程序

2）通过设备管理器安装驱动程序。右击"开始"图标，打开"设备管理器"窗口，右击需要安装驱动程序的设备，从快捷菜单中选择"更新驱动程序"，如图1-8-4所示。

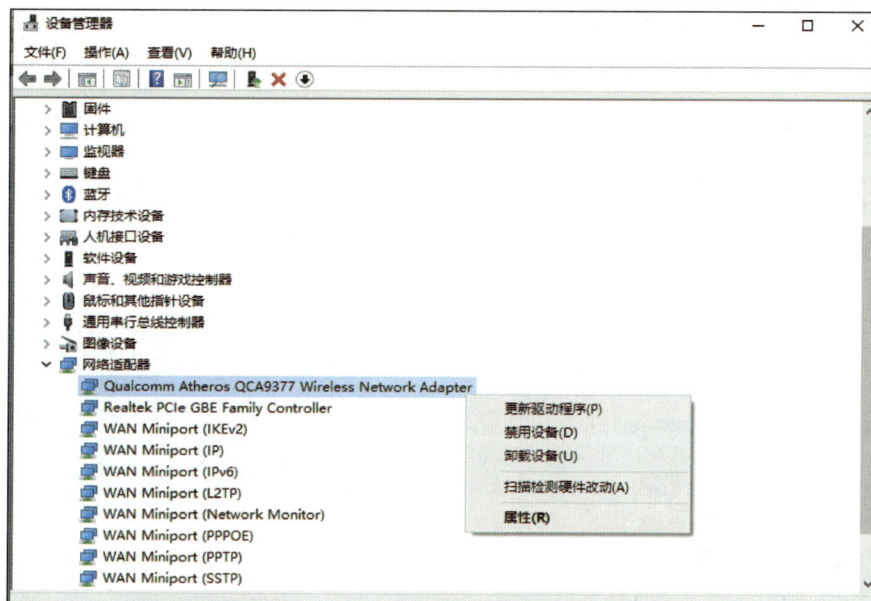

图1-8-4 使用设备管理器安装驱动程序

3）通过硬件设备厂商官网下载并安装驱动程序。许多硬件设备的制造商都会在自己的官网上提供最新的驱动程序下载，在支持和下载页面找到对应的设备型号，然后下载并安装驱动程序。

4）使用驱动程序管理工具。有一些第三方软件，如驱动精灵、驱动人生等，能够自动检测计算机上已经安装的硬件设备，并为其提供最新的驱动程序下载，如图1-8-5所示。用户只需下载并安装这些工具，然后运行它们进行扫描和更新驱动程序即可。

驱动程序的卸载方法比较简单，只需在设备管理器中找到需要卸载的设备单击右键，选择"卸载设备"即可，也可以通过驱动程序管理工具进行卸载。

图1-8-5 使用驱动程序管理工具

2.应用软件安装与卸载

（1）应用软件的安装

应用软件的安装会根据其类型和版本不同而有所差异。安装之前，需要下载应用软件的安装程序。可以利用各大应用商店、官方网站或第三方平台找到需要的软件下载。下载完成后，得到一个安装文件（通常是 .exe 文件），双击该文件运行安装程序。

下面以"腾讯QQ"的安装过程为例：

①双击安装程序并运行，在安装过程中，需要阅读并同意软件的许可协议，然后单击"同意"或"接受"按钮，如图1-8-6所示。

②开始安装。安装过程可能需要一些时间，具体

图1-8-6　运行腾讯QQ安装程序

取决于软件的大小和计算机性能，请耐心等待，直到安装完成，如图1-8-7所示。

③安装完成后，通常会弹出一个对话框提示安装成功，单击"完成安装"按钮退出安装程序，如图1-8-8所示。

图1-8-7　QQ安装程序运行提示

图1-8-8　腾讯QQ安装完成提示

（2）应用软件的卸载

当不再需要某个软件时，可以将其从电脑中卸载。卸载的方法通常有使用控制面板、使用软件自带的卸载功能、使用第三方卸载工具等。

以下是用控制面板卸载"腾讯QQ"的具体步骤：

①打开控制面板，在"类别"视图中，选择"卸载程序"项，如图1-8-9所示。

②右击要卸载的软件，在弹出的菜单中，选择"卸载"选项，如图1-8-10所示。

图1-8-9　控制面板

图 1-8-10 卸载软件操作

③确认卸载。仔细阅读提示信息，确保没有误操作，然后单击"是"或"确定"按钮，开始卸载软件，如图 1-8-11 所示。

④完成卸载。在卸载过程中，可能会出现进度条或其他提示信息。请耐心等待卸载完成，完成后会出现提示框，如图 1-8-12 所示。

图 1-8-11 确认卸载提示

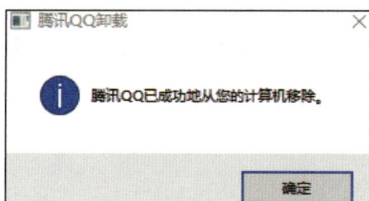

图 1-8-12 卸载完成提示

探 究 活 动

在现今科技高速发展的时代，现代化技术手段的应用层出不穷，你在学习中学会了哪些软件的应用？请根据你的需求，选择 3 个软件进行安装与卸载，将完成情况填写于表 1-8-2 中。

表 1-8-2 常用软件的安装与卸载练习记录表

安装软件名称	是否成功安装	是否成功卸载	练习感受

学知砺德

中国软件业大事记

中国软件业的发展历史中，有几个重要的里程碑和大事记值得关注。

20 世纪 80 年代，中国软件业开始起步。这一时期，中国成立了第一家软件公司——

中国软件，标志着中国软件产业的初步形成。

1994年，中国软件行业协会正式成立，这为软件企业提供了一个交流、合作和学习的平台。

进入21世纪后，随着云计算、大数据、人工智能等技术的兴起，中国软件业迎来了新的发展机遇，这些新兴技术为软件产业带来了新的增长点，也推动了传统产业的数字化转型。

近年来，中国软件业务出口持续增长，成为全球软件市场的重要参与者，中国软件业在创新方面也取得了显著成果。例如，天津大学创新DNA存储算法将敦煌壁画存入DNA中，实现了千年保存，这一成果展示了中国在软件技术创新方面的实力和潜力。在应用软件领域，金山WPS办公软件抢抓移动互联网发展契机，2011年发布移动版，获得全球青睐，产品已覆盖220多个国家和地区，终端月度活跃用户超3.1亿；国产三维CAD（计算机辅助设计）建模能力持续提升，产品性能已接近国际中等水平；国产DCS（分布式控制系统）软件在化工、石化领域应用不断拓展，产品稳定性、可靠性持续提升，达到国际先进水平。

这些大事记反映了中国软件业的发展历程和取得的重要成就，也展现了中国软件业的未来潜力和发展方向。

习题挑战

1.【单选题】软件的定义通常不包括以下哪一项？（　　）

A. 程序　　B. 数据　　C. 硬件　　D. 文档

答案：C

解析：软件的定义通常包括程序、数据和文档。硬件是计算机的实体部分，不属于软件的定义范畴。

2.【单选题】下列关于编译和解释的说法，正确的是（　　）。

①编译是将高级语言源代码转换成目标代码的过程

②解释是将高级语言源代码转换成目标代码的过程

③在编译方式下，用户程序运行的速度更快

④在解释方式下，用户程序运行的速度更快

A.①③　　B.①④　　C.②③　　D.②④

答案：A

解析：编译是把源程序的每一条语句都编译成机器语言，并保存成二进制文件，这样运行时计算机可以直接以机器语言来运行此程序，速度很快；而解释则是只在执行程序时，才

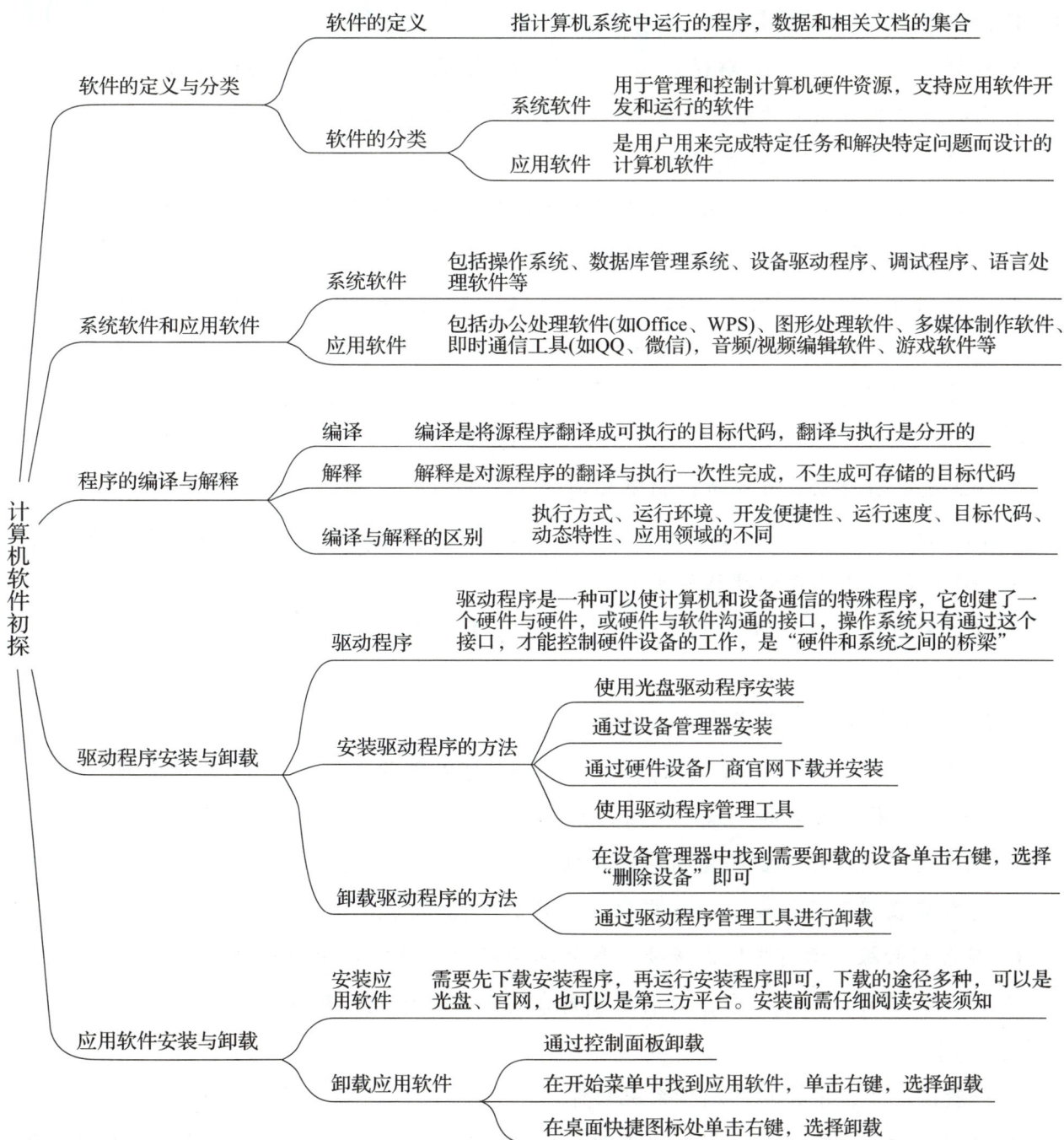

一条一条地解释成机器语言执行，所以运行速度是不如编译后的程序运行得快。编译生成目标代码，而解释不生成目标代码。

3.【判断题】卸载磁盘上不再需要的软件时，可以直接删除软件的目录或图标。（　　）

答案：错误。

解析：卸载程序时需要先执行程序的卸载操作，而不是直接删除软件的目录或图标。

📀 知识导图

计算机软件初探	软件的定义与分类	软件的定义	指计算机系统中运行的程序，数据和相关文档的集合
		软件的分类 — 系统软件	用于管理和控制计算机硬件资源，支持应用软件开发和运行的软件
		软件的分类 — 应用软件	是用户用来完成特定任务和解决特定问题而设计的计算机软件
	系统软件和应用软件	系统软件	包括操作系统、数据库管理系统、设备驱动程序、调试程序、语言处理软件等
		应用软件	包括办公处理软件(如Office、WPS)、图形处理软件、多媒体制作软件、即时通信工具(如QQ、微信)，音频/视频编辑软件、游戏软件等
	程序的编译与解释	编译	编译是将源程序翻译成可执行的目标代码，翻译与执行是分开的
		解释	解释是对源程序的翻译与执行一次性完成，不生成可存储的目标代码
		编译与解释的区别	执行方式、运行环境、开发便捷性、运行速度、目标代码、动态特性、应用领域的不同
	驱动程序安装与卸载	驱动程序	驱动程序是一种可以使计算机和设备通信的特殊程序，它创建了一个硬件与硬件，或硬件与软件沟通的接口，操作系统只有通过这个接口，才能控制硬件设备的工作，是"硬件和系统之间的桥梁"
		安装驱动程序的方法	使用光盘驱动程序安装 / 通过设备管理器安装 / 通过硬件设备厂商官网下载并安装 / 使用驱动程序管理工具
		卸载驱动程序的方法	在设备管理器中找到需要卸载的设备单击右键，选择"删除设备"即可 / 通过驱动程序管理工具进行卸载
	应用软件安装与卸载	安装应用软件	需要先下载安装程序，再运行安装程序即可，下载的途径多种，可以是光盘、官网，也可以是第三方平台。安装前需仔细阅读安装须知
		卸载应用软件	通过控制面板卸载 / 在开始菜单中找到应用软件，单击右键，选择卸载 / 在桌面快捷图标处单击右键，选择卸载

任务习题

一、单选题

1. 将高级语言编写的程序翻译成机器语言程序的翻译方式是（   ）。

A. 编译和解释　　　　B. 编译和汇编　　　　C. 编译和链接　　　　D. 解释和汇编

2. 在办公应用中经常使用的文字处理软件，它属于（   ）。

A. 系统软件　　　　　B. 应用软件　　　　　C. 常用软件　　　　　D. 非法软件

3. 将源语言（如 BASIC）书写的源程序作为输入，解释一句就提交计算机执行一句，不形成目标程序，这个过程叫作（   ）。

A. 编译　　　　　　　B. 解释　　　　　　　C. 汇编　　　　　　　D. 检错

4. 用高级语言编写的源程序，要转换成与其等价的目标程序，必须经过（   ）。

A. 解释　　　　　　　B. 编辑　　　　　　　C. 编译　　　　　　　D. 汇编

5. 如果要在一台新购买的电脑上使用打印功能，则需要安装相应的打印机驱动程序，那么这个驱动程序按软件分类来划分，它属于（   ）。

A. 系统软件　　　　　B. 应用软件　　　　　C. 适用软件　　　　　D. 常用软件

6. （   ）作为计算机和通信设备的特殊程序，所有硬件都必须安装才能正常使用。

A. 语言翻译程序　　　　　　　　　　　　B. Windows 7 操作系统

C. 网卡　　　　　　　　　　　　　　　　D. 驱动程序

7. 计算机能够存储并直接执行的语言是（   ）。

A. 机器语言　　　　　B. 汇编语言　　　　　C. 高级语言　　　　　D. 以上都可以

8. 某单位的人事档案管理程序属于（   ）。

A. 工具软件　　　　　B. 应用软件　　　　　C. 系统软件　　　　　D. 字处理软件

二、多选题

1. 计算机软件分为哪两类？（   ）

A. 应用软件　　　　　B. 系统软件　　　　　C. 字处理软件　　　　D. 编辑软件

2. 下列关于程序安装和卸载的说法，正确的有（   ）。

A. 程序的安装就是将程序复制到计算机中

B. 通常安装程序运行 setup.exe 文件、卸载则用 install.exe

C. 在控制面板→所有控制面板项→程序和功能中可以安装和卸载程序

D. 可以在"开始"菜单中，使用程序自带的卸载程序进行卸载

三、判断题

1. 一般情况下，杀毒软件属于系统软件。　　　　　　　　　　　　　　　　　　（   ）

2. 用程序设计语言编写的程序称为源程序，源程序必须转换为目标程序才能在计算机中

执行。　　　　　　　　　　　　　　　　　　　　　　　　　　　　（　　）

　　3. 计算机所有硬件都必须通过安装驱动程序才能正常工作。　　（　　）

　　4. 不需要安装便可以使用的软件称为绿色软件。　　　　　　　（　　）

　　5. 即插即用设备是指系统自动识别并自动添加驱动程序的设备。（　　）

四、实操题

1. 在你所使用的计算机上安装"微信"，熟练掌握软件的安装过程。

2. 卸载一款已安装的应用软件，如 QQ，熟悉软件卸载过程。

计算机软件
初探

任务 9　初探服务器

　　互联网已经走进了千家万户。手机购物、微信聊天、浏览短视频等都离不开网络的支持……这一切的背后更离不开服务器的支持，服务器在现代计算机网络中扮演着至关重要的角色，为各种应用和服务提供强大的支持和保障。

任务情景

　　大家一定与我一样有着浏览网页的经历：打开浏览器输入网址，我们就可以看到网页上的图片、文字、音/视频等。其实在这背后涉及了一系列复杂的交互过程，其中最核心的就是与 WWW 服务器的交互，如图 1-9-1 所示。WWW 服务器是存储、处理和传递网页内容（如 HTML、CSS、JavaScript 文件，图片，视频等）的计算机。当用户通过浏览器访问某个网址时，浏览器会向该网址对应的服务器发送请求，返回相应的内容给浏览器。

WWW服务

客户机浏览器　　　　　　　WWW服务

图 1-9-1　WWW 服务器

学习体验

　　日常我们所使用的微机，与服务器在功能、性能及用途上存在显著差异。微机为个人用户设计，注重操作便捷与成本效益，满足日常办公与娱乐需求。而服务器则专为大规模数据处理与存储设计，拥有强大计算能力与高稳定性，是企业及数据中心不可或缺的关键设备。

如图 1-9-2 所示，请同学们仔细观察，对微机与服务器的主板进行对比，找出异同，完成表 1-9-1。

（a）　　　　　　　　　　　　　　　　（b）

图 1-9-2　微机与服务器主板

表 1-9-1　微机与服务器主板的异同点

主板类型	相同点	不同点
微机主板		
服务器主板		

知识学习

1. 服务器的概念

从广义上讲，服务器（Server）是指网络中能对其他计算机提供服务的计算机系统。从狭义上讲，服务器是专指某些高性能计算机，能通过网络，对外提供服务。服务器作为硬件来说，就是一台 24 小时开机运行的更高级的电脑。

2. 服务器的分类及其功能

1）服务器从形态来看，有塔式、机架式、刀片式、机柜式，如图 1-9-3 所示。

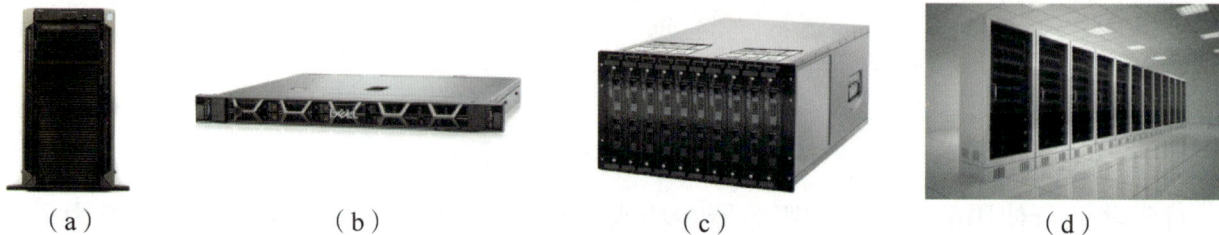

（a）　　　　　　　（b）　　　　　　　（c）　　　　　　　（d）

图 1-9-3　按产品形态划分服务器

（a）塔式服务器；（b）机架式服务器；（c）刀片式服务器；（d）机械式服务器

探 究 活 动

图1-9-3给大家展示了按产品形态划分的四种服务器，请同学们尝试着用自己的语言对这四种服务器进行描述，并填于表1-9-2中，为了更加全面，同学们可上网查找相关资料。

表1-9-2 不同形态服务器的特点

类型	描述
塔式服务器	
机架式服务器	
刀片式服务器	
机柜式服务器	

2）按应用类型分类，有数据库服务器、邮件服务器、文件服务器、网页服务器、应用服务器。

①数据库服务器：一般是指运行在网络中的一台或多台服务器和数据库管理系统软件共同构成的，主要作用是为应用程序提供数据服务。

②邮件服务器：是专门用来提供邮件收发的服务器。邮件服务器构成了现在电子邮件系统的核心。

③文件服务器：是在互联网上提供文件存储和访问服务的服务器，它们依照 FTP 协议提供服务，简单地来说就是专用于传输文件的服务器。

④网页服务器：主要是指在互联网中存放各种网站的服务器，主要用于企业或个人网站在互联网上的发布、应用。

⑤应用服务器：应用服务器是一种专门用于托管和处理应用程序的服务器。

3）按照处理器的数量分类，有单路服务器、双路服务器、四路服务器、八路服务器等。"路"是指一台服务器内部的 CPU 个数，目前主流的服务器是双路服务器。

4）按处理器指令集架构分类，有 CISC 服务器、RISC 服务器、EPIC 服务器。

① CISC 服务器（复杂指令集计算）：也被称为 X86 服务器，采用 Intel、AMD 或其他兼容 X86 指令集的处理器芯片以及 Windows 操作系统的服务器，是目前主流的服务器架构。

② RISC 服务器（精简指令集计算）：RISC 服务器基于 RISC 处理器，目前主要包括 IBM 的 Power 和 Power PC 处理器，SUN 和富士通合作研发的 SPARC 处理器，华为基于 ARM 架构级授权研发的鲲鹏 920 处理器。

③ EPIC 服务器（显示并行指令计算）：EPIC 服务器基于 EPIC 处理器，目前主要是 Intel 研发的安腾处理器等。

使用 RISC 或 EPIC 架构的服务器又称非 X86 服务器。包括大型机、小型机和 UNIX 服务器，并且主要采用 UNIX 和其他专用操作系统。

3. 服务器硬件

就像我们自己使用的电脑一样，服务器也有主板、处理器、内存、硬盘和操作系统，但与普通电脑不同的是，服务器通常配置更高，以应对处理大量数据和提供稳定服务的需求。

组成服务器的硬件，主要有服务器主板、中央处理器（CPU）、内存、磁盘阵列、电源等，如图 1-9-4 所示。

1）服务器主板：它是一种特殊设计的核心电路板，用于承载和连接服务器的各种组件，如图 1-9-5 所示。它是服务器硬件架构的核心部分，它能使各个组件协同工作，并提供稳定可靠的性能。服务器主板能够支持单路、双路、四路等多路 CPU。

图 1-9-4　服务器内部

图 1-9-5　服务器主板

2）中央处理器（CPU）：CPU 是服务器的大脑，负责执行各种计算任务，如图 1-9-6 所示。与普通电脑相比，服务器的 CPU 通常拥有更多的内核（核心）和数量，可以同时处理更多的任务，有强大的计算能力和处理效率。

图 1-9-6　服务器 CPU

（3）服务器内存：也被称为服务器 RAM（Random Access Memory），用于临时存储正在使用的数据和程序，提供快速访问的存储区域，如图 1-9-7 所示。对服务器的性能和运行效果有非常重要的影响。

图 1-9-7　服务器内存

4）硬盘阵列（RAID）：是由很多独立的磁盘组合成一个容量巨大的磁盘组，如图 1-9-8 所示。

图 1-9-8　磁盘阵列

5）电源：服务器电源给服务器提供稳定、可靠的电力，确保服务器中的各个组件（如处理器、内存、硬盘等）得到适当的电源供应，服务器一般都会配备两个电源，以实现电源冗余机制，如图 1-9-9 所示。

图 1-9-9　服务器电源

4.云服务器的概念

在过去，每个应用程序通常需要在独立的物理服务器上运行，这导致了服务器资源的低效利用和管理成本的增加。随着云计算概念的兴起，人们开始意识到可以通过网络提供基于虚拟化技术的计算资源，用户可以按需获取和释放这些资源，而不必关心底层的物理设备。用户可以通过云服务提供商租用虚拟化的服务器实例，而非购买和维护物理服务器，云服务器的概念应运而生。

云服务器是一种简单高效、处理能力可弹性伸缩的计算服务。

5. 云服务器特点

云服务器具有弹性伸缩、高可用性和稳定性、高性能、安全保障、易于管理和维护以及节省成本等特点，使其在各种应用场景中都能发挥出色。

6.云服务器应用

云服务器是一种高效、灵活、安全、可靠的计算服务，广泛应用于各种业务场景，如网站托管、应用开发、大数据分析、人工智能等。目前国内有许多企业提供云服务器服务，如腾讯云、百度云、阿里云、华为云、天翼云等。

选择这些云服务器提供商，我们就可以租用到一台满意的服务器，其操作步骤一般是，先根据业务需求选择合适的云服务器配置，包括 CPU 核数、内存容量、磁盘容量、网络带宽等。例如，你可以选择 2 核 4G 内存、50GB SSD 硬盘、1Mbit/s 带宽的配置作为入门选项。接着查看所选配置的云服务器价格，并根据自己的需求选择付费方式。常见的付费方式有按量付费（如每小时计费）和包年包月付费。再选择云服务器所在的数据中心。通常，选择离自己或用户所在的地区最近的数据中心可以获得更好的网络响应速度和稳定性。之后就可以在服务提供商的平台上创建并配置云服务器实例。最后就是连接云服务器，完成连接后，就可以在云服务器上进行各种操作和管理了。图 1-9-10 所示为云服务器实例。

图 1-9-10　云服务器实例

探究活动

云服务现在已经涵盖了我们生活的方方面面，在你的日常生活中是否看到了它的身影？小组讨论一下，把你们的使用经历进行分享，完成表 1-9-3。

表 1-9-3　云服务使用案例

举例	简要描述其功能
WPS（示例）	登录账号后，我可以在电脑端编辑，也可也在手机端编辑

学知砺德

　　在云服务供应商的业务中，大数据中心（见图 1-9-11）发挥着日益核心的作用。通过构建和运营大数据中心，可以为客户提供更加稳定、可靠、高效的大数据服务。大数据中心的关键基础设施包括服务器设备、存储设备、网络设备和电源设备等，它们共同确保数据中心的高效运作。

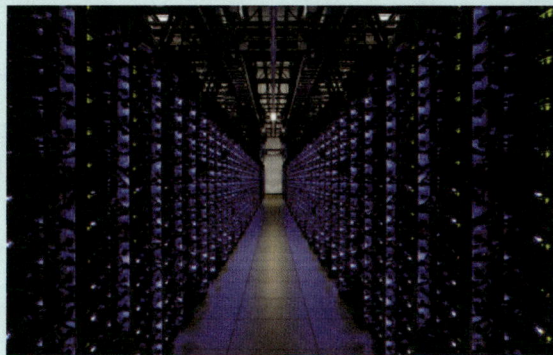

图 1-9-11　大数据中心

　　目前全球集聚超大型数据中心最多的地区就是我国贵州的贵安地区，累计落地大型、超大型数据中心共 18 个。贵州之所以成为建设大型数据中心的理想选择，主要得益于其得天独厚的自然环境和气候条件。年平均气温适中、湿度适宜，为服务器的稳定运行提供了理想的环境。同时，贵州地区电力资源丰富，特别是清洁能源占比高，为云服务器的绿色运行提供了坚实的能源保障。

　　在绿色节能理念的指导下，云服务提供商积极采用先进的节能技术和设备，致力于打造高效、环保的云服务器。他们推行绿色数据中心建设，采用环保材料和节能技术，以减少建筑和运维过程中的能源消耗和污染排放。通过绿色认证和节能减排措施的实施，贵州的云服务器已成为行业内的绿色标杆，引领着云计算产业向更加环保、可持续的方向发展。

习题挑战

　　1.【判断题】从狭义上讲，服务器（Server）是指网络中能对其他机器提供服务的计算机系统。　　　　　　　　　　　　　　　　　　　　　　　　　　　　　（　　　）

　　答案：错

　　解析：考察服务器概念的理解。从广义上讲，服务器（Server）是指网络中能对其他机器提供服务的计算机系统。从狭义上讲，服务器是专指某些高性能计算机，能通过网络，对外提供服务。

2.【填空题】按处理器的_____分类，可将服务器分为 CISC 服务器、RISC 服务器、EPIC 服务器。

答案：指令集架构

解析：按处理器指令集架构分类，有 CISC 服务器、RISC 服务器、EPIC 服务器。

3.【填空题】按产品形态分类，服务器有_____、_____、_____、_____。

答案：塔式、机架式、刀片式、机柜式

解析：服务器按产品形态分为塔式、机架式、刀片式、机柜式。

知识导图

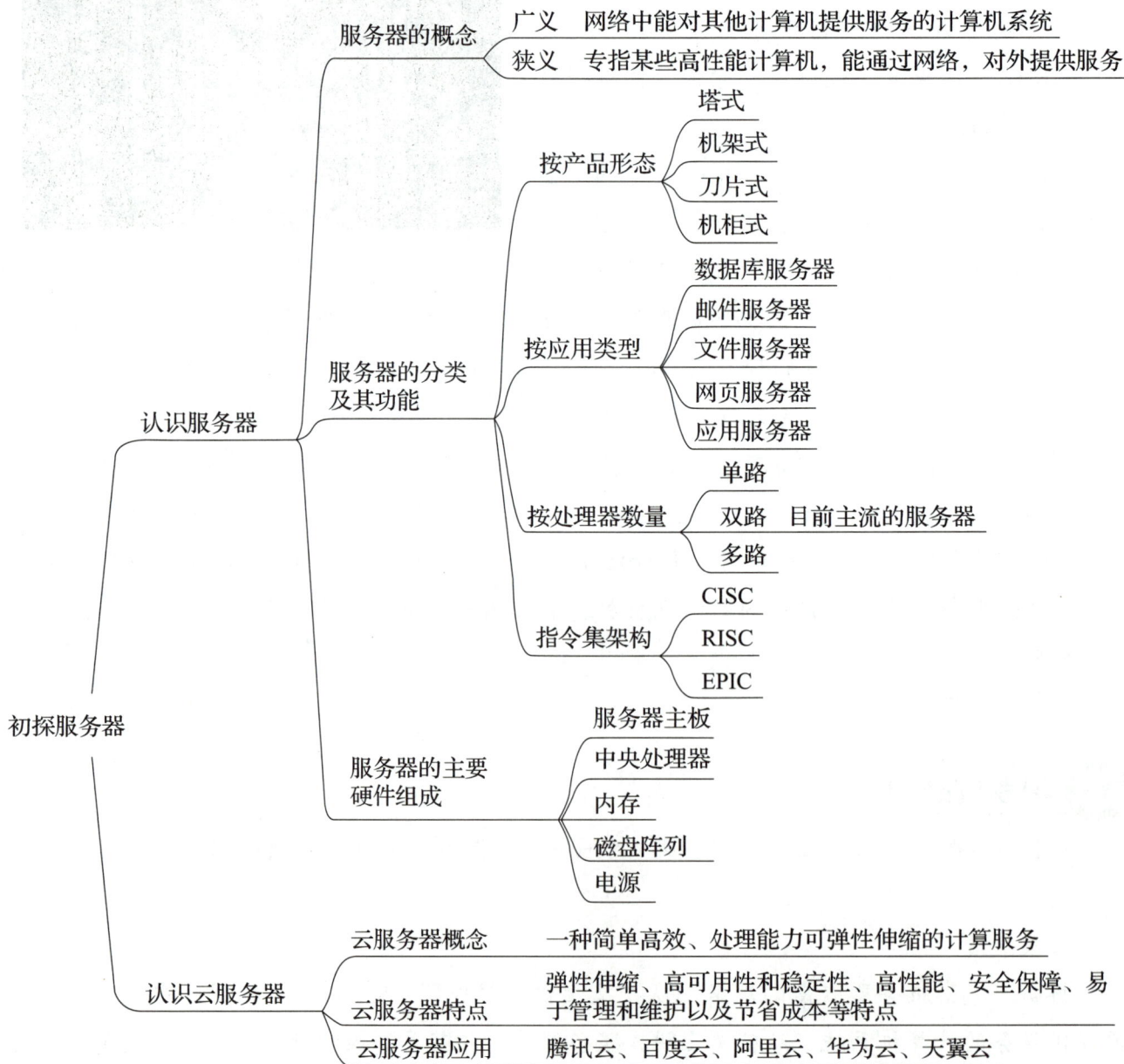

任务习题

一、单选题

1.服务器按（　　　）分类，有数据库服务器、邮件服务器、文件服务器、网页服务器、应用服务器。

　A.产品形态　　　　　　　　　　　　B.应用类型

　C.处理器指令集架构　　　　　　　　D.概念

2.下列哪一项不属于服务器按产品形态进行划分的？（　　　）

　A.塔式服务器　　　B.机架式服务器　　　C.网页式服务器　　　D.刀片式服务器

3.服务器按产品形态可划分为（　　　）类。

　A.1　　　　　　　B.2　　　　　　　C.3　　　　　　　D.4

4.（　　　）主要是指在互联网中存放各种网站的服务器，主要用于企业或个人网站在互联网上的发布、应用。

　A.数据库服务器　　　B.邮件服务器　　　C.网页服务器　　　D.邮件服务器

5.目前主流的服务器是（　　　）服务器。

　A.单路　　　　　　B.双路　　　　　　C.四路　　　　　　D.八路

6.组成服务器的硬件，主要有（　　　）。

　A.服务器主板　　　B.中央处理器　　　C.磁盘阵列　　　D.以上都是

7.（　　　）是一种简单高效、处理能力可弹性伸缩的计算服务。

　A.云服务器　　　B.网页服务器　　　C.数据库服务器　　　D.应用服务器

8.下列哪一项不是国内云服务提供商？（　　　）

　A.华为云　　　　　B.腾讯云　　　　　C.谷歌云　　　　　D.阿里云

二、多选题

1.服务器主板能够支持（　　　）CPU。

　A.单路　　　　　　B.双路　　　　　　C.四路　　　　　　D.多路

2.下列属于云服务器的特点有（　　　）。

　A.弹性伸缩　　　　　　　　　　　　B.高可用性和稳定性

　C.易于管理和维护　　　　　　　　　D.安全保障

3.云服务器应用的业务场景有（　　　）。

　A.网站托管　　　B.应用开发　　　C.大数据分析　　　D.人工智能

三、判断题

1.日常我们所使用的微机，与服务器在功能、性能及用途上不存在明显差异。（　　　）

2.服务器为个人用户设计，注重操作便捷与成本效益，满足日常办公与娱乐需求。（　　　）

3. 云服务器服务提供商，只能买服务器，不能租服务器。　　　　　　　　（　　）

4. 云服务器常见的付费方式有按量付费（如每小时计费）和包年包月付费。　（　　）

5. 目前国内有许多企业提供云服务器服务。如腾讯云、百度云、阿里云、华为云、天翼云等。　　　　　　　　　　　　　　　　　　　　　　　　　　　　　　（　　）

📖 模块总结

　　经过本模块的学习，我们系统地回顾了计算机的发展历程，并深入了解了计算机的特点、分类以及其在现代社会中的应用领域。我们还详细探讨了计算机系统的组成，包括数据表示和存储的基本原理，为后续的进阶学习提供了坚实的知识基础。

　　在硬件方面，我们掌握了键盘操作基础、字符录入技巧，并详细解析了CPU、内存、硬盘等核心硬件的功能和工作机制。我们还深入了解了输入与输出设备在人机交互中的重要作用，以及硬件设备的连接与通信方式。这些内容不仅增强了我们对计算机硬件系统的理解，也为后续的实践操作提供了有力的支持。

　　在软件方面，我们明确了软件的定义与分类，掌握了系统软件与应用软件的区别，并学习了程序编译与解释的基本原理。我们还学会了如何安装与卸载驱动程序和应用软件，这些知识对于我们在日常生活中使用和维护计算机具有重要意义。

　　最后，我们对服务器和云服务器有了初步的认识，这为我们未来学习和探索网络技术、云计算等领域打下了良好的基础。通过本单元的学习，我们不仅拓宽了视野，也增强了实际操作能力，为未来的学习和工作奠定了坚实的基础。

模块二
操作系统基础与应用

【模块背景】

在当今日新月异的科技时代，计算机技术已经渗透到我们生活的每一个角落，无论是智能手机、平板电脑，还是庞大的数据中心和云计算平台，都离不开一个核心的技术支撑——操作系统。操作系统，作为计算机系统的灵魂和基石，负责管理和控制计算机的硬件与软件资源，为用户提供一个友好、高效、安全的计算环境。

随着信息技术的不断发展，操作系统也在不断地更新迭代，从早期的 DOS、UNIX，到如今的 Windows、Linux、iOS、Android 等，每一次技术的革新都极大地推动了计算机科学的进步和社会的发展。

【学习目标】

1. 理解操作系统的概念、主要功能及类型。
2. 了解主流操作系统及其应用场景，了解常用国产操作系统。
3. 掌握操作系统的安装、启动和退出方法。
4. 了解切换用户、注销、锁定、重新启动、睡眠和休眠等的作用与区别。
5. 了解安全模式的概念及作用。
6. 掌握驱动程序及应用软件的安装与卸载方法。
7. 掌握操作系统账户的管理方法。
8. 掌握磁盘分区、格式化、磁盘清理和碎片整理的操作方法。
9. 了解获取帮助信息的方法。
10. 理解桌面、图标、任务栏、窗口、对话框、开始菜单、快捷方式等概念。
11. 理解文件和文件夹的概念、作用、命名规则，熟悉常见文件的类型。
12. 了解 dir、cd、md、rd、copy、ren、del 等常用 cmd 命令的功能。

任务 1　认识操作系统

在移动互联网时代，操作系统非常重要，无论是计算机、智能手机还是平板电脑，都离不开操作系统。它其实就相当于计算机的大管家，负责管理计算机的各种资源和功能，将这些资源分配给用户，使用户可以更加高效地使用计算机。通过操作系统，用户可以更加方便地使用计算机，无须了解计算机硬件和资源的细节。

任务情景

为了满足个性化的需求，我选择自己组装电脑。可以根据自己的需求来定制一台符合个人需求的电脑，满足特殊需求，比如游戏、音频制作、图像处理等。而且后期可以根据需要更换和升级单个硬件组件，提升电脑的性能和功能。但是组装电脑得自己安装操作系统，市面上的操作系统种类繁多，如图 2-1-1 所示，考虑到我的电脑主要是用于日常办公和偶尔游戏娱乐，我选择了 Windows 10 操作系统。

图 2-1-1　多个版本操作系统

学习体验

CHATGPT（见图 2-1-2）的诞生不仅推动了人工智能技术的发展，还改变了人机交互方式，促进了知识普及和信息传播，提高了工作效率和创造力，并引领了未来产业的变革，也推动了 AI 时代操作系统的发展。

图 2-1-2　CHATGPT

AI 时代，人们需要什么样的操作系统呢？CHATGPT 会是新时代的操作系统样本吗？AI 与操作系统相辅相成，AI 技术能够赋予操作系统更强大的智能处理能力，使其更好地理解和响应用户的需求；两者的结合，也将产生巨大的协同效应，推动科技的发展。

随着人工智能技术的不断进步，未来的操作系统将更加注重智能化功能的开发，包括语

音识别、图像识别、自然语言处理等，以提供更加智能化的服务和体验。你现在了解到的操作系统有哪些？它们都有什么特点和功能？

设想一下未来会出现什么样的操作系统？它们都是如何操作计算机的，能为用户实现哪些特别的需求？请大家完成表 2-1-1。

表 2-1-1　未来操作系统

操作系统名	操作方式	实现需求

📖 知识学习

1. 操作系统的概念

操作系统（Operating System，OS）是管理和控制计算机硬件与软件资源的计算机程序，是直接运行在"裸机"上最基本的系统软件，其他软件都是在操作系统的支持下运行。操作系统在计算机系统中的地位如图 2-1-3 所示。

操作系统作为用户与计算机硬件之间的接口，屏蔽了硬件层的复杂性，使用户可以方便地使用和操作计算机。它还充当计算机硬件与用户之间的中间媒介，控制和协调各用户的应用程序对硬件的分配和使用。

教学视频：初识Winidows

用户
应用软件
操作系统
硬件

图 2-1-3　操作系统在计算机系统中的地位

2. 操作系统的功能

操作系统的主要功能包括作业管理、文件管理、存储管理、设备管理和进程管理五大功能。

（1）作业管理

作业管理的主要任务是对用户提交的诸多作业进行组织、控制和调度，以尽可能高效地利用整个系统的资源。

作业是由程序、数据和作业说明书三部分构成的，它代表了用户在完成一项任务的过程中要求计算机系统所做的工作的集合。作业管理的主要任务包括作业的组织、控制和调度等。

（2）文件管理

文件管理又称信息管理。计算机系统中大量信息以文件形式存放在外存中，供用户使

用。文件管理包含文件存储空间管理、目录管理、文件读 / 写管理、文件保护和向用户提供接口五大功能。

（3）存储管理

存储管理实质上是对存储空间的管理，它主要是指对内存的管理。存储管理的主要任务是为多道程序的并发运行提供良好环境，便于用户使用存储器，提高存储器的利用率，为尽量多的用户提供足够大的存储空间。存储器管理具有内存分配、内存保护、地址映射和内存扩充的功能。

（4）设备管理

设备管理具有缓冲管理、设备分配、设备处理和虚拟设备的功能。

（5）进程管理

进程管理也称处理机管理，对处理机的分配和运行实施有效管理。进程管理具有进程控制、进程同步、进程通信和进程调试的功能。

3. 操作系统的类型

操作系统有多种不同的处理模式，因此存在着各种不同类型的操作系统，大致可以分为以下几种。

（1）批处理系统

批处理系统是先将要处理的数据收集起来，当数据累积到一定程度时，再一次性处理所有的数据，类似于公司在计算薪资时，每个月结算一次。批处理系统适合处理周期性的大笔数据，但不适合处理实时性的数据。

（2）多任务系统

多任务系统可以同时处理多个任务，让 CPU 始终有任务可做，以提高 CPU 的利用率。即同时把几个程序放入内存，分时共享一个处理器。CPU 先对第一道程序进行处理，当它需要输入输出时，在处理完输入或输出请求后便转向第二道程序，此时第一道程序的输入或输出操作与第二道程序的处理并行。当第二道程序要求输入或输出时，又转向第三道程序，使第三道程序的处理与第一、第二道程序的输入或输出操作并行。这种情况下，CPU 将经常处于忙状态，效率得以提高。

（3）分时系统

"分时"是指多个用户分享使用同一台计算机或多个程序分时共享硬件和软件资源。分时系统允许多个用户同时共用一台计算机。其工作方式为：一台主机连接了若干个终端，每个终端有一个用户在使用。系统将 CPU 的时间划分成若干个片段，称为时间片。操作系统以时间片为单位，轮流为每个终端用户服务。每个用户轮流使用一个时间片而使每个用户感知不到其他用户的存在。用户之间彼此独立互不干扰，用户感到计算机只为他所用。例如，ATM 自动柜员机就是使用分时系统的典型应用。

（4）实时系统

实时系统有严格的时间限制，也就是说，当系统收到指定的工作后，必须在限定的时间内完成工作，如医学影像系统、雷达侦测系统、飞机导航系统等。

（5）分布式系统

分布式系统是建立在网络之上的软件系统。它在资源管理、通信控制和操作系统的结构等方面与其他操作系统有较大的区别。由于分布式系统的资源分布于系统的不同计算机上，操作系统对用户的资源需求不能同一般的操作系统一样等待有资源时直接分配，而是搜索系统的各台计算机，找到所需资源后才可以进行分配。如果资源有多个副本文件，还必须考虑一致性。为了保证一致性，操作系统必须控制文件的读、写操作。分布式系统具有资源共享、高速计算等优点。

讨 论 活 动

1. 小组讨论操作系统的发展历程。
2. ENIAC 诞生的时代是如何操作计算机的？

素养园地——中国操作系统：从无到有，探索与崛起的历程

4. 主流操作系统

（1）桌面操作系统

无论是日常家用的笔记本，还是企业办公的台式机，大家接触的桌面操作系统多是 Windows。那么，是不是主流的操作系统只有 Windows 呢？当然不是。其实，在个人 PC 领域 macOS 和 Linux 的应用也很广泛，只是它们在个人桌面操作系统中占比没 Windows 那么大。下面，我们来了解一下这些常见桌面操作系统的特点，领略一下不同操作系统的魅力。

1）Windows 操作系统。

Windows 操作系统是由微软公司开发的一种广泛使用的操作系统。它提供了直观的图形用户界面，使用户能够轻松使用计算机。窗口、图标和菜单的设计使操作更为方便。Windows 系统具有广泛的兼容性，可以运行各种应用程序。此外，它还提供了强大的网络和安全功能，适用于个人和商业用户，Windows 10 界面如图 2-1-4 所示。

图 2-1-4　Windows 10 界面

2）macOS 操作系统

macOS 操作系统是由苹果公司开发的一套操作系统，专门用于苹果电脑。它的界面优美，操作简单，适用于创意、媒体和设计等领域的用户。macOS 操作系统还注重安全性和稳定性，以及与其他苹果设备（如 iPhone 和 iPad）的无缝集成，macOS 界面如图 2-1-5 所示。

3）Linux 操作系统。

Linux 是一种自由和开放源码的类 UNIX 操作系统，它以自由、开放和灵活的特性而闻名，并被广泛用于服务器和嵌入式系统。Linux 操作系统有许多不同的发行版，如 Ubuntu、Debian、Fedora、CentOS 等。每个发行版都有其特定的特点和目标用户群。Linux 可安装在各种计算机硬件设备中，如手机、平板电脑、路由器、视频游戏控制台、台式计算机、大型计算机和超级计算机，Linux 界面如图 2-1-6 所示。

图 2-1-5 macOS 界面

图 2-1-6 Linux 界面

（2）服务器操作系统

服务器操作系统一般指的是安装在大型计算机上的操作系统，比如 Web 服务器、应用服务器和数据库服务器等，是企业 IT 系统的基础架构平台，同时，服务器操作系统也可以安装在个人电脑上。相比个人版操作系统，在一个具体的网络中，服务器操作系统要承担额外的管理、配置、稳定、安全等功能，处于每个网络中的心脏部位。常见的服务器操作系统有以下几种。

1）Windows Server。

Windows Server 是微软公司的服务器操作系统，为那些需要 Windows 生态系统的企业提供了强大的解决方案。它有多个版本，包括 Windows Server 2008、Windows Server 2012、Windows Server 2019 和 Windows Server 2022 等。Windows Server 具有用户友好、应用兼容等特点。

2）Netware。

Netware 服务器操作系统是由 Novell 公司推出，应用广泛的网络操作系统。其设计核心是基于基本模块思想的开放式系统结构，这使它成为一个高度开放和可扩展的网络服务器平台。Netware 支持多种不同的工作平台，如 DOS、OS/2、Macintosh 等，并能在各种网络协议环境下，如 TCP/IP，为工作站操作系统提供一致的服务。

3）UNIX 服务器操作系统。

UNIX 服务器操作系统由 AT&T 公司和 SCO 公司共同推出，主要支持大型的文件系统服务、数据服务等应用。市面上流传的主要有 SCO SVR、BSD UNIX、SUN Solaris、IBM-AIX、HP-U、FreeBSDX。

4）Linux 服务操作系统。

Linux 是最常见的服务器操作系统之一，因其开源性、稳定性和灵活性而闻名。Linux 发行版众多，其中一些最受欢迎的有 Ubuntu、Debian、Fedora、CentOS。

（3）移动终端设备操作系统

1）Android 操作系统。

Android 操作系统是由谷歌公司开发的移动设备操作系统，是一种基于 Linux 内核的自由及开放源代码的操作系统。它是目前手机和平板电脑上最流行的操作系统之一。Android 系统提供了丰富的应用程序和服务。它具有用户友好的界面，支持多任务处理和多用户登录。除了移动设备，Android 系统还被用于智能电视、智能手表和其他可穿戴设备，Android 操作系统图标如图 2-1-7 所示。

图 2-1-7　Android 操作系统图标

2）iOS 操作系统。

iOS 操作系统是苹果公司专门为其移动设备开发的操作系统，如 iPhone 和 iPad。iOS 系统也是一个基于 UNIX 的操作系统，它具有美观、简洁的用户界面和良好的用户体验。iOS 系统注重安全性和稳定性，严格控制应用程序的下载和使用。iOS 操作系统图标如图 2-1-8 所示。

3）HarmonyOS（鸿蒙）。

HarmonyOS 是华为公司自主研发的分布式操作系统，旨在为不同设备提供统一的操作体验。它采用微内核架构，具有高效的资源管理和安全防护能力，可应用于智能手机、平板电脑和物联网设备等多种终端，HarmonyOS 图标如图 2-1-9 所示。

图 2-1-8　iOS 操作系统图标

图 2-1-9　HarmonyOS 图标

（4）行业特定操作系统

1）CTOS（船舶通用操作系统）。

CTOS 是由中国船舶工业集团开发的一款面向船舶行业的特定操作系统。它提供了船舶设备监控、通信导航和船舶自动化控制等功能，实现了船舶信息化管理和智能化控制。

2）COS（车联网操作系统）。

COS 是由中国汽车产业联盟推出的车联网操作系统，旨在为智能汽车提供统一的操作平台。它支持多种连接方式和车载应用，为用户提供了车载信息娱乐、导航和安全监控等功能。

讨 论 活 动

1. 谈谈如何选择适合自己的操作系统？

2. 操作系统作为计算机系统的核心软件，虽然经过不断的发展和完善，但在实际应用中仍然会面临一些问题，谈谈你们在使用过程中都遇到了哪些问题？是怎么解决的？

探 究 活 动

随着我国信息技术产业的迅速发展，国产操作系统在不同领域得到了广泛应用。从开源操作系统到嵌入式、移动和服务器操作系统，再到行业特定操作系统，国产操作系统逐渐成为我国信息技术自主创新的重要成果之一。相信在未来，国产操作系统将继续发挥重要作用，推动我国信息技术产业的进一步发展。请大家收集各种国产操作系统图标，填入表2-1-2 中。

表 2-1-2　国产操作系统

操作系统图标	特点和应用场景

📀 学知砺德

openEuler 操作系统

进入万物智联时代以后，操作系统作为数字经济安全底座的重要性愈发凸显。多年以来，国内很多机构和企业都曾经研发过自主操作系统，但存活下来者寥寥无几。不过，这种局面在2023年发生了明显的改变。2023年年底，openEuler 操作系统（见图2-1-10）

以其卓越的性能、稳定性和创新性，赢得了业界的广泛认可和赞誉，成为中国第一服务器操作系统，也是中国首个达成新增市场份额第一的基础软件。openEuler 操作系统支持服务器、云计算、边缘计算、嵌入式等应用场景，支持多样性计算，致力于提供安全、稳定、易用的操作系统。

图 2-1-10　openEuler 操作系统

openEuler 的全面开源，引发了中国服务器操作系统发展的"质"的变化，推动了整个行业进入加速发展阶段。同时，openEuler 也是一个创新的平台，鼓励任何人在该平台上提出新想法、开拓新思路、实践新方案。

openEuler 的成功也体现了开源社区在推动国产操作系统发展中的重要作用。通过开源社区的合作与共享，openEuler 得以汇聚产业主体，推动相关产业的生态建设，为国产操作系统的长远发展奠定了坚实基础。

习题挑战

1.【填空题】操作系统是＿＿＿＿＿与＿＿＿＿＿之间的接口。

答：用户、计算机硬件

解析：操作系统（Operating System，OS）是管理和控制计算机硬件与软件资源的计算机程序，它是用户与计算机硬件之间的接口。

2.【判断题】存储管理主要是指对计算机硬盘的管理。　　　　（　　　）

答：错

解析：存储管理实质上是对存储空间的管理，它主要是指对内存的管理。

3.【单选题】系统将 CPU 的时间划分成若干时间片。每个用户轮流使用一个时间片而使每个用户感知不到其他用户的存在。这种操作系统称为（　　　）

A.实时操作系统　　B.分时操作系统　　C.批处理操作系统　　D.分布式操作系统

答：B

解析："分时"是指多个用户分享使用同一台计算机或多个程序分时共享硬件和软件资源。

4.【多选题】操作系统的功能有（　　　）？

A 作业管理　B.程序管理　C.存储管理　D.设备管理

答：ACD

解析：操作系统的主要功能包括作业管理、文件管理、存储管理、设备管理和进程管理五大功能。

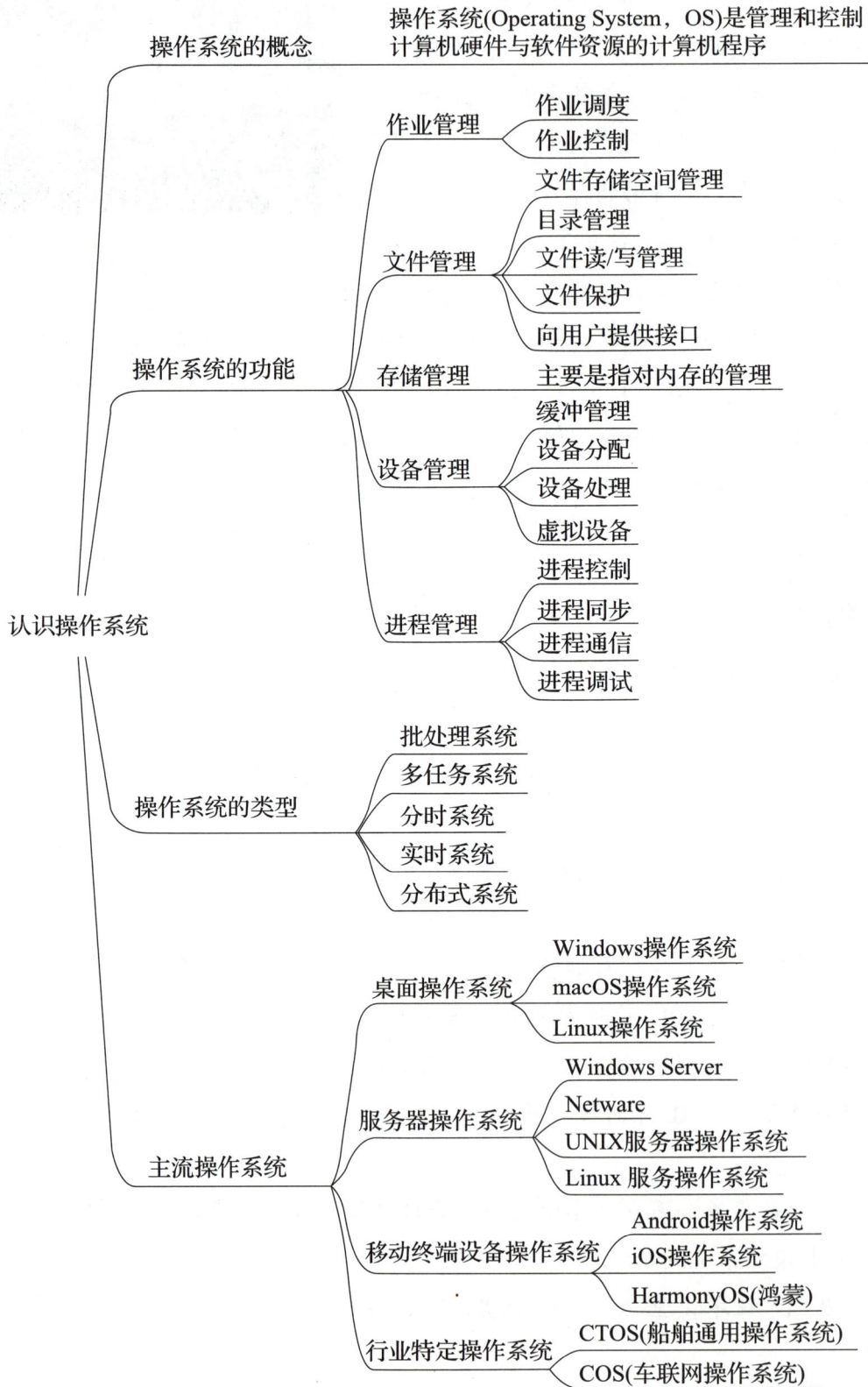

知识导图

操作系统的概念 —— 操作系统(Operating System，OS)是管理和控制计算机硬件与软件资源的计算机程序

认识操作系统
├── 操作系统的概念
├── 操作系统的功能
│   ├── 作业管理
│   │   ├── 作业调度
│   │   └── 作业控制
│   ├── 文件管理
│   │   ├── 文件存储空间管理
│   │   ├── 目录管理
│   │   ├── 文件读/写管理
│   │   ├── 文件保护
│   │   └── 向用户提供接口
│   ├── 存储管理 —— 主要是指对内存的管理
│   ├── 设备管理
│   │   ├── 缓冲管理
│   │   ├── 设备分配
│   │   ├── 设备处理
│   │   └── 虚拟设备
│   └── 进程管理
│   ├── 进程控制
│   ├── 进程同步
│   ├── 进程通信
│   └── 进程调试
├── 操作系统的类型
│   ├── 批处理系统
│   ├── 多任务系统
│   ├── 分时系统
│   ├── 实时系统
│   └── 分布式系统
└── 主流操作系统
    ├── 桌面操作系统
    │   ├── Windows操作系统
    │   ├── macOS操作系统
    │   └── Linux操作系统
    ├── 服务器操作系统
    │   ├── Windows Server
    │   ├── Netware
    │   ├── UNIX服务器操作系统
    │   └── Linux 服务操作系统
    ├── 移动终端设备操作系统
    │   ├── Android操作系统
    │   ├── iOS操作系统
    │   └── HarmonyOS(鸿蒙)
    └── 行业特定操作系统
        ├── CTOS(船舶通用操作系统)
        └── COS(车联网操作系统)

任务习题

一、单选题

1. 操作系统是（　　　）的接口。

A. 用户与软件　　　　　　　　　　B. 系统软件和应用软件

C. 主机与外设　　　　　　　　　　D. 用户与计算机

2. 操作系统是对计算机资源（包括硬件和软件等）进行（　　　）的程序。

A. 管理和控制　　　B. 汇编和执行　　　C. 输入和输出　　　D. 面板操作

3. 通常所说的"裸机"是指计算机仅有（　　　）。

A. 硬件系统　　　　B. 软件　　　　　C. 指令系统　　　　D. CPU

4. 操作系统的五大功能模块为（　　　）。

A. 程序管理、文件管理、编译管理、设备管理、用户管理

B. 硬盘管理、软盘管理、存储器管理、文件管理、批处理管理

C. 运算器管理、控制器管理、磁盘管理、分时管理、设备管理

D. 处理器管理、存储管理、设备管理、文件管理、作业管理

5. 操作系统的存储管理主要是指对（　　　）的管理。

A. 内存　　　　　　B. 外存　　　　　C. 内存和外存　　　D. 硬盘

6. 系统进行资源分配和调度的基本单位是（　　　）。

A. 作业　　　　　　B. 进程　　　　　C. 字节　　　　　　D. 字

7. 提高 CPU 和设备的并行性，充分利用各种设备资源，便于用户和程序对设备的操作和控制是由（　　　）完成的。

A. CPU 管理　　　　B. 存储管理　　　C. 设备管理　　　　D. 文件管理

8. 采用时间片轮转方式处理用户的服务请求，给每个用户分配一段 CPU 时间进行处理的是（　　　）操作系统。

A. 分时　　　　　　B. 实时　　　　　C. 多媒体　　　　　D. 网络

二、多选题

1. 下列说法不正确的是（　　　）。

A. CPU 的管理归根到底是对进程的管理

B. 存储管理主要是指对外存储器的管理，负责对外存的分配和回收

C. 作业管理指对计算机所有进程进行管理

D. 作业管理的主要任务是作业调度和作业控制

2. 以下关于操作系统的描述，正确的是（　　　）。

A. 操作系统是最基本、最重要的系统软件

B. 操作系统直接运行在裸机之上，是对计算机硬件系统的第一次扩充

C. 操作系统与用户对话的界面必定是图形界面

D. 应用软件必须在操作系统的支持下才能运行

三、判断题

1. 批处理操作系统的目标是提高资源利用率和作业流程的自动化，其基本特征是多道和成批处理。 （　　）

2. 分布式操作系统是指大量的计算机通过网络被连接在一起，可以获得极高的运算能力及广泛的数据共享。 （　　）

3. 网络操作系统要知道确切的网址，才能对不同地理位置的计算机进行管理，分布式操作系统同样如此。 （　　）

4. 用户在一次计算过程中要求计算机系统所做的工作的总称是作业。 （　　）

5. 在操作系统中，处理器运行的主要对象是内存。 （　　）

任务 2　使用操作系统

Windows 是目前使用最广泛的一种操作系统，它以图形化的界面让计算机操作变得直观和容易，且具有丰富的软件支持、强大的多任务处理能力、广泛的硬件兼容性、强大的网络和通信功能以及灵活的个性化设置等特点，赢得了广大用户的喜爱。

任务情景

当我打开电脑，一个清新美丽的桌面立刻映入眼帘，让我心情愉悦。为了让我的使用体验更加独特，我决定给鼠标指针也来一次变身。于是，我点开了控制面板，寻找着那个熟悉的"鼠标"图标，一单击，便弹出了"鼠标属性"对话框，如图 2-2-1 所示，我仔细调整鼠标指针的样式和大小，直到它变得既特别又符合我的审美。

现在，生活中越来越多的琐事和工作都交给了计算机来处理。无论是精细的图纸绘制、严谨的文稿编写，还是精彩的视频制作，都离不开计算机的帮助，而要高效地完成这些任务，我们必须熟练地使用操作系统。

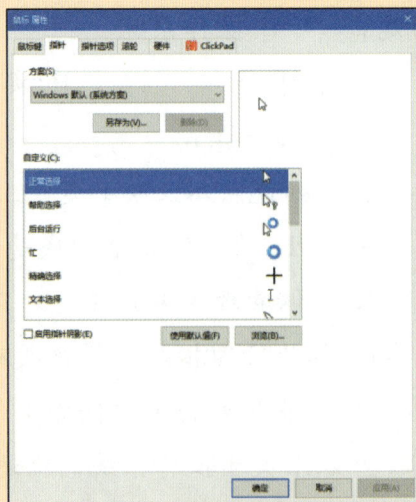

图 2-2-1　鼠标形状设置

学习体验

早期的计算机还是巨大的机械装置，用于解决数学问题。由于没有操作系统，操作计算机主要依赖于手工方式，程序员需要通过插板和连接线来编程，将连接线插入机器中，并在控制台上设置参数，然后启动机器运行程序，如图 2-2-2 所示。

进入现代计算机时代，操作计算机的方式发生了翻天覆地的变化。图形用户界面的出现使计算机操作变得更加直观和简单，用户可以通过单击图标、拖动窗口和输入文字等方式来执行各种操作，无须了解复杂的机器语言或编程知识。同时，丰富的交互功能使计算机的操作变得更加灵活、便捷，满足了用户的多样化需求。

图 2-2-2　早期程序员手动操作计算机

知识学习

教学视频：简单操作Windows

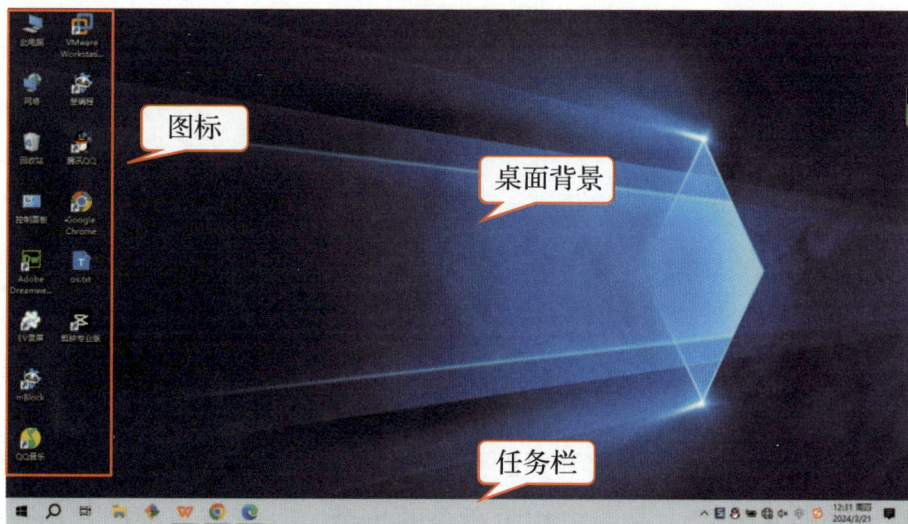

1. Windows 简单操作

（1）桌面

桌面是 Windows 系统启动完成后，用户所看到的第一个界面，是一个集成了多种功能和设置的综合性界面，旨在为用户提供便捷、舒适和个性化的操作体验。桌面实质上也是计算机中的一个文件夹，文件夹路径一般是：\Users\Administrator（当前用户账户名）\Desktop。Windows 10 桌面主要由任务栏、图标和桌面背景组成，如图 2-2-3 所示。

图 2-2-3　桌面构成

（2）图标

图标是 Windows 操作系统中用于表示程序、文件、文件夹、设备或系统功能的小图像。这些图标在 Windows 电脑桌面上起着重要的功能，可以帮助用户快速识别和管理系统资源。首次启动 Windows 时，桌面只有"回收站"图标。根据图标的不同作用，可以将图标分为系统图标、文件图标和快捷方式图标，如图 2-2-4 所示。

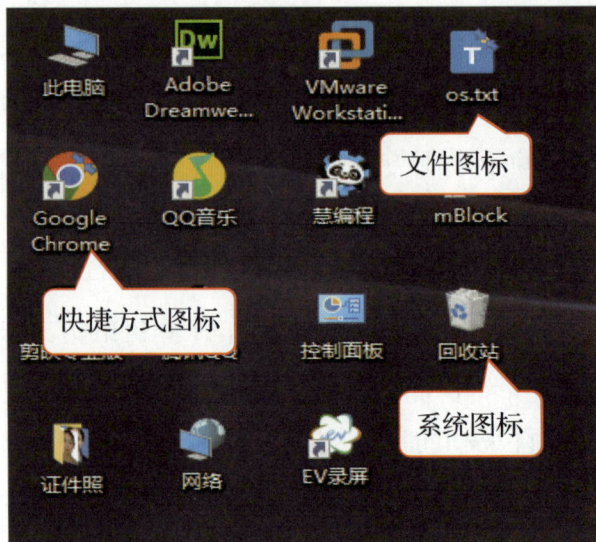

图 2-2-4　图标

探究活动

如何区别这三种图标？请将区别方法填入表 2-2-1 中。

表 2-2-1　图标区别

图标名称	区别方法
系统图标	
文件图标	
快捷方式图标	

（3）任务栏

任务栏是桌面底部的一个长条，是 Windows 操作系统中的一个重要界面元素。它主要由开始按钮、快速启动按钮、通知区域组成，如图 2-2-5 所示。

图 2-2-5　任务栏

（4）菜单

菜单是 Windows 操作系统中非常重要的组成部分，Windows 的各种菜单提供了快速访问应用程序、设置和文件的途径，是一组相关命令的集合，一般有三种形式：开始菜单、下拉菜单和快捷菜单，如图 2-2-6 所示。

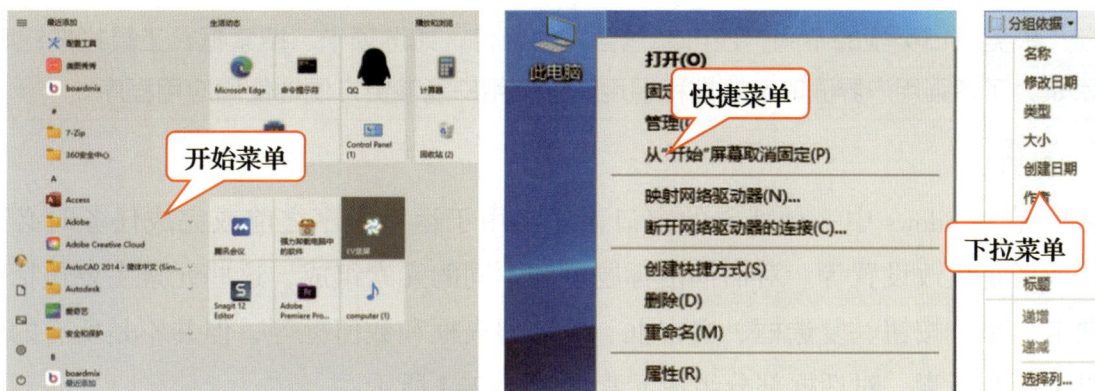

图 2-2-6　菜单

Windows 的菜单命令遵循一些通用的约定，这些约定有助于用户更直观地理解和使用菜单命令。

1）命令状态与可用性。

①灰色或禁用状态：表示该命令在当前上下文中不可用或无法执行。

②高亮显示：通常表示当前被选定的菜单项，用户可以通过按回车键或单击来执行与该命令相对应的功能。

2）命令的标识与类型。

①复选框（√）：表示用户可以选择的多个选项中的一个或多个，并且可以被用户开启或关闭。

②单选按钮（○）：表示在一组互斥的选项中，用户可以从这组选项中选择一个且仅选择一个选项。

③省略号（…）：表示执行该命令将打开一个对话框，要求用户输入信息或进行进一步的设置。

④实心三角形（▶）或箭头：表示该命令下还有子菜单或级联菜单。

3）组合键与热键。

①组合键（又称快捷键）：直接按该组合键，便能执行相应的菜单命令。

②热键：菜单命令带一个字母，可用"Alt"+字母键执行该菜单命令。

（5）窗口

每当你启动一个程序，桌面上就会打开一个矩形区域，这个矩形区域就被称为窗口，它为用户提供了与应用程序交互的界面，使用户可以方便地使用各种功能和服务。窗口一般由标题栏、菜单栏、工作区、状态栏、滚动条和控制菜单图标等部分组成。

Windows 是一个多任务操作系统，用户能够在一个时间段内执行多个任务，而无须等待一个任务完成后再开始另一个任务。但同一时刻只有一个窗口的标题栏是加亮显示且不被其他窗口所遮挡，称之为活动窗口。

> **提示：** 根据窗口类型的不同，还可能包含其他组件，如选项卡、搜索框、工具栏按钮等。这些组件都是为了增强用户界面的友好性和易用性，使用户能够更方便地使用应用程序。

（6）对话框

对话框是 Windows 中一种特殊的窗口，通常用于运行程序之前或完成任务时必要的信息输入，或者是更改设置等。对话框由标题栏和不同的元素组成，这些元素主要包括命令按钮、选项卡、单选按钮、复选框、文本框、下拉列表框和数值框等，但并不是所有的对话框都包含以上所有元素。对话框部分组成元素如图 2-2-7 所示。

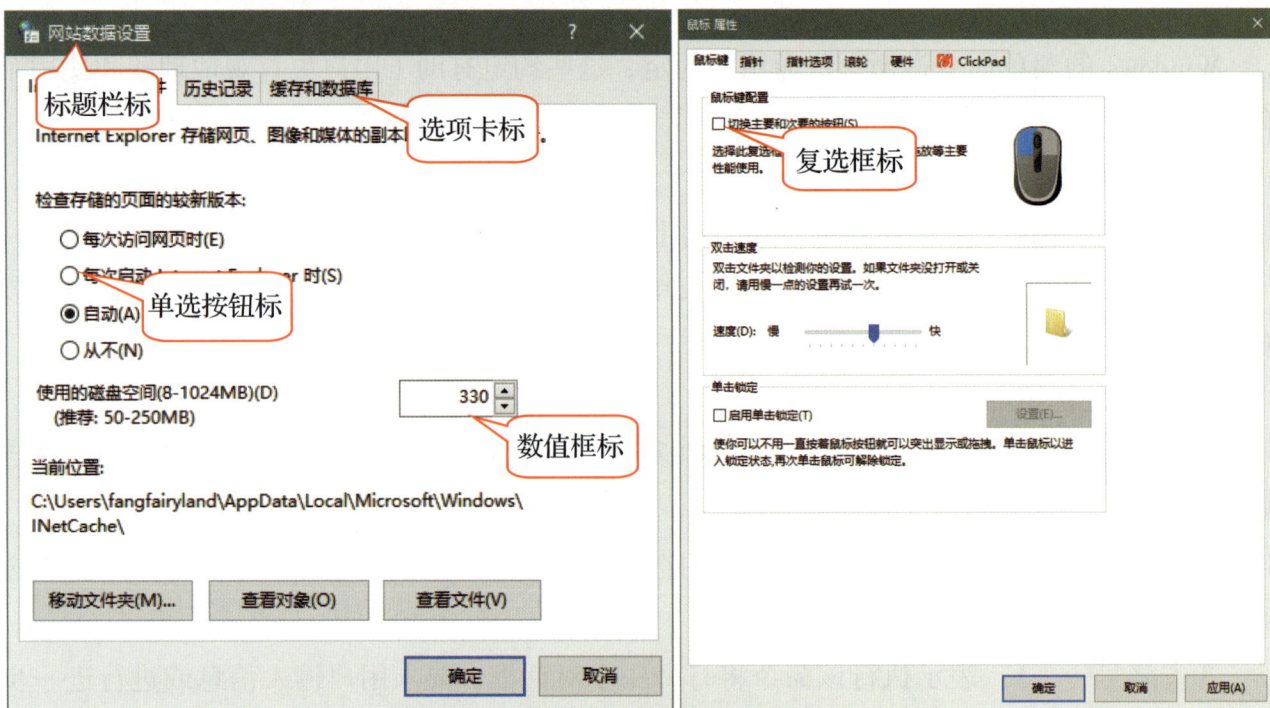

图 2-2-7　对话框部分组成元素

探究活动

找找窗口和对话框的不同之处有哪些？请填在下面横线上，找到 3 点的给自己一个满分。

1. ＿＿＿＿＿＿＿＿＿＿＿＿＿＿＿＿＿＿＿＿＿＿＿＿＿＿＿＿＿＿＿＿＿＿。

2. ＿＿＿＿＿＿＿＿＿＿＿＿＿＿＿＿＿＿＿＿＿＿＿＿＿＿＿＿＿＿＿＿＿＿。

3. ＿＿＿＿＿＿＿＿＿＿＿＿＿＿＿＿＿＿＿＿＿＿＿＿＿＿＿＿＿＿＿＿＿＿。

（7）开始菜单

开始菜单是 Windows 操作系统中图形用户界面（GUI）的基本部分，它相当于一个快捷菜单，把 Windows 内部的一些功能通过快捷方式的列表展现给用户，可以用于启动程序、管理计算机资源、执行计算机管理任务等，如图 2-2-8 所示。

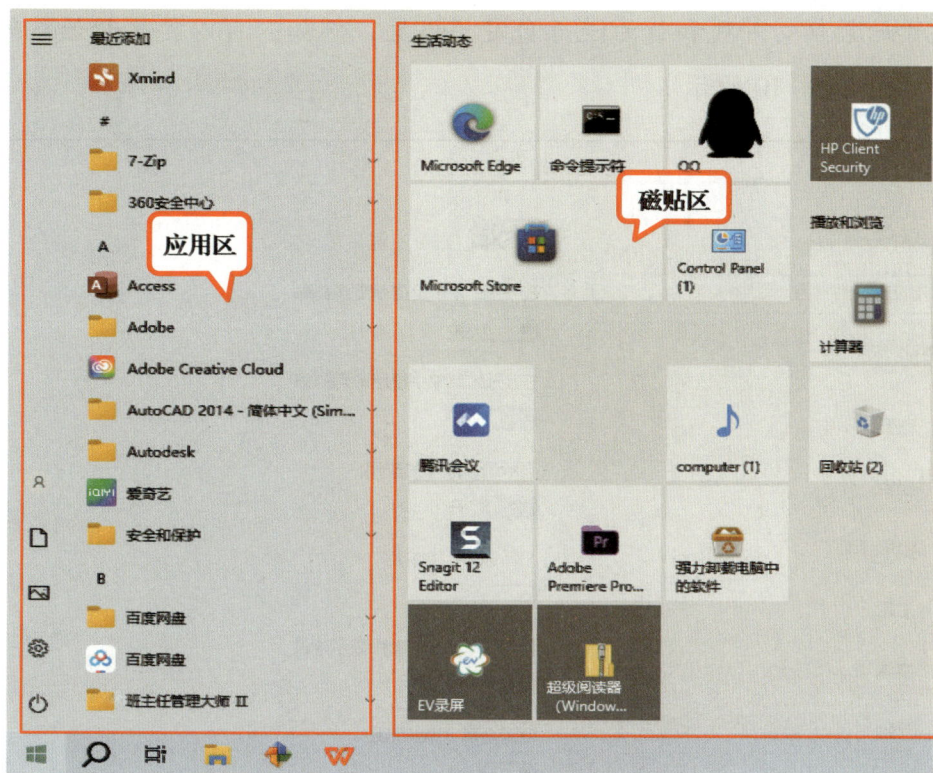

图 2-2-8　Windows 10 开始菜单

实 践 操 作

操作 Windows 10 开始菜单

（1）启动 Windows 10 开始菜单

启动 Windows 10 开始菜单只需要单击桌面左下角的"开始"按钮，或使用 Win 键启动开始菜单。

（2）用开始菜单打开所有应用

单击任务栏左下角的 Windows 图标，会弹出一系列固定的磁贴和应用图标，其中列出了目前系统中已安装的应用清单，且是按照数字 0~9、拼音 A~Z 顺序依次排列的。任意选择其中一项应用，单击左键可以启动该应用。

（3）用开始菜单快捷管理对象

在开始菜单的左下角，鼠标停在电源按钮上时，会出现一系列快捷图标，如图 2-2-9 所示，可以单击"电源"选项以访问电源管理设置，或选择打开文档、图片管理窗口来浏览和管理您的文件，也可以单击"设置"图标，快速访问 Windows 设置，还可更改账户相关设置。

（4）自定义 Windows 10 开始菜单

用户可以通过开始菜单中的"设置"选项进入个性化

图 2-2-9　开始菜单管理对象

设置界面，对开始菜单的外观和行为进行自定义设置，例如，可以更改开始菜单的颜色、大小和布局等，如图2-2-10所示。

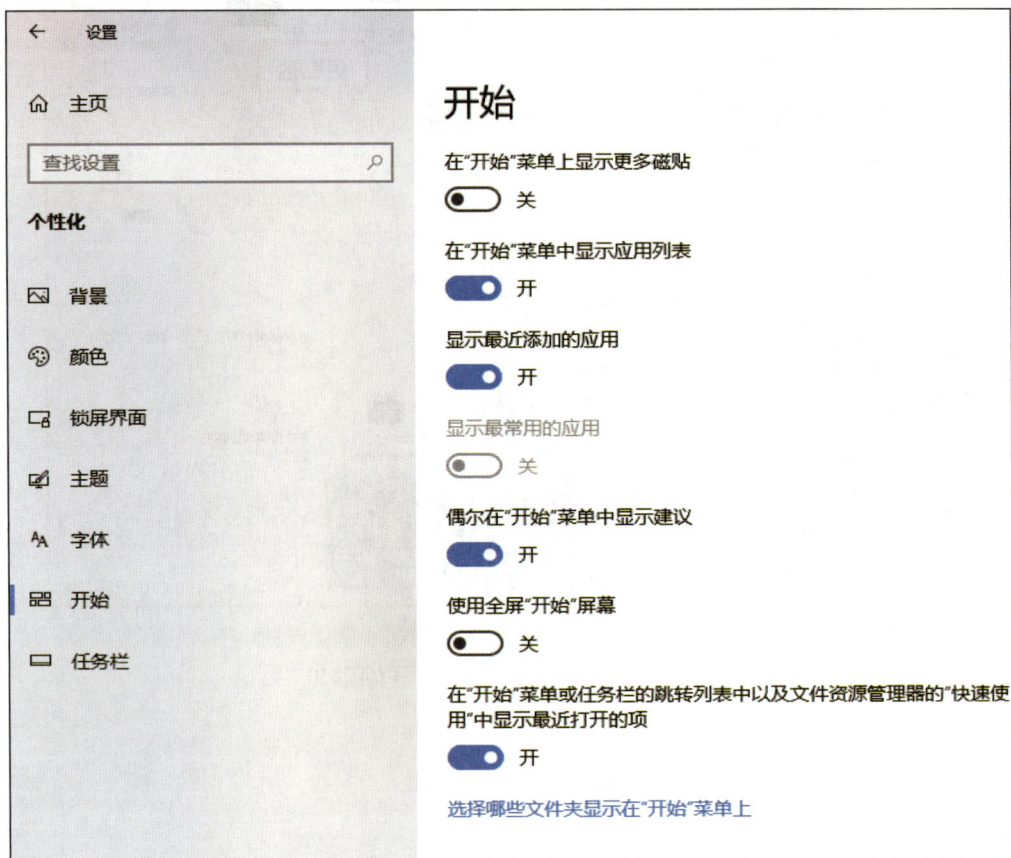

图2-2-10　自定义开始菜单

（8）快捷方式

快捷方式是一个指向指定资源的指针，可以快速地打开文件、文件夹或启动应用程序，用户不必跳转到该文件或文件夹的存储位置，就可以打开文件或文件夹，减少了用户的操作步骤，提高了工作效率。快捷方式实际提供了某个文件的链接，扩展名为".lnk"

实践操作

创建桌面快捷方式

桌面快捷方式就是把快捷方式建在桌面上。例如，创建"画图"程序的桌面快捷方式，创建方法如下：

（1）使用创建快捷方式向导

①右击桌面空白位置，指向快捷菜单中的"新建"，然后单击"快捷方式"；

②输入或通过"浏览"选择创建快捷方式对象的位置，"C:\Windows\System32\mspaint.exe"，单击"下一步"按钮；

③输入快捷方式名称"画图"，单击"完成"按钮，如图2-2-11所示。

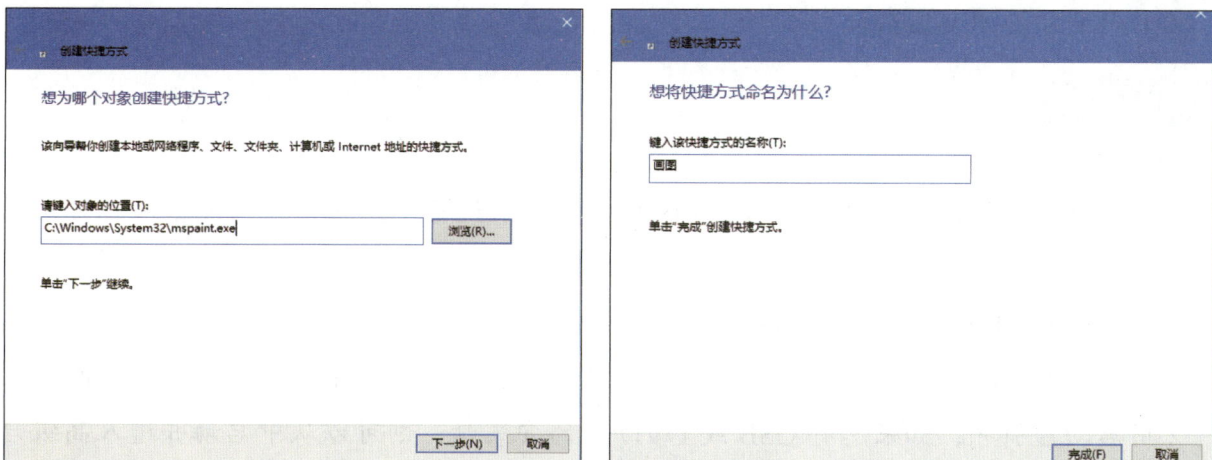

图 2-2-11　创建快捷方式

（2）发送桌面快捷方式

双击桌面"此电脑"图标，打开"此电脑"窗口，打开创建快捷方式对象的位置，如："C:\Windows\system32"文件夹，右击"mspaint.exe"文件图标，选择"发送到"→"桌面快捷方式"命令，如图 2-2-12 所示。

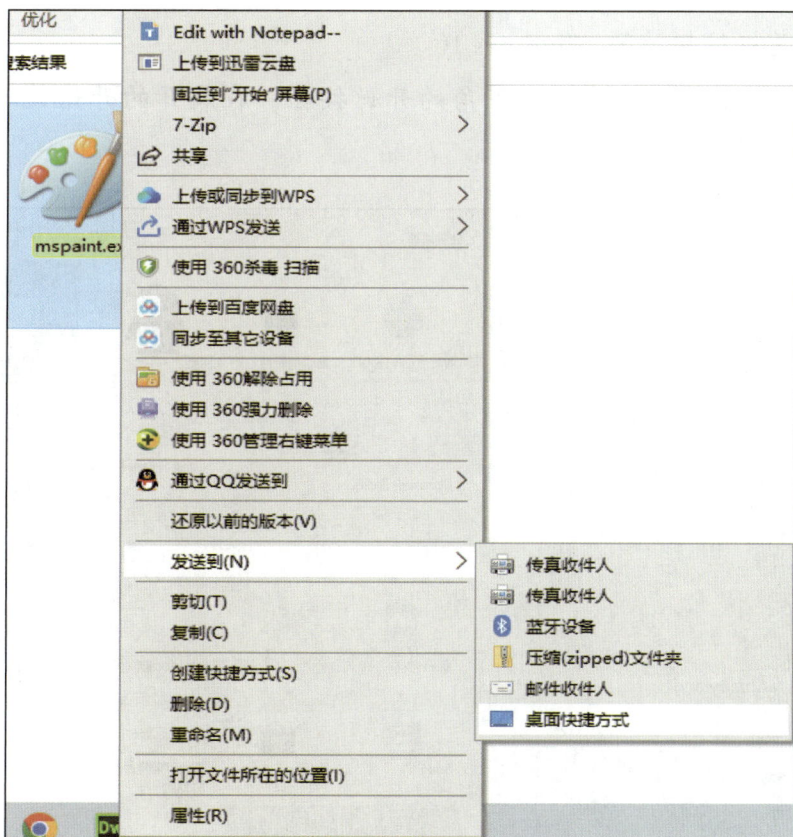

图 2-2-12　发送到桌面快捷方式

探 究 活 动

快捷方式还可以创建在其他什么地方？一个对象可以创建多个快捷方式吗？

（9）启动和关闭 Windows

实 践 操 作

1）启动 Windows。

打开计算机电源开关，系统进入 BIOS 自检，如果设备一切正常，系统进入正常启动模式，直到启动成功。

Windows 10 进入高级启动选项菜单有几种方法。

①开机后立即按 F11 键，则可以进入高级启动选项菜单。（Windows 7 是按 F8 键）

②用启动盘引导，如果您有 USB 或 DVD 上的安装盘，则可以从中启动并进入高级启动选项菜单。

③当电脑启动失败时，它最终可能会引导您进入启动时的高级启动选项菜单。

④按下 Shift 键，单击重启，会直接进入"选择一个选项"界面，再单击"疑难解答"→"高级选项"可以打开高级启动选项菜单。

2）关闭 Windows。

关闭 Windows 10 系统有多种方法，下面介绍 Windows 10 的三种关机方法。

方法一：单击关机按钮关闭 Windows 10

第一步：单击 Windows 10 系统左下角的开始按钮，在展开的开始菜单里可以看到电源图标，如图 2-2-13 所示。

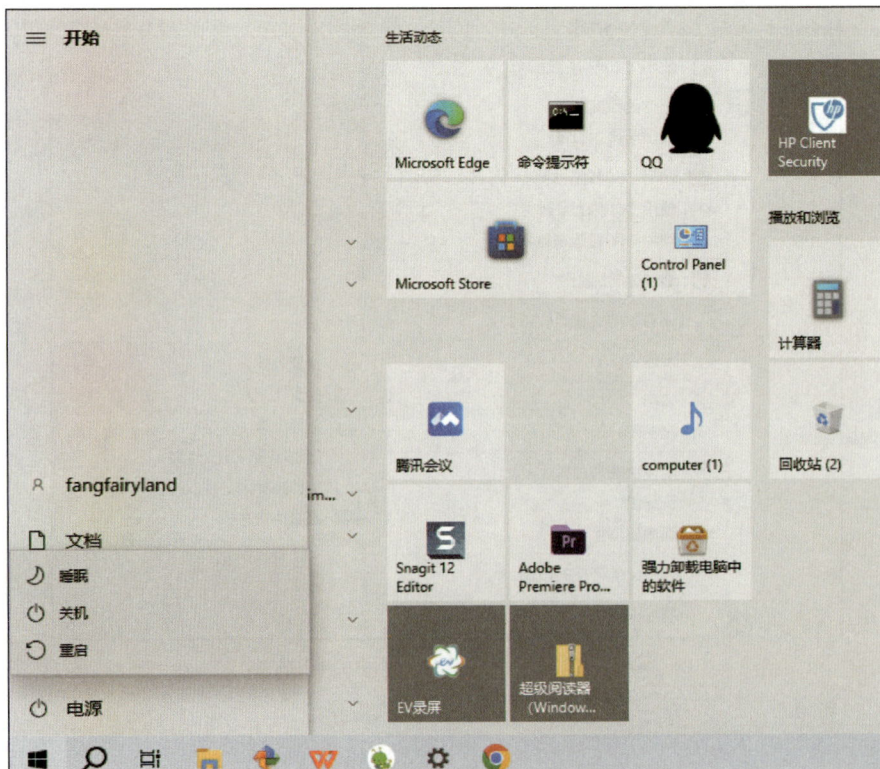

图 2-2-13　Windows 10 关机按钮

第二步:单击电源图标，出现睡眠、关机或是重启 Windows 10 选项。单击"关机"选项，Windows 10 就可以正常关机了。

方法二：快捷键关闭 Windows 10

同时按下 Alt+F4 键，弹出关闭 Windows 对话框，单击下拉框选择关机，如图 2-2-14 所示。

图 2-2-14　Windows 10 关机对话框

方法三：右键快捷关闭 Windows 10

第一步：右击"开始"按钮，在弹出的快捷菜单里可以看到"关机或注销"选项，如图 2-2-15 所示。

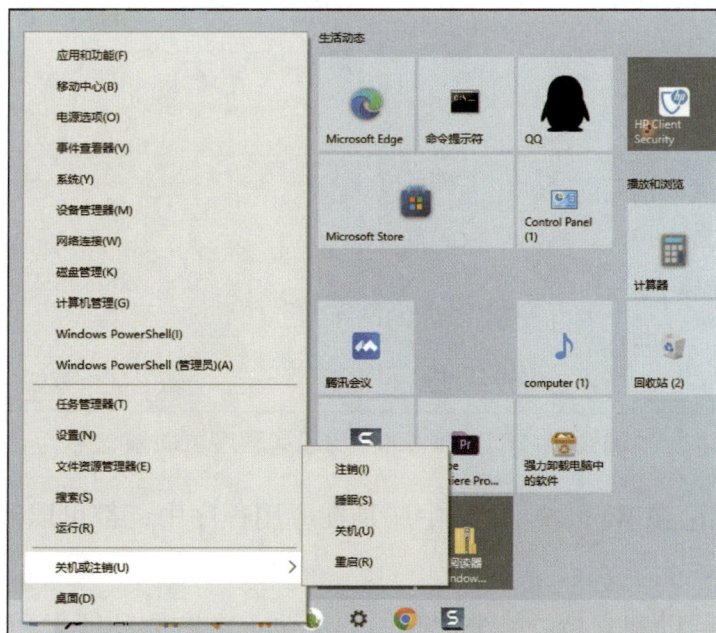

图 2-2-15　右击"开始"按钮关闭 Windows 10

第二步：将鼠标移动到"关机或注销"上，再单击"关机"选项，也可以正常关闭 Windows 10。

Windows 10 除了提供了关机这种关闭方式，还有切换用户、注销、睡眠和重启几种关闭方式，而 Windows 7 除了以上几种，还提供了休眠的关闭方式，几种关闭方式的作用对比如表 2-2-2 所示。

表 2-2-2　Windows 关闭方式及作用

关闭方式	作用
关机	电源切断，程序关闭，系统停止运行，硬件停止工作并断电
切换用户	锁定原用户会话状态，返回用户登录界面，选择其他用户登录，不会关闭前面用户打开的软件
重启	关闭所有程序，整理文件系统后，重新启动计算机
注销	关闭当前用户打开的所有程序，返回用户登录界面
睡眠	将用户睡眠前状态保存到内存中，系统处于低耗电状态，按任意键可以快速唤醒
休眠	将用户休眠前的状态保存到硬盘中，关闭 Windows，唤醒时返回休眠前状态

（10）帮助与支持

Windows 帮助和支持是 Windows 的内置帮助系统。在这里可以快速获取常见问题的答案、疑难解答提示以及操作执行说明。许多 Windows 窗口菜单栏中都有"帮助"按钮，如图 2-2-16 所示。以下是一些获取 Windows 7 帮助和支持的主要方法：

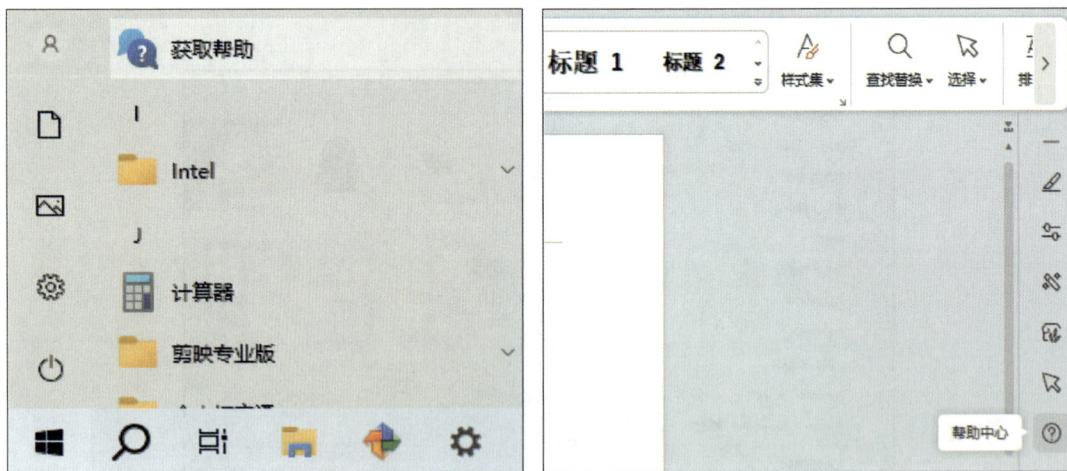

图 2-2-16　Windows 窗口和程序帮助系统

①功能键 F1：无论在 Windows 系统中还是在应用程序中，都可以通过按下 F1 功能键来获取相应的帮助。

②开始菜单中的帮助和支持：单击"开始"菜单，在右侧的搜索和程序与文件输入框中输入"帮助和支持"，系统将弹出"帮助和支持"的程序，单击即可打开。

③帮助按钮：Windows 7 的对话框通常包含一个"？"（帮助）按钮，单击该按钮可以直接获取关于此对话框相关操作的帮助。

④帮助菜单：大多数 Windows 7 应用程序都包含"帮助"菜单，选择这个菜单命令，就可以得到有关该应用程序的帮助信息。

> **提示：**Windows 7 有本地帮助和支持，而升级到 Windows 8 和 Windows 10 后，就没有本地帮助和支持了。在 Windows 操作系统中，F1 键通常被用作帮助键，但 Windows 10 只将这种传统继承了一半，如果你在打开的应用程序中按下 F1 键，而该应用提供了自己的帮助功能的话，则会将其打开。反之，Windows 10 会调用用户当前的默认浏览器打开 Bing 搜索页面，以获取 Windows 10 中的帮助信息。

2.个性化设置 Windows

（1）控制面板

控制面板是 Windows 操作系统中一个非常重要的组成部分，为用户提供了一个集中管理计算机硬件、软件、网络和安全设置的平台。通过控制面板，用户可以轻松地调整计算机的各种设置，以满足自己的需求，提高计算机的使用效率和安全性。控制面板提供了类别、大图标和小图标三种视图方式。

1）"类别"视图。

Windows 控制面板默认视图方式为"类别"，在"类别"视图下，把相关操作设置归结到一类，包括"系统和安全""网络和 Internet""硬件和声音""程序""用户账户""外观和个性化""时钟和区域"和"轻松使用"8 类。如图 2-2-17 所示。

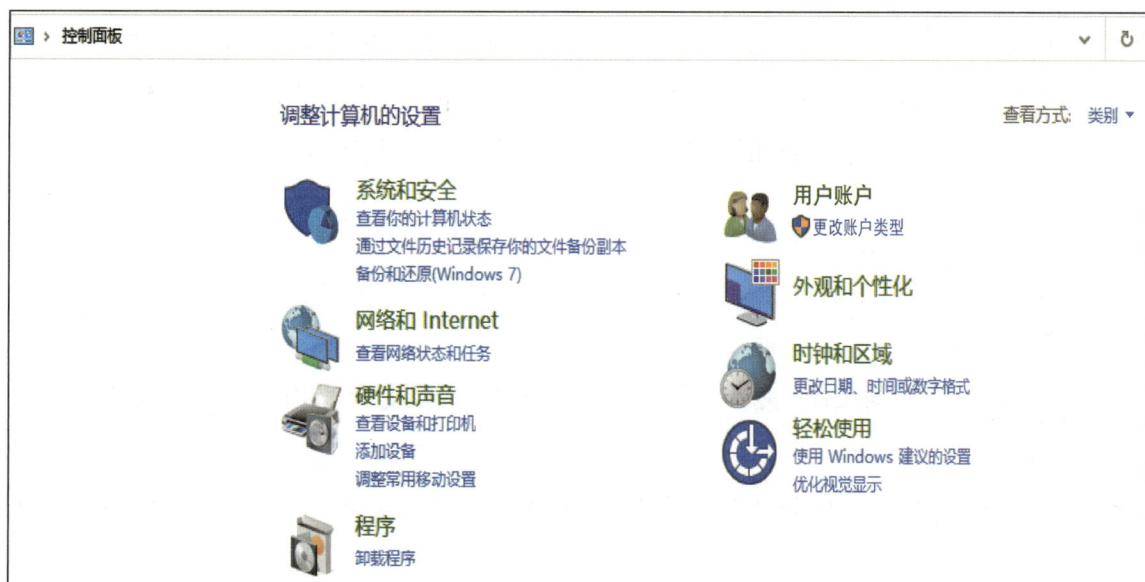

图 2-2-17　控制面板

2）"大图标"或"小图标"视图。

控制面板的图标视图是以图标的形式查看和访问各项功能和设置。这种视图方式通常更为直观和易于导航。

> **提示：** 需要注意的是，控制面板的具体功能和外观可能会因 Windows 操作系统的不同版本而有所差异。例如，在 Windows 10 中，控制面板的许多功能已经被整合到"设置"应用程序中，使用户可以更方便地访问和管理计算机的设置。

探究活动

请同学们通过小组讨论和自己的尝试，找出控制面板的打开方式有几种，填入表 2-2-3 中，至少找出 3 种。

表 2-2-3 控制面板打开方式

类别	打开方式
第一种	
第二种	
第三种	

（2）主题

Windows 主题通常包含风格、桌面壁纸、屏保、鼠标指针、系统声音事件、图标等元素，其中风格是必须的，它定义了用户在 Windows 中所能看到的一切，如窗口的外观、字体、颜色以及按钮的外观等。

（3）分辨率

分辨率主要指的是屏幕上显示的像素个数，通常以水平像素数乘以垂直像素数来表示。这个数值决定了显示器可以显示多少信息，以及图像的精细度。当屏幕分辨率高时，显示器上显示的像素多，图像更为精细和细腻。而屏幕尺寸相同的情况下，分辨率越高，显示效果就越精细。

实践操作

1. 设置桌面背景

用户可以随心设置自己的桌面。例如，将桌面背景更改为图片"bj.png"，操作步骤如下：

①进入"设置"窗口：右击桌面空白处，选择快捷菜单中的"个性化"命令，进入个性化"设置"窗口。

②选择背景：在"个性化"设置页面中，单击左侧的"背景"选项。

③选择图片来源：在"背景"设置页面中，选择"图片"项，然后单击"浏览"按钮，选择图片文件夹中的"bj.png"即可，如图 2-2-18 所示。

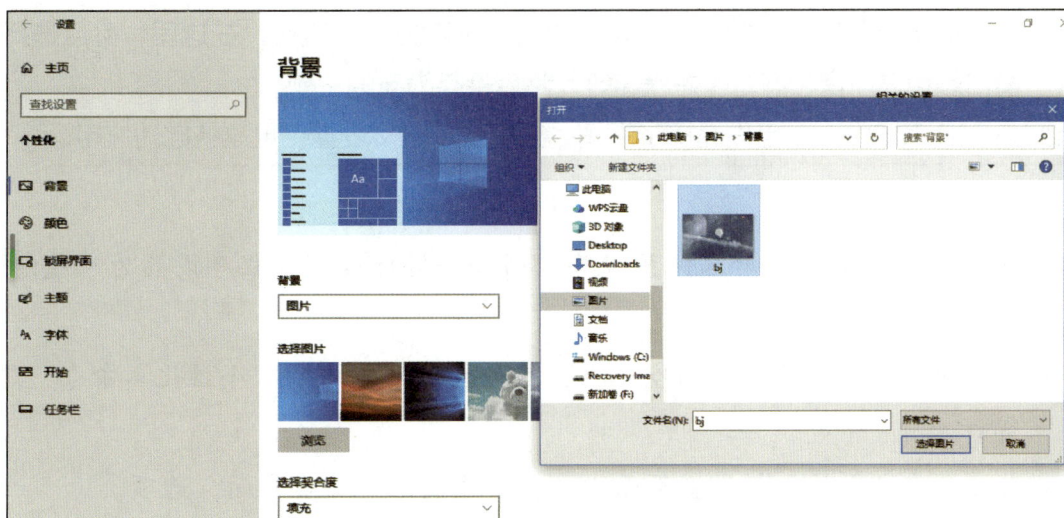

图 2-2-18 设置桌面背景

2. 更改主题

在 Windows 中，主题是一组视觉和声音设置的集合，包括背景、窗口颜色、声音以及屏幕保护程序等，它们共同为计算机桌面提供统一的视觉风格。例如，将 Windows 10 的主题设置为"鲜花"主题，操作步骤如下：

①进入"设置"窗口：右击桌面空白处，选择快捷菜单中的"个性化"命令，进入个性化"设置"窗口。

②选择主题：在"个性化"设置页面中，单击左侧的"主题"选项。

③浏览和选择主题：在"主题"设置页面，"更改主题"下方选择"鲜花"主题即可，如图 2-2-19 所示。

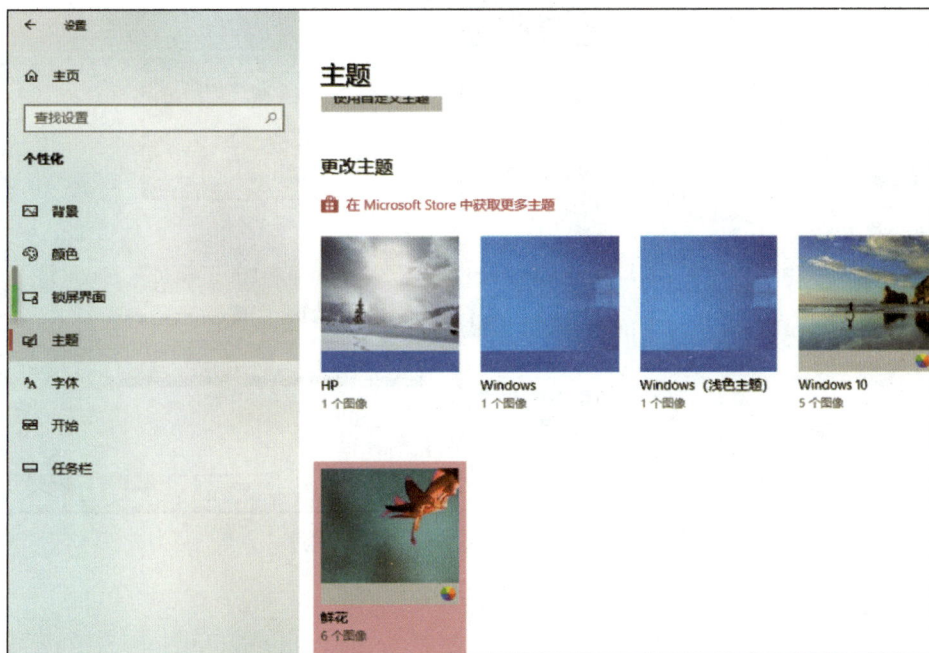

图 2-2-19 设置主题

提示： 如果你想要创建自己的主题，可以单击"创建主题"链接。在这里，可以选择自己的背景图片、窗口颜色、声音和屏幕保护程序等，然后保存为新的主题。

Windows 10系统中，一旦你选择了主题或完成了自定义设置，更改将自动应用。

3. 设置屏幕保护程序

用户可以随心设置自己的屏幕保护程序。例如，将屏幕保护程序设置为"气泡"，等待时间5分钟，操作步骤如下：

①进入"设置"窗口：右击桌面空白处，选择快捷菜单中的"个性化"命令，进入个性化"设置"窗口。

②选择背景：在"个性化"设置页面中，单击左侧的"锁屏界面"选项。

③找到并单击"屏幕保护程序设置"：在右侧界面中找到并单击"屏幕保护程序设置"链接。

④选择屏幕保护程序：在弹出的"屏幕保护程序设置"窗口中，从下拉列表中选择"气泡"样式。

⑤设置等待时间：在"屏幕保护程序设置"窗口中，通过调整"等待"旁边的滑块或输入框来设置所需的时间为5分钟。

⑥应用并保存设置：完成屏幕保护程序的选择和设置后，单击"确定"按钮保存设置，如图2-2-20所示。

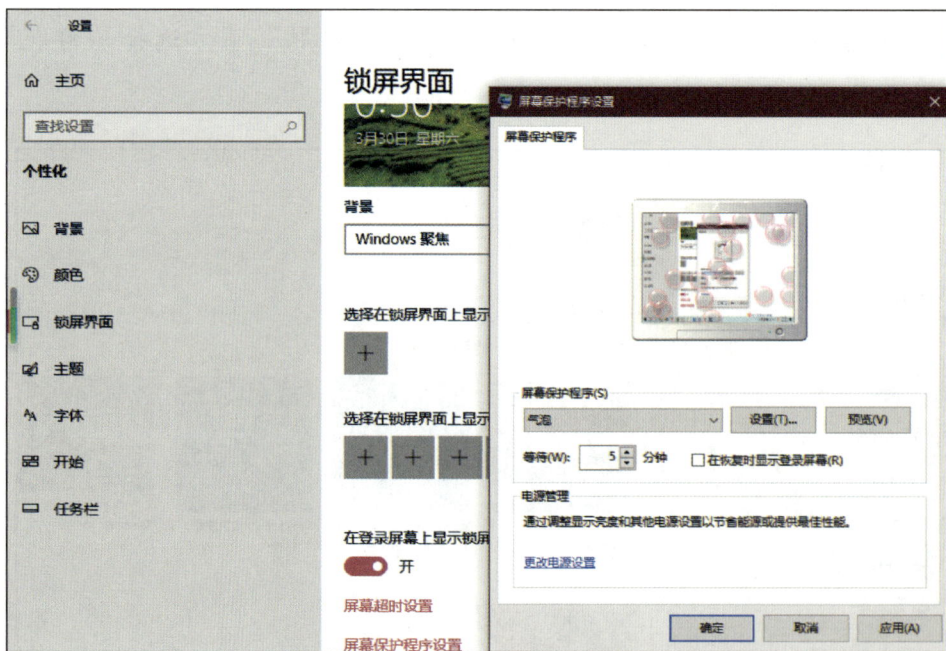

图2-2-20 设置屏幕保护程序

4. 设置屏幕分辨率

在Windows 10中设置屏幕分辨率的方法有多种，以下是两种常见的方法：

方法一：通过系统设置调整

在开始菜单中单击"设置"图标，进入 Windows 设置界面后，单击"系统"项，在"屏幕"设置页面中找到"显示器分辨率"这一项，单击分辨率框后面的下拉箭头，选择一种需要设置的分辨率，弹出确认窗口后，单击"保留更改"按钮，完成分辨率的修改，如图 2-2-21 所示。

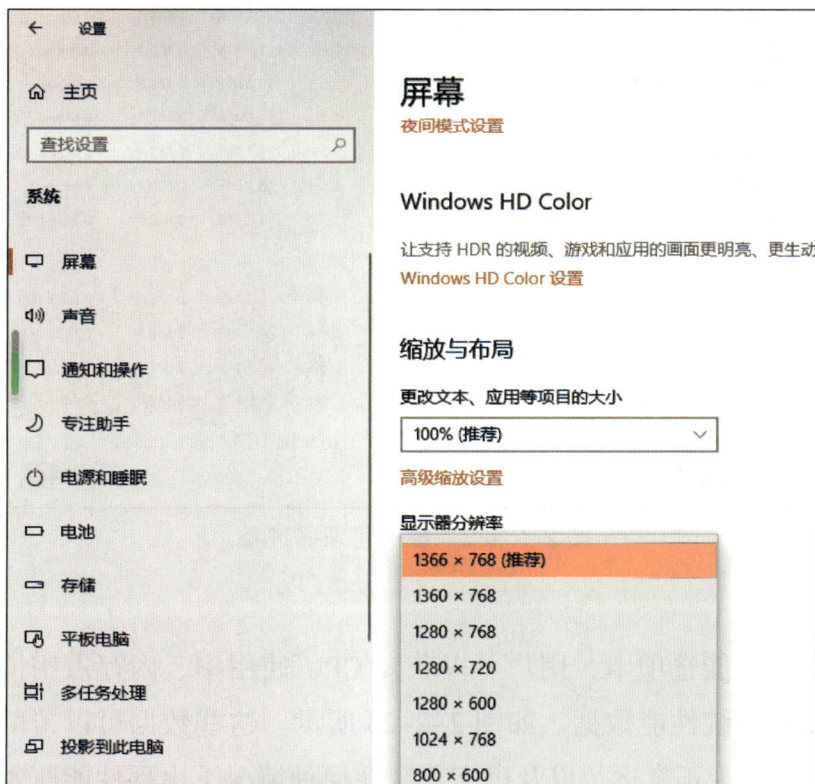

图 2-2-21　设置屏幕分辨率

方法二：使用桌面快捷菜单调整

右击桌面空白处弹出快捷菜单后，选择"显示设置"，进入显示设置页面，找到"分辨率"项，单击分辨率框中的下拉箭头，选择一种分辨率，确认更改即可。

3. 任务管理器与性能监测

任务管理器是操作系统中的一个重要工具，用于监控和管理计算机上运行的各种进程和任务。它的作用是提供实时的系统性能信息，并允许用户结束或优化系统上的进程，以及管理计算机资源的分配。任务管理器比较常用的功能是进程管理和计算机性能分析。

（1）进程

进程是运行中程序的一个副本，是被载入内存的一个指令的集合，是资源分配的单位。任务管理器的进程选项卡显示了所有当前正在运行的进程，包括应用程序、后台服务等，如图 2-2-22 所示。在计算机运行过程中，可能会出现一些未响应的应用程序或者恶意软件，这些程序可能会占用系统资源，导致计算机运行变慢或者崩溃。通过任务管理器，用户可以查看当前运行的进程，找出哪些进程影响了系统的正常运行，并且可以选择结束这些进程。

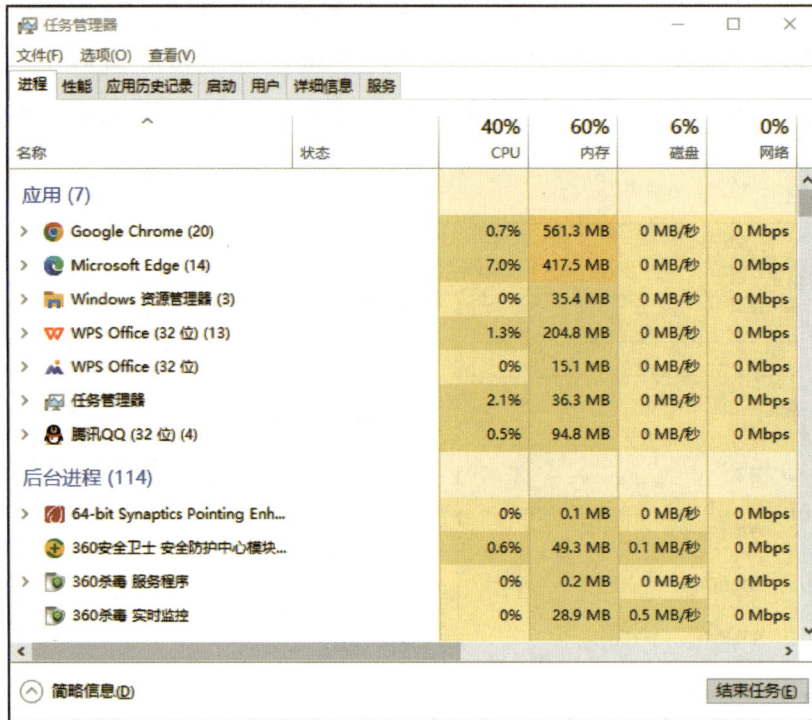

图 2-2-22　任务管理器进程

（2）性能

通过任务管理器性能选项卡，用户可以获知 CPU 使用率、内存占用情况、硬盘读写速度、网络传输速度等系统性能数据，如图 2-2-23 所示。这些数据可以帮助用户了解系统的负载情况，判断系统是否正常运行以及确定系统在何种情况下出现性能瓶颈。

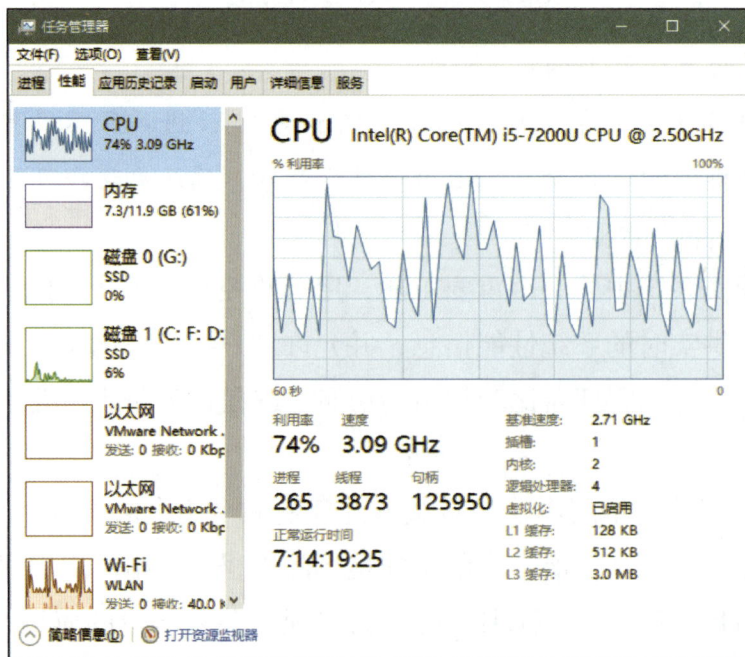

图 2-2-23　任务管理器性能

4. 用户账户管理

Windows 中有三种不同类型的账户，它们是管理员、标准用户和来宾账户。

（1）管理员

管理员是操作系统中的超级用户，拥有最高的权限和更广泛的管理能力，能够方便快捷地进行系统设置和维护。在使用计算机时，我们经常需要进行各种系统设置，比如更改网络设置、添加或删除用户账户、安装或卸载软件等。而这些操作通常需要管理员权限，如果没有管理员账户，我们就无法进行这些设置操作，会导致计算机系统的不稳定和安全性问题。

（2）标准账户

这是一种有限权限的账户。标准用户只能在自己的个人文件夹和特定的系统文件夹中进行操作，无法对系统进行重要设置的更改。这种限制有助于保护系统的稳定性和安全性，防止用户误操作或恶意操作对系统造成损害。

（3）来宾账户

来宾账户是 Guest，默认情况下是没有启用的。来宾账户是为临时使用计算机的用户或不受信任的用户设计的，是一个受限的用户账户，其权限通常比标准用户更低。

实践操作

如果计算机的 Windows 操作系统中只有一个用户账户，其他人在使用这台计算机时能够看到计算机上存储的私人文档，不利于保护个人隐私，甚至造成数据泄密。这就要求不同用户要有各自的用户账户和密码，还会根据需要更改账户名称、账户图片和账户类型等。

（1）创建用户

①在 Windows 10 操作系统中单击"开始"按钮，打开"设置"窗口，执行"账户"→"家庭和其他用户"命令，打开"家庭和其他用户"窗口，单击"将其他人添加到这台电脑"命令，如图 2-2-24 所示。

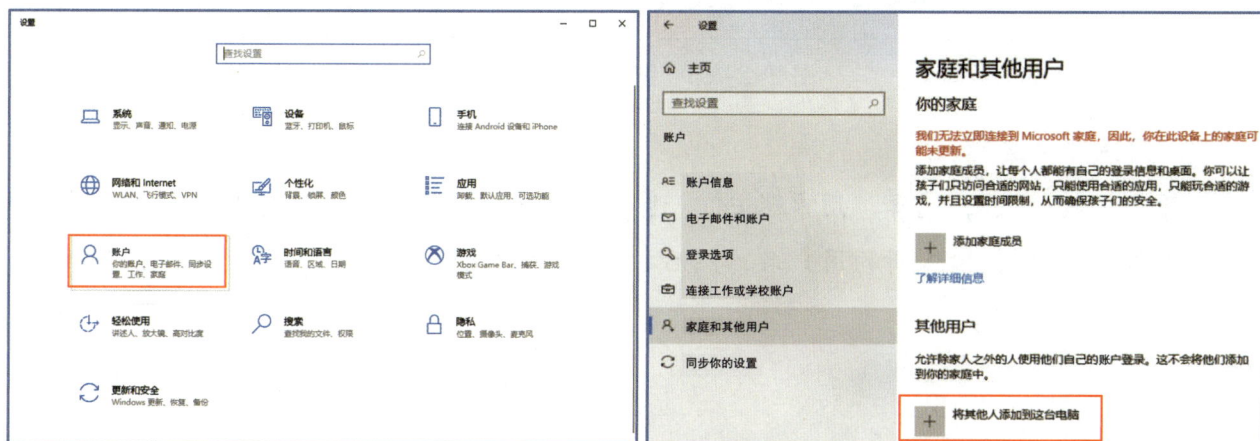

图 2-2-24　创建用户步骤①

②打开"Microsoft 账户"对话框，执行"我没有这个人的登录信息"→"添加一个没有 Microsoft 账户的用户"命令，在打开的"为这台电脑创建账户"界面中依次输入用户名、密码信息，单击"下一步"按钮，即可完成新用户的创建，实施步骤如图 2-2-25 所示。

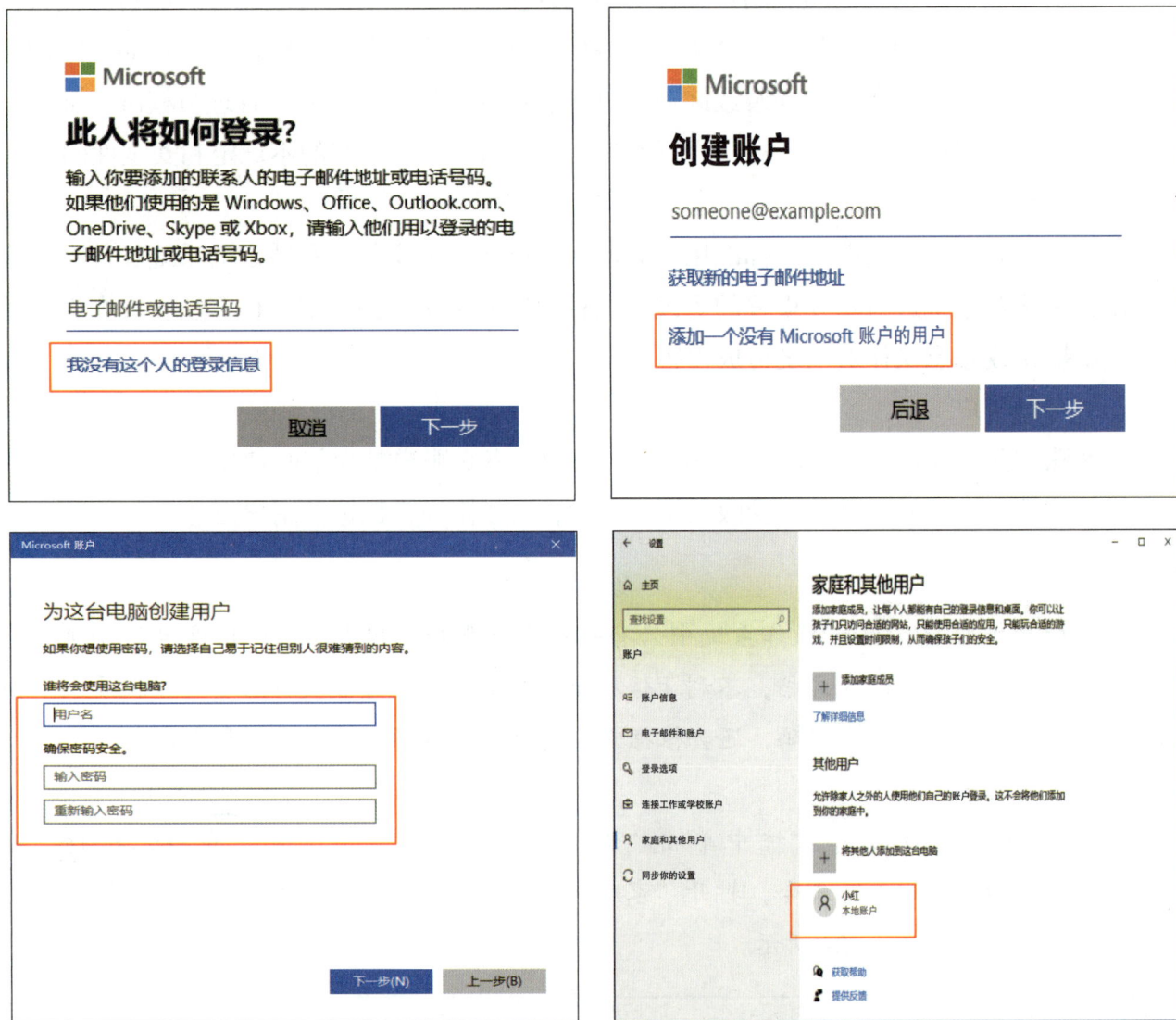

图 2-2-25　创建用户步骤②

（2）更改账户名称

打开"控制面板"，选择"用户账户"，进入"用户账户"窗口，选择要更改的账户，单击"更改账户名称"，输入新的用户名，然后按照提示完成操作即可，如图 2-2-26 所示。

图 2-2-26　更改用户名称

（3）更改账户图片

在 Windows 10 操作系统中单击"开始"按钮，打开"设置"窗口，执行"账户"→"账户信息"命令，在"创建头像"窗口区域单击"从现有图片中选择"命令，弹出"打开"对话框，选择所需图片即可完成操作，如图 2-2-27 所示。

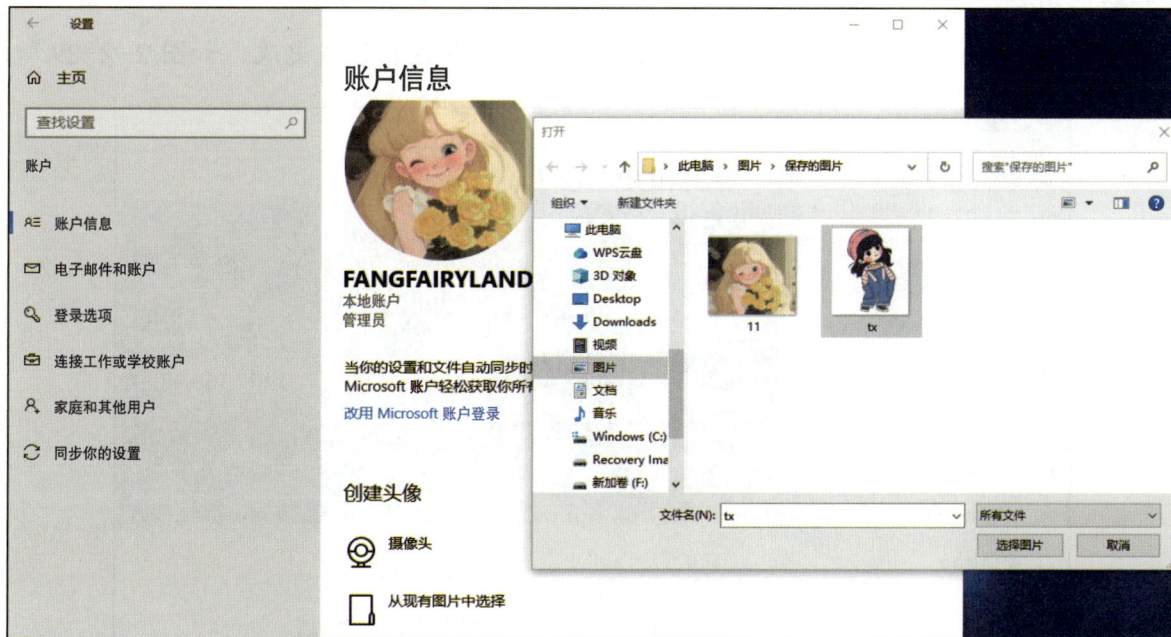

图 2-2-27　更改用户图片

（4）更改账户密码

在 Windows 10 操作系统中单击"开始"按钮，打开"设置"窗口，执行"账户"→

"登录选项"命令，在右侧，找到"密码"部分，单击"更改"按钮，弹出"更改密码"对话框，输入您当前的密码以进行验证，再输入您想要设置的新密码，并确认新密码。单击"下一步"或"完成"按钮以保存更改，如图 2-2-28 所示。

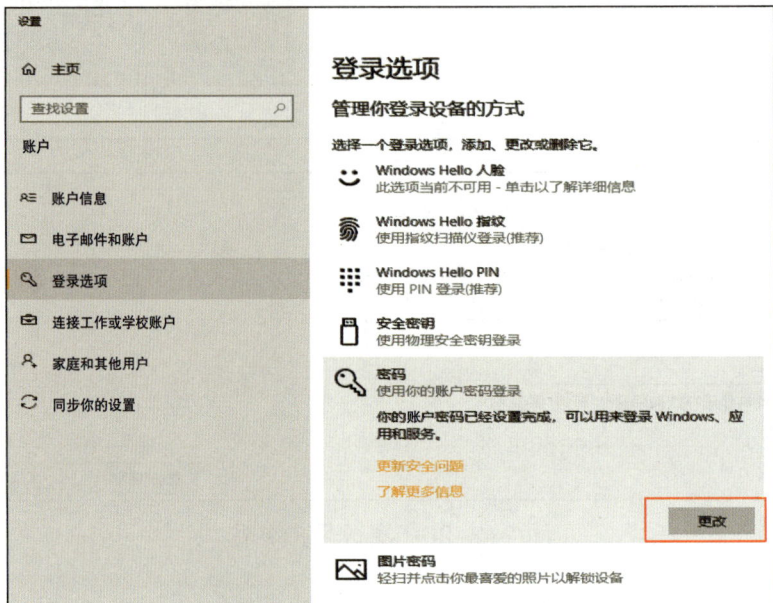

图 2-2-28　更改用户密码

（5）更改账户类型

在 Windows 10 操作系统中单击"开始"按钮，打开"设置"窗口，执行"账户"→"家庭和其他用户"命令，在右侧，找到"其他用户"下方的本地账户"小红"，单击"更改账户类型"按钮，选择"标准"账户类型，最后单击"确认"按钮完成更改，如图 2-2-29 所示。

图 2-2-29　更改账户类型

学知砺德

物联网操作系统

物联网操作系统（Operating System for Internet of Things，IoT OS）是一种在嵌入式实时操作系统基础上发展起来的、面向物联网技术架构和应用场景的软件平台。

物联网操作系统应用非常广泛，如智能家居、智慧城市、智能交通、工业自动化及物流和供应链等。例如，在智慧物流中，物联网操作系统支持仓库管理、运输监测和智能快递柜等功能的实现，提高了物流效率和管理水平。而在智能交通中，物联网操作系统能够实时监测交通状况，优化交通流量，提高道路安全。

习题挑战

1.【填空题】Windows 10 提供了关机、_____、_____、_____和睡眠5种关闭方式。

答：注销、重启、切换用户

解析：Windows 10 提供了关机、注销、重启、切换用户和睡眠 5 种关闭方式。

2.【单选题】在 Windows 10 中，任务管理器一般可用于（   ）。

A. 关闭计算机　　　　B. 结束应用程序　　　C. 修改文件的属性　　D. 修改屏幕保护

答：B

解析：任务管理器一般用于监控系统资源、管理进程、结束程序、查看系统日志、性能分析等。

3.【单选题】下列关于任务栏的说法中，不正确的是（   ）。

A. 可以改变任务栏的大小　　　　　　B. 可以使用任务栏切换活动窗口

C. 可以改变大小，不能移动　　　　　D. 既能移动，也能改变大小

答：C

解析：任务栏可以改变大小，也可以移动到屏幕的靠左、靠右、顶部和底部。

4.【单选题】在 Windows 10 下，（   ）可以打开开始菜单。

A. 按 Windows 徽标键　　　　　　　B. Ctrl+Esc 组合键

C. Alt+Esc 组合键　　　　　　　　　D. 单击"开始"菜单按钮

答：C

解析：Alt+Esc 组合键的作用是切换窗口。

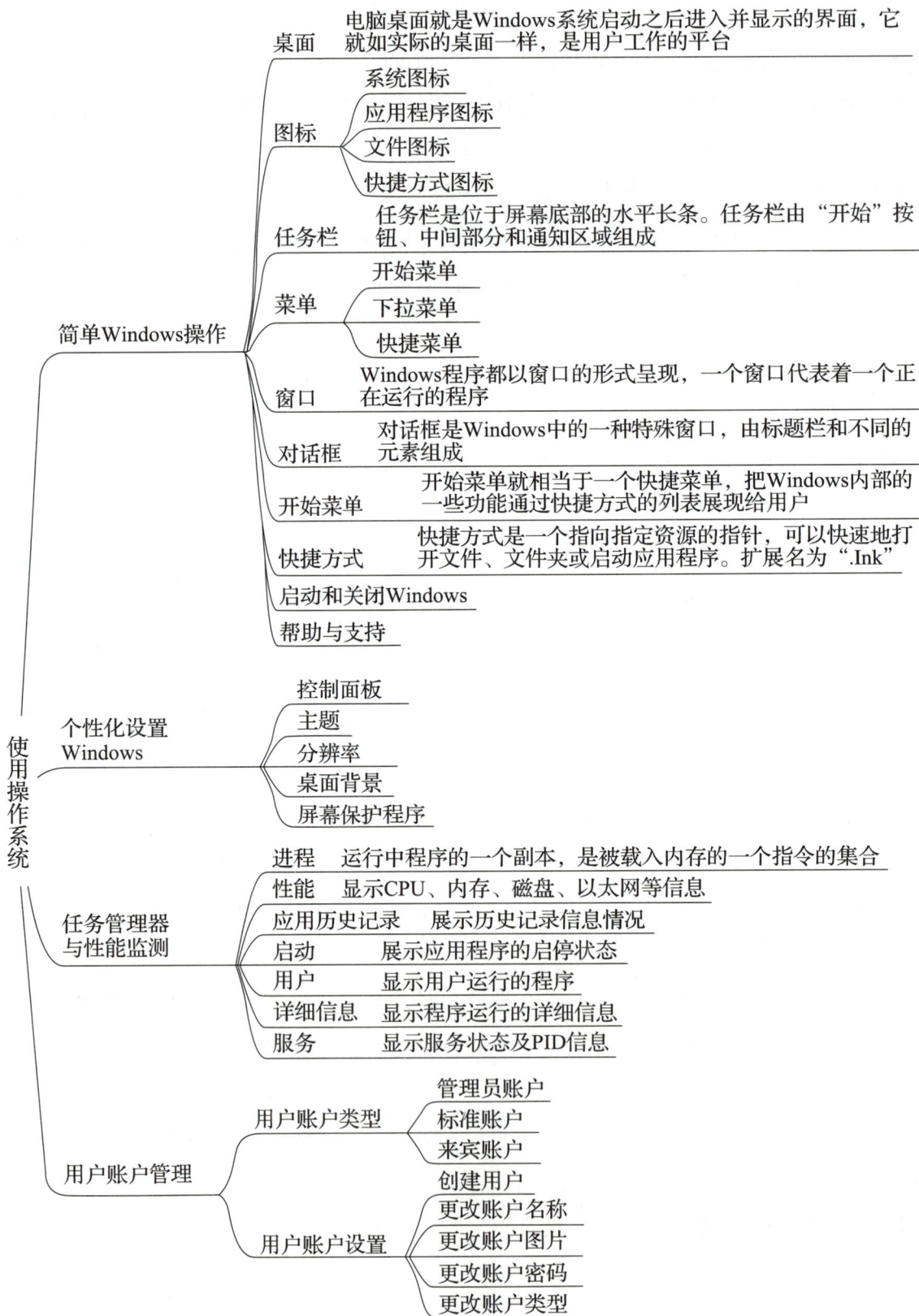

知识导图

电脑桌面就是Windows系统启动之后进入并显示的界面，它就如实际的桌面一样，是用户工作的平台 — 桌面

图标
- 系统图标
- 应用程序图标
- 文件图标
- 快捷方式图标

任务栏是位于屏幕底部的水平长条。任务栏由"开始"按钮、中间部分和通知区域组成 — 任务栏

菜单
- 开始菜单
- 下拉菜单
- 快捷菜单

Windows程序都以窗口的形式呈现，一个窗口代表着一个正在运行的程序 — 窗口

对话框是Windows中的一种特殊窗口，由标题栏和不同的元素组成 — 对话框

开始菜单就相当于一个快捷菜单，把Windows内部的一些功能通过快捷方式的列表展现给用户 — 开始菜单

快捷方式是一个指向指定资源的指针，可以快速地打开文件、文件夹或启动应用程序。扩展名为".Ink" — 快捷方式

启动和关闭Windows

帮助与支持

简单Windows操作

使用操作系统

个性化设置Windows
- 控制面板
- 主题
- 分辨率
- 桌面背景
- 屏幕保护程序

任务管理器与性能监测
- 进程　运行中程序的一个副本，是被载入内存的一个指令的集合
- 性能　显示CPU、内存、磁盘、以太网等信息
- 应用历史记录　展示历史记录信息情况
- 启动　展示应用程序的启停状态
- 用户　显示用户运行的程序
- 详细信息　显示程序运行的详细信息
- 服务　显示服务状态及PID信息

用户账户管理

用户账户类型
- 管理员账户
- 标准账户
- 来宾账户

用户账户设置
- 创建用户
- 更改账户名称
- 更改账户图片
- 更改账户密码
- 更改账户类型

任务习题

一、单选题

1. 在 Windows 10 中，如果想同时改变窗口的高度和宽度，可以通过拖放（   ）实现。

A. 窗口角　　　　　　B. 窗口边框　　　　　C. 滚动条　　　　　　D. 菜单栏

2. 将鼠标指针移到窗口的（   ）位置上拖拽，可以移动窗口。

A. 工具栏　　　　　　B. 标题栏　　　　　　C. 状态栏　　　　　　D. 编辑栏

3. 下列有关快捷方式的叙述，错误的是（   ）。

A. 快捷方式改变了程序或文档在磁盘上的存放位置

B. 快捷方式提供了对常用程序或文档的访问捷径

C. 快捷方式图标的左下角有一个小箭头

D. 删除快捷方式不会对源程序或文档产生影响

4. 当一个应用程序窗口被最小化后，该应用程序将（   ）。

A. 被终止执行　　　　　　　　　　B. 被转入后台执行

C. 被暂停执行　　　　　　　　　　D. 继续在前台执行

5. Windows 操作环境下，要将整个屏幕画面全部复制到剪贴板中应该使用（   ）。

A. PrintScreen　　　　B. Page Up　　　　　C. Alt+F4　　　　　D. Ctrl + Space

6. 关于 Windows 窗口的概念，以下叙述正确的是（   ）。

A. 屏幕上只能出现一个窗口，这就是活动窗口

B. 屏幕上可以出现多个窗口，但只有一个是活动窗口

C. 屏幕上可以出现多个窗口，但不止一个是活动窗口

D. 屏幕上可以出现多个活动窗口

7 在 Windows 10 中，排列桌面项目图标的第一步操作是（   ）。

A. 按鼠标右键单击任务栏空白区

B. 按鼠标右键单击桌面空白区

C. 按鼠标左键单击桌面空白区

D. 按鼠标左键单击任务栏空白区

8. 关于"用户账户"的操作，以下哪一项是不能实现的？（   ）

A. 删除用户账户　　　　　　　　　B. 启用或禁用用户账户

C. 复制用户账户　　　　　　　　　D. 为用户重置密码

二、多选题

1. Windows 10 常用附件有（   ）。

A. 画图　　　　　　　B. 计算器　　　　　　C. 游戏机　　　　　　D. 写字板

2. 下列选项中属于 Windows 10 控制面板中的设置项目的是（　　　）。

A. 程序和功能　　　　　　　　　　B. 设备管理器

C. 网络和共享中心　　　　　　　　D. 语音识别

三、判断题

1. Windows 操作系统中，在多用户使用的情况下，每个用户可以有不同的桌面背景。

（　　）

2. 同时打开多个窗口，有1个处于活动窗口，又称为当前窗口。（　　）

3. 在 Windows 的菜单中，灰色命令表示该命令当前不可用。（　　）

4. 在 Windows 中，需要显示文件的名称大小类型和修改日期可以在"查看"菜单中选择"详细信息"命令。（　　）

5、屏幕保护程序只是一种装饰，不能减小屏幕损耗和保障系统安全。（　　）

四、操作题

1. 设置鼠标属性"启用指针阴影"。

2. 设置等待 15 分钟进入屏幕保护程序"彩带"。

任务3　管理文件和文件夹

　　操作系统中本地文件管理是对存储在计算机本地硬盘、闪存盘、光盘或其他存储设备上的文件进行组织、存储、检索、共享和保护等操作，这是操作系统的一项关键功能，旨在帮助用户有效地处理和访问他们的文件。当然，不仅是本地文件管理，通过互联网共享的文件，也需管理。

任务情景

　　在我的电脑里有一个"2022届"的文件夹非常重要，我会经常访问它，但是该文件夹中纷繁复杂的文档、图形、图像、声音、动画和视频等资源乱七八糟，每次找文件都需要花费很多时间。我通过建立分类文件夹，把相关的文件进行移动、复制、压缩等操作，让整个文件夹看起来焕然一新了，如图 2-3-1 所示。

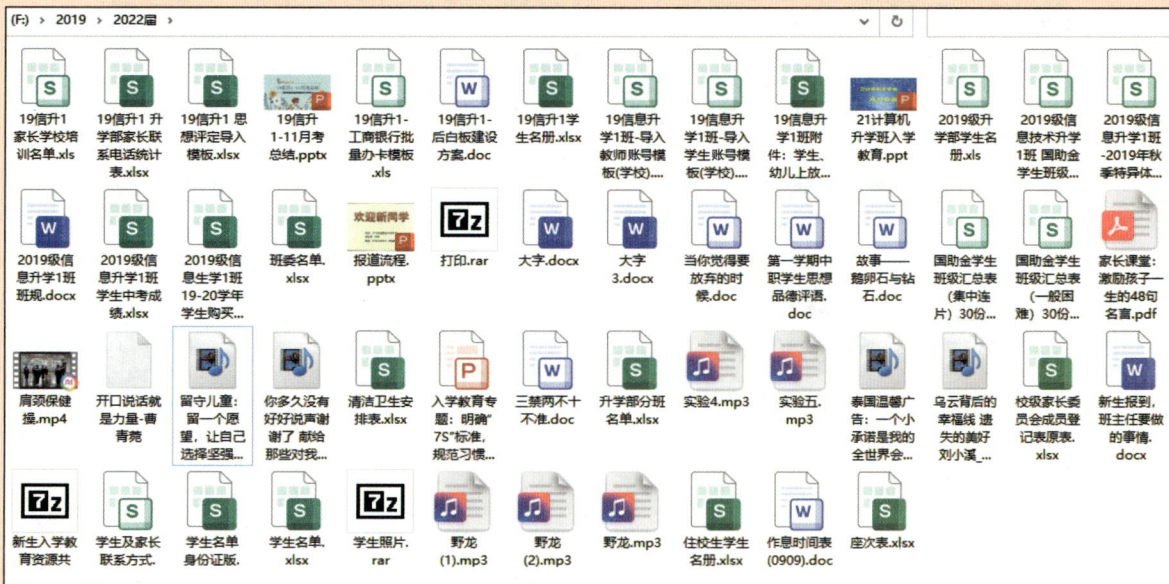

整理前

整理后

图 2-3-1 文件夹整理

🎯 学习体验

最近学校举行评优活动，老师让我提交一张证件照，我记得我有好几张电子照片放在电脑里，可是我无论如何也不记得它们放在哪里了，于是我使用了电脑的搜索功能。

打开"此电脑"，在右上角输入关键词"证件照"，系统查找所有与该关键词有关的文件，搜索的结果如图 2-3-2 所示。

请同学们使用上述方法查一查，你遗忘在计算机中那些文件。

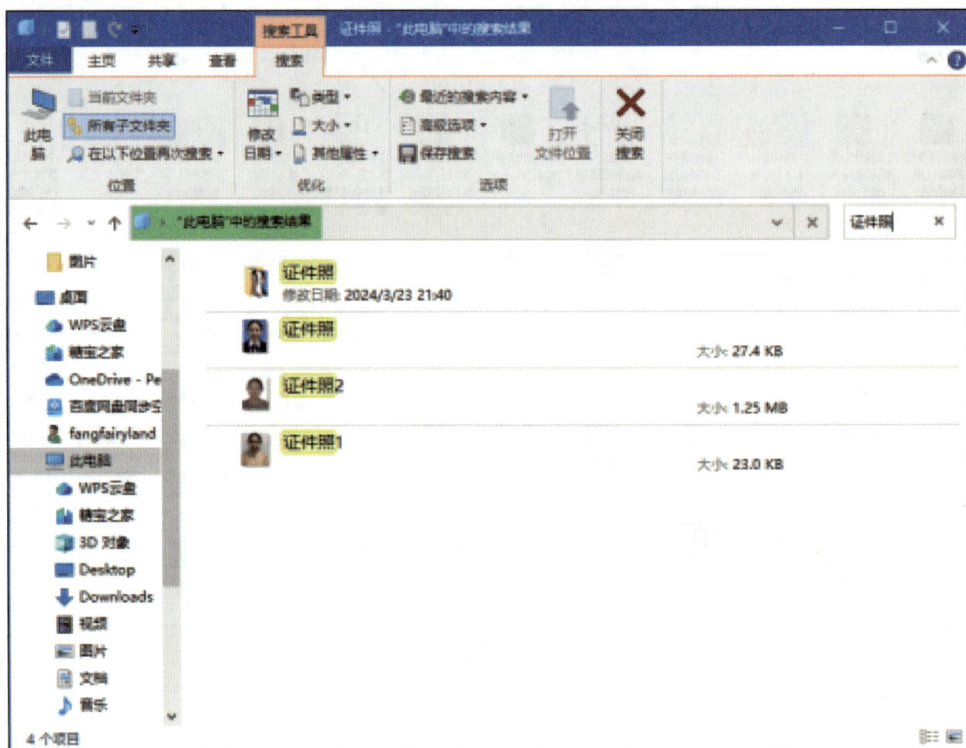

图 2-3-2　搜索功能

教学视频：使用资源管理器

知识学习

1. 资源管理器

Windows 资源管理器是 Windows 系统提供的资源管理工具，可以用它查看本台电脑的所有资源，特别是它提供的树形文件系统结构，能更清楚、更直观地认识电脑的文件和文件夹。

在资源管理器窗口中，用户可以浏览和管理计算机上的各种文件和文件夹。窗口分为左右两个窗格，左窗格显示文件夹树形结构，右窗格显示当前打开文件夹的内容。用户可以通过单击不同的文件夹，在右窗格中查看其内容，也可以在"资源管理器"中对文件进行各种操作，如打开、复制、移动、删除、重命名等，也能方便地对文件夹进行操作，如新建、删除、重命名等。

此外，Windows 资源管理器还提供了许多有用的功能，如搜索、排序、筛选等，以帮助用户更高效地管理和查找文件。同时，用户还可以通过资源管理器的地址栏、导航窗格等快速访问常用的文件夹和位置。

在 Windows 10 中，资源管理器的界面进行了重新设计，传统的菜单栏被更加直观和易用的选项卡取代，如图 2-3-3 所示，其对应功能如表 2-3-1 所示。

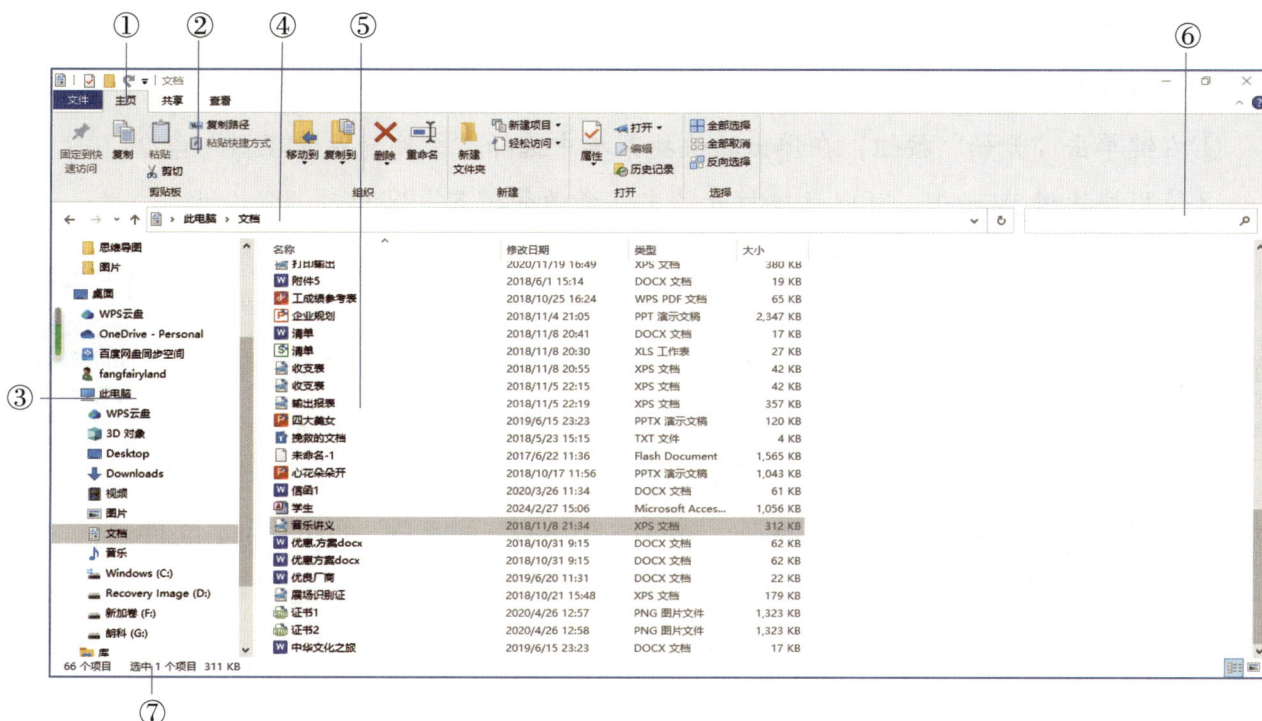

图 2-3-3　资源管理器组成

表 2-3-1　资源管理器界面

项目	内容
①选项卡	在 Windows 10 资源管理器中，常见的选项卡包括"文件""主页""计算机"和"查看"等。每个选项卡都有其特定的功能和操作选项。选项卡也提供了更好的可扩展性，允许用户根据需要自定义和添加新的功能
②功能区	功能区主要由选项卡、功能组和功能按钮组成，代替了传统的菜单和任务栏。这些选项卡包括"文件""主页""计算机"和"查看"等，每个选项卡下都包含一组相关的功能，使用户能够轻松地执行特定的任务
③导航窗格	位于资源管理器的左侧，它展示了文件和文件夹的树形结构，使用户能够方便地浏览不同的磁盘、文件夹和库。通过单击导航窗格中的项目，用户可以快速切换到不同的位置
④地址栏	位于资源管理器的顶部，它显示了当前所在的文件夹路径。用户可以通过地址栏快速导航到不同的文件夹，也可以输入路径来访问特定的位置
⑤内容窗格	位于资源管理器的右侧，它展示了当前所选文件夹或位置的内容。用户可以在这里查看文件的详细信息，如名称、大小、修改日期等。此外，内容窗格还支持多种视图模式，如详细信息、大图标、小图标等，以满足用户的不同需求
⑥搜索框	搜索框位于地址栏右侧，是一个非常强大的工具，它能够帮助用户快速找到计算机上的文件和文件夹。通过熟练掌握搜索框的使用方法和技巧，用户可以更加高效地进行文件操作和管理
⑦状态栏	通常位于资源管理器的底部，用于显示当前选定的项目数量、总大小等信息，帮助用户了解当前的工作状态

实践活动

打开 Windows 资源管理器，可以通过以下方法：

①右键单击"开始"按钮，在弹出的快捷菜单中选择"文件资源管理器"命令。

②使用快捷键 Win+E，可以直接打开"文件资源管理器"窗口。

2. 文件

教学视频：管理文件和文件夹

在计算机系统中，文件通常指的是存储在外部存储介质（如硬盘、磁盘、光盘等）上的一组相关信息的集合，这些信息可以是文本、图像、音频、视频等各种类型。文件是计算机操作系统进行信息组织和管理的最基本单位。

每个文件都有一个文件名，文件名的格式为"主文件名.扩展名"。主文件名表示文件的名称，扩展名说明文件的类型。例如，名为"01.png"的文件，"01"为主文件名，"png"为扩展名，表示该文件为图形文件。在计算机中，文件用图标表示，这样便于通过查看其图标来识别文件类型，如图 2-3-4 所示。常见文件类型如表 2-3-2 所示。

图 2-3-4　文件类型图标

表 2-3-2　常见文件类型及其对应的扩展名

文件类型	扩展名
批处理文件	.bat、.cmd
配置文件	.cfg、.yaml、.ini、.xml
系统文件	.sys
帮助文件	.hlp、.chm
临时文件	.tmp
可执行文件	.exe、.com、.dll
网页文件	.htm、.html .asp、.php
声音文件	.wav、.mid、.mp3、.wma、.aac、.ra（Real Audio）
图像文件	.bmp、.png、.jpg、.tif、.gif .psd、.ai（Adobe illustrator）
视频文件	.avi、.mpg、mov、.wmv、.rm（Real Media）
压缩文件	.zip、.rar、.cab

Windows 中文件按名称存取，Windows 7 中的文件命名规则如下：

①文件名不区分大小写，最多可使用 255 个字符。

②文件名中可以包含空格，但不能包含符号 \ / : * ? " < > | 。

③不能使用系统保留的设备名，如 aux、com0~com9、con、lpt0~lpt9、nul、prn。

④文件名中允许多个间隔符（.），最后一个间隔符后（右边）为扩展名。

⑤在同一文件夹中不能有同名的文件或文件夹，不同的文件夹中文件或文件夹名可以相同。

3. 文件夹

文件夹，计算机中用于组织和管理磁盘文件的容器。文件夹的主要功能是将不同类型和性质的文件进行分类存储，便于用户查找和管理。文件夹可以包含一个或多个文件，也可以包含其他文件夹，形成嵌套结构，这种结构可以更有效地组织和管理大量的文件。

根据用途，文件夹可以分为以下几种类型：

①临时文件夹：用于存放系统或程序运行时产生的临时文件，这些文件通常在系统重启或程序关闭后会被自动删除。

②备份文件夹：用于存放重要文件的备份，以防止数据丢失或损坏。

③共享文件夹：用于在网络环境中与其他用户共享文件。

根据系统属性，文件夹可以分为以下几种类型：

①系统文件夹：这是由系统软件自动生成或使用的文件夹，通常包含系统的配置、运行所需文件或程序。用户不应随意更改或删除这些文件夹中的内容，否则可能会导致系统出错或崩溃。

②用户文件夹：这是用户自己创建或使用的文件夹，用于存储用户的个人文件，如文档、图片、视频等。

③隐藏文件夹：这是系统或用户设置为不可见的文件夹。它们通常用于存储敏感信息或保护文件免受误操作。

实 践 活 动

首先在 D 盘根目录下分别创建两个名为"测试 1""测试 2"的文件夹，并做以下操作：

①在"测试 1"文件夹中，分别创建名为"A""B""C""D""E"的五个文件夹；

②在"测试 2"文件夹中，分别创建名为"A.docx""B.docx""C.docx""D.docx""E.docx"的五个文件。

思考：

①在同一个文件夹里文件和文件夹可以用同一个名字吗？在"测试 1"文件夹中创建一个"A.docx"的文件试试看。

②在同一个文件夹里可以创建同名的文件吗？在"测试 2"文件夹中创建一个"B.docx"的文件试试看。

4. 文件或文件夹属性

文件属性是指文件自身所具有的一些特殊性质或标记，这些属性定义了文件的某些特征或行为。常见的文件属性有系统属性、隐藏属性、只读属性和存档属性。文件夹属性与文件类似。

①系统属性：文件的系统属性是指系统文件，它将被隐藏起来。在一般情况下，系统文件不能被查看，也不能被删除，是操作系统对重要文件的一种保护属性，防止这些文件被意外损坏。

②隐藏属性：在查看磁盘文件的名称时，系统一般不会显示具有隐藏属性的文件名。一般情况下，具有隐藏属性的文件不能被删除、复制和更名。

③只读属性：对于具有只读属性的文件，可以查看它的名字，它能被应用，也能被复制，但不能被修改和删除。如果将可执行文件设置为只读文件，不会影响它的正常执行，但可以避免意外的删除和修改。

④存档属性：一个文件被创建之后，系统会自动将其设置成存档属性，这个属性常用于文件的备份。

5. 文件目录结构

文件夹中包含的文件夹通常称为"子文件夹"。为了方便有效地管理文件，可以将同类文件或相关文件集中地放在一个文件夹中。这样就使所有的文件夹形成了一种树状层次目录结构，如图 2-3-5 所示。

6. 文件与文件夹的查看与排序

为方便计算机用户操作文件，操作系统会提供几种不同方式显示文件和文件夹。右击鼠标，快捷菜单中选择"查看"命令，可看到相应的显示方式，如图 2-3-6 所示；也可以在资源管理器窗口"查看"选项卡中的"布局"面板组选择对应的查看方式，如图 2-3-7 所示；为了快速查找到需要的文件，可将文件按文件名称、修改日期、类型、大小递增或递减排列，如图 2-3-8 所示。

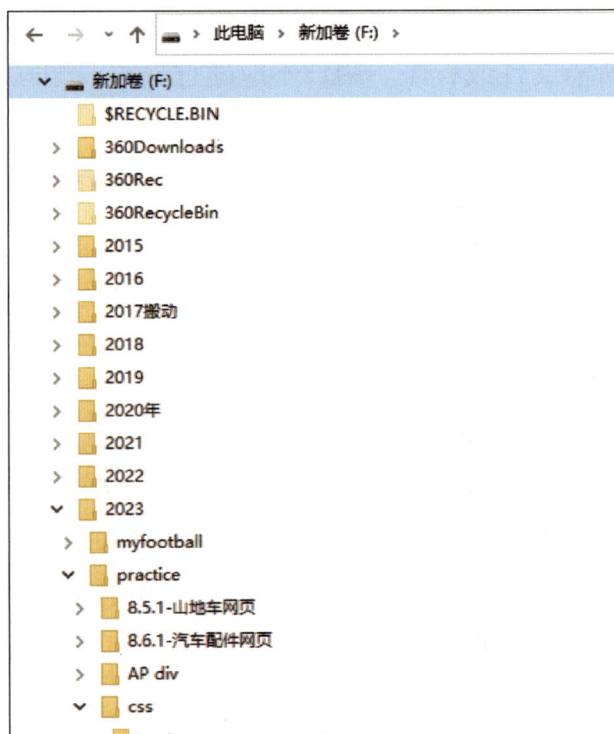

图 2-3-5　文件夹树状层次目录结构

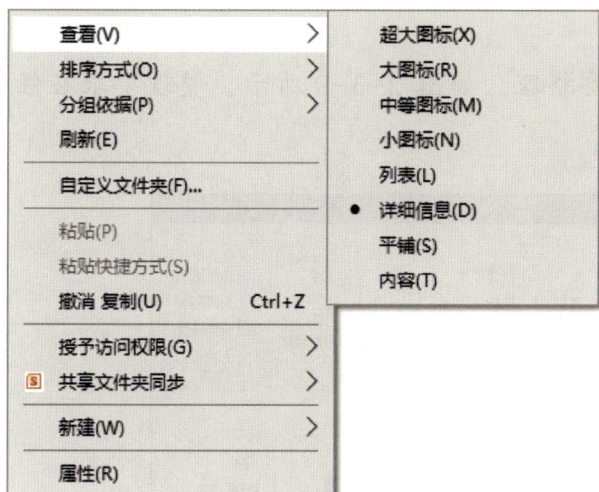

图 2-3-6 文件查看方式 A

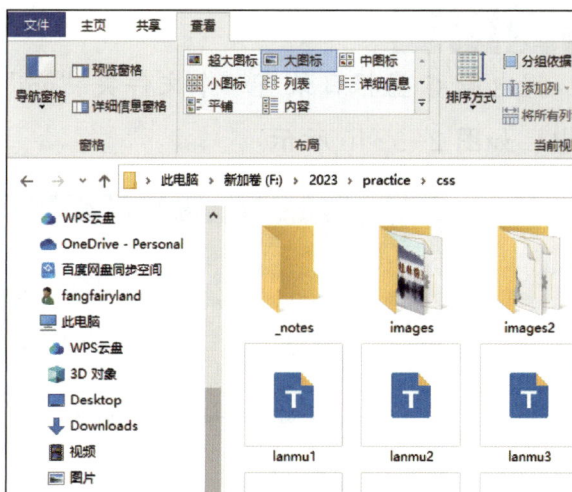

图 2-3-7 文件查看方式 B

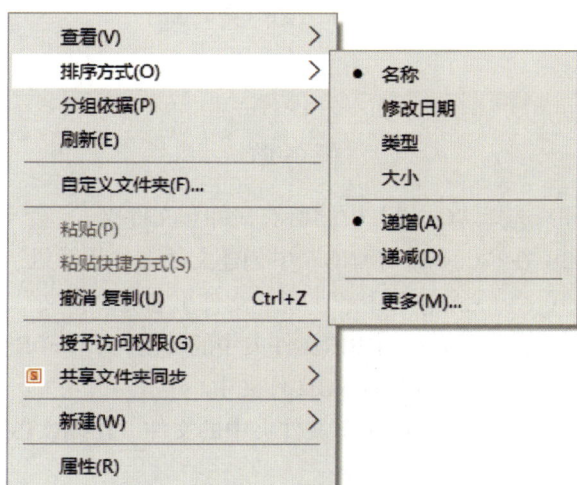

图 2-3-8 文件排列方式

7.通配符

在检索过程中，会使用某一类或文件名有一定规律的文件，这时可以使用通配符。

在 Windows 操作系统中经常使用的两个通配符分别是问号（？）和星号（＊）。符号？代表一个字符，而符号＊代表一串字符，如"＊.A B？"表示所有扩展名的第 1 个字符为字母 A、第二个字符为字母 B 的文件，"＊.mp3"表示所有扩展名为".mp3"的文件，即音频文件。

8.文件系统格式

文件系统格式是指存储在硬盘上的文件和文件夹的组织方式。它指定数据如何存储在驱动器上，以及可以将哪些类型的信息附加到文件中，如文件名、权限和其他属性。Windows 10 支持多种文件系统格式，包括 NTFS（新技术文件系统）、FAT32（文件分配表）、exFAT（扩展文件分配表）等。NTFS 是目前 Windows 系统最常用的文件系统格式，支持大文件和强大的安全性，而 FAT32 适用于小分区，exFAT 则专为闪存设备设计。

实践活动

现电脑C盘根目录有一个文件夹"wjj"需要整理，如图2-3-9所示，整理要求在任务单中，如图2-3-10所示。

图2-3-9　文件夹"wjj"

任务单

任务1：选择"C:\wjj"中的所有文件和文件夹。

任务2：在"C:\wjj\CHANG"中创建文件夹"计算机"。

任务3：将"C:\wjj\"中"小说"文件更名为"作文"。

任务4：将"C:\wjj"中REI文件夹中的文件SONG.FOR复制到"C:\wjj"中CHENG文件夹中。

任务5：将"C:\wjj\CHU"文件夹中的文件"JIANG.TMP"删除。

任务6：设置"C:\wjj\FENG"文件夹中"WANG"文件夹为"隐藏"属性。

图2-3-10　文件夹整理任务单

任务1：选择文件或文件夹。

根据图2-3-9所示文件夹内容，选择"C:\wjj"中的所有文件和文件夹，步骤如下：

①单击第一个文件"CHANG"；

②按住Shift键，再单击最后一个文件"资源"即可。

被选中的对象将突出显示，如图2-3-11所示。

图2-3-11　选择文件夹

> **提示：**
>
> 选中一个文件或者文件夹，可单击要选定的文件或文件夹。
>
> 选择全部文件或文件夹，可以选择"主页"选项卡"选择"组的"全部选择"命令，也可以按 Ctrl+A 组合键，还可以用鼠标拖动矩形框来框选。
>
> 选中多个不连续的文件或文件夹，先按住 Ctrl 键，再依次单击要选中的文件或文件夹。

任务 2：新建文件或文件夹。

在"C:\wjj\CHANG"中创建文件夹"计算机"，步骤如下：

①打开"C:\wjj\CHANG"文件夹；

②在空白处右击弹出快捷菜单，选择"新建"→"文件夹"命令，操作如图 2-3-12 所示；

③输入文字"计算机"后按 Enter 键即可。

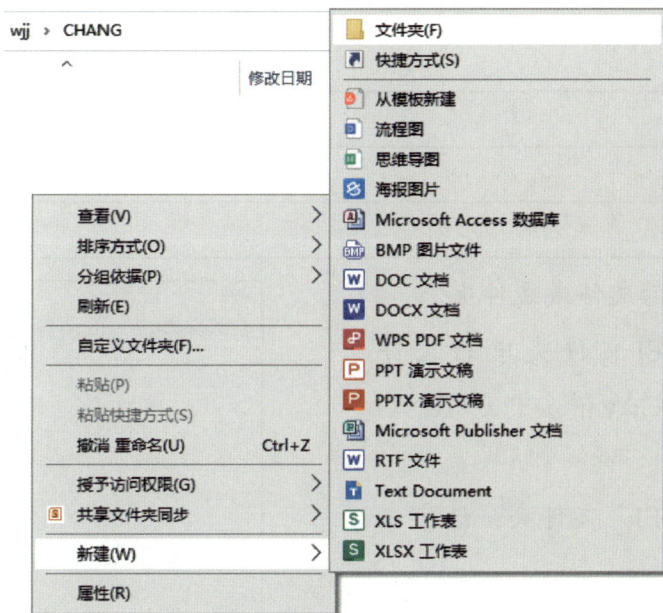

图 2-3-12　新建文件夹

> **提示：** 新建文件夹，也可以在空白处按 Ctrl+Shift+N 组合键，输入文件夹名后按 Enter 键即可。

任务 3：重命名文件或文件夹。

将"C:\wjj\"中"小说"文件更名为"作文"，步骤如下：

①打开"C:\wjj"文件夹；

②选中文件"小说"，在"文件"选项卡的"组织"面板组，选择"重命名"命令，如图 2-3-13 所示；

③输入新文件名"作文"，然后单击其他任何地方或按 Enter 键。

图 2-3-13　重命名文件夹

活动拓展

对文件进行重命名的方法有多种，请同学们通过操作尝试，把其余方法填在下面的横线上。

1._____

2._____

3._____

4._____

5._____

任务 4：复制和移动文件或文件夹。

将"C:\wjj"中 REI 文件夹中的文件 SONG.F0R 复制到"C:\wjj"中 CHENG 文件夹中。步骤如下：

①打开"C:\wjj\REI"文件夹，选中文件"SONG.F0R"；

②右击弹出快捷菜单，选择"复制"命令，将文件复制到"剪贴板"中，如图 2-3-14 所示；

③打开"C:\wjj\CHENG"文件夹，右击窗口工作区空白处，在快捷菜单中选择"粘贴"命令即可。

图 2-3-14　复制文件夹

> **提示：**剪贴板是信息系统中一块可连续的、可随存放信息的大小而动态调整的内存区域，主要用于临时存放交换信息。借助剪贴板可以进行复制、剪切、粘贴等操作，复制是将对象复制到剪贴板，剪切是将对象移动到剪贴板，粘贴是将剪贴板中的对象复制或移动到目标位置。

探究活动

在我们的生活和工作中，经常会对文件和文件夹进行复制或移动，其方法多种多样，请同学们根据操作体验，完成表2-3-3。

表2-3-3　复制和移动区别

序号	复制	移动
1	选择对象，单击"编辑"或"组织"→"复制"菜单命令，再在目标文件夹中，使用"编辑"→"粘贴"菜单命令	选择对象，单击"编辑"或"组织"→"剪切"菜单命令，再在目标文件夹中，使用"编辑"→"粘贴"菜单命令
2		
3		
4		
5		
6		

任务5：删除文件或文件夹。

将"C:\wjj\CHU"文件夹中的文件"JIANG.TMP"删除。步骤如下：

①打开"C:\wjj\CHU"文件夹，选中文件"JIANG.TMP"；

②右击弹出快捷菜单，选择"删除"命令即可，如图2-3-15所示。

图2-3-15　删除文件夹

提示： 一般来说，硬盘上被删除对象会移到"回收站"中，如果要永久删除文件或者文件夹，可以在删除以后再"清空回收站"，或者在"回收站"中再次删除对象；按住 Shift 键，再执行删除操作，也可以永久删除对象，而不会被移入"回收站"。

讨 论 学 习

如何恢复被误删的文件或者文件夹？如何避免误删文件或者文件夹呢？

探 究 活 动

我们在生活中也常常需要删除网络文件或者 U 盘中的文件，还有的时候删除的项目超过了回收站的容量，请大家尝试操作，将结果填入表 2-3-4 中。

表 2-3-4 文件删除探究

删除项目	删除结果
网络文件	
U 盘文件	
移动硬盘文件	
删除项目超过回收站容量	

任务 6：设置文件或文件夹属性。

设置"C:\wjj\FENG"文件夹中的文件夹"WANG"为"隐藏"属性。步骤如下：

①打开"C:\wjj\FENG"文件夹，选中文件夹"WANG"；

②右击弹出快捷菜单，选择"属性"命令，弹出"WANG 属性"对话框；

③勾选"隐藏"属性的复选框，再单击"确定"按钮即可，如图 2-3-16 所示。

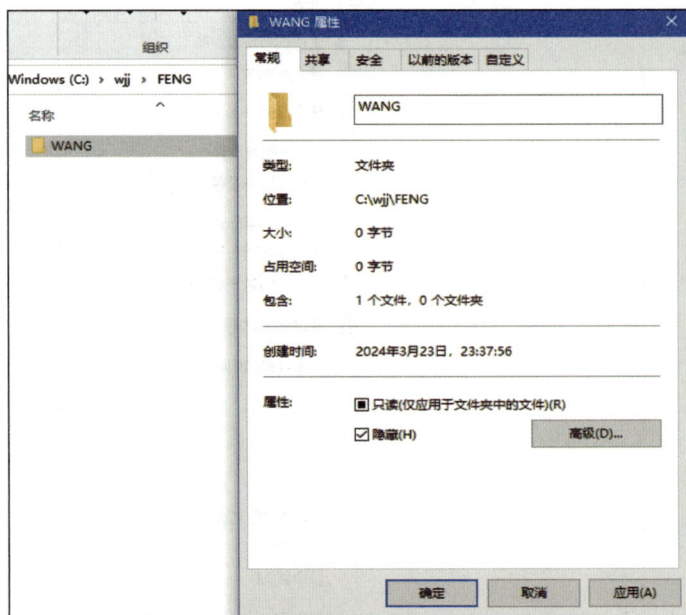

图 2-3-16 设置文件或文件夹属性

9. 检索信息资源

在使用电脑时，我们经常需要查找某个文件或应用程序。但是有时候文件保存的位置不确定，或者我们不记得它的确切名称。在这种情况下，使用 Windows 的搜索功能可以帮助我们快速找到需要的信息。

（1）使用 Win+ S 组合键

使用 Win+ S 组合键可以快速打开搜索框。在搜索框中输入关键字，Windows 会自动搜索文件、应用程序、视频、音乐、照片以及设置等。甚至可以使用该搜索功能来查找网络上的内容，如图 2-3-17 所示。

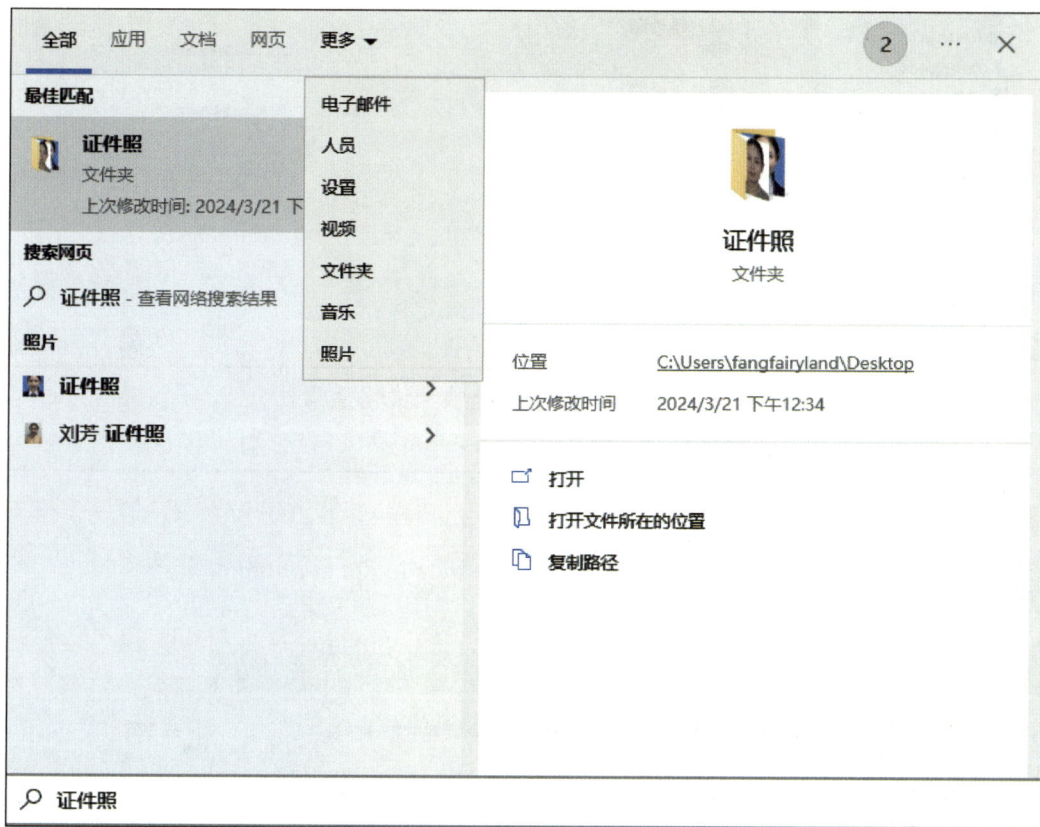

图 2-3-17 Win+ S 键搜索

（2）使用"搜索"选项卡优化搜索

当我们对要搜索的对象的特点记忆比较模糊时，可以利用某些特征来缩小搜索范围，比如文件类型、修改日期及文件大小等特征，如图 2-3-18 所示。

（3）使用通配符搜索

通配符是一种非常有用的搜索功能。在搜索框中使用通配符 * 可以匹配任意字符，使用符号？匹配一个字符。例如，如果你知道文件是以"计算机"开头的记事本文档，但不确定文件名后半部分的内容，可以使用"计算机 *.txt"来搜索，如图 2-3-19 所示。

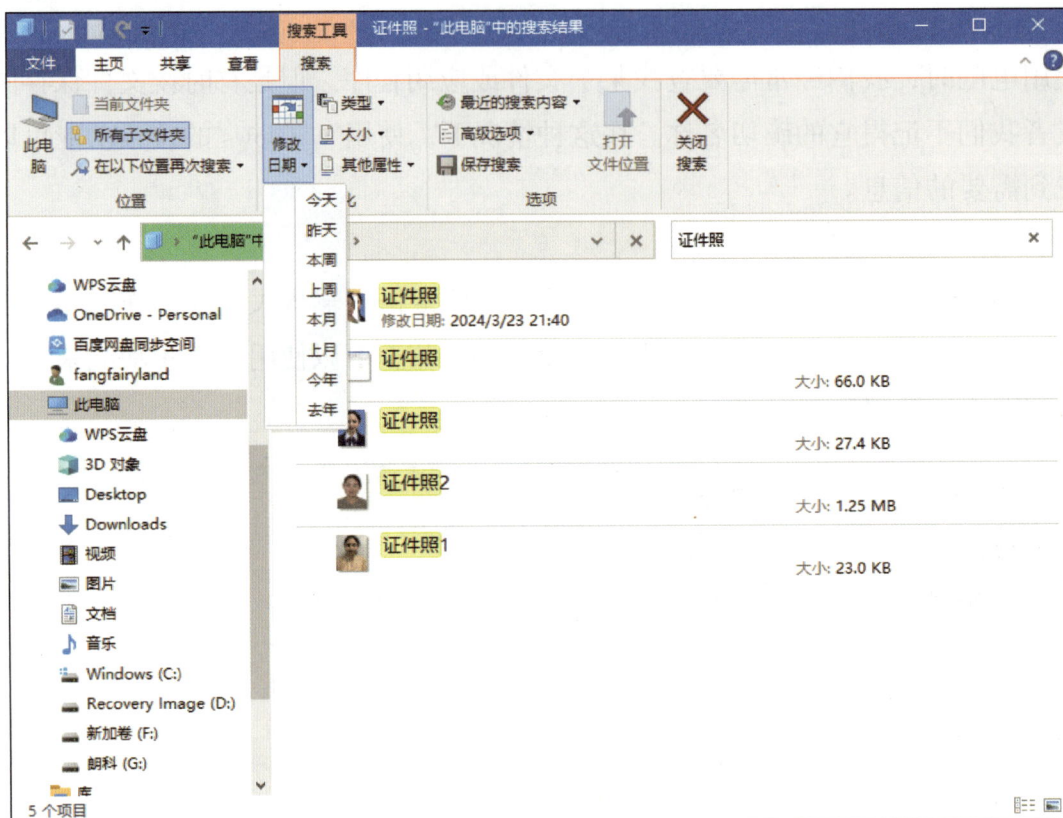

图 2-3-18　"搜索"选项卡优化搜索

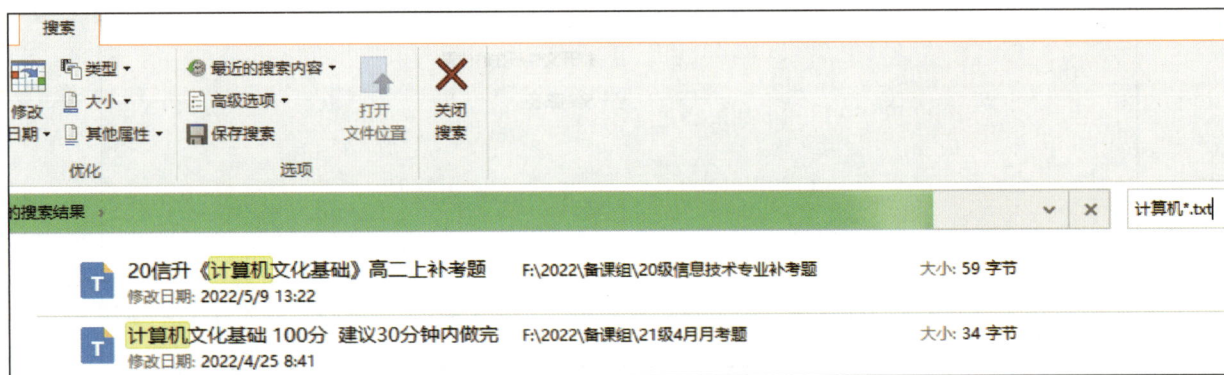

图 2-3-19　使用通配符搜索

10. 压缩与加密信息资源

（1）压缩

压缩软件是可以对文件或文件夹等信息资源进行压缩的文件管理工具，文件或文件夹经过压缩后，得到的文件大小要比原来的小，以减少磁盘的空间占用。常用的免费或开源压缩软件有 WinRAR、7-Zip 等。

例如，使用 7-Zip 软件对"C:\wjj"中所有文件和文件夹压缩处理。选择需要压缩的文件或文件夹，右击，选择快捷菜单中"7-Zip"→"添加到'wjj .7z'"压缩方式，完成文件或文件夹压缩，如图 2-3-20 所示。

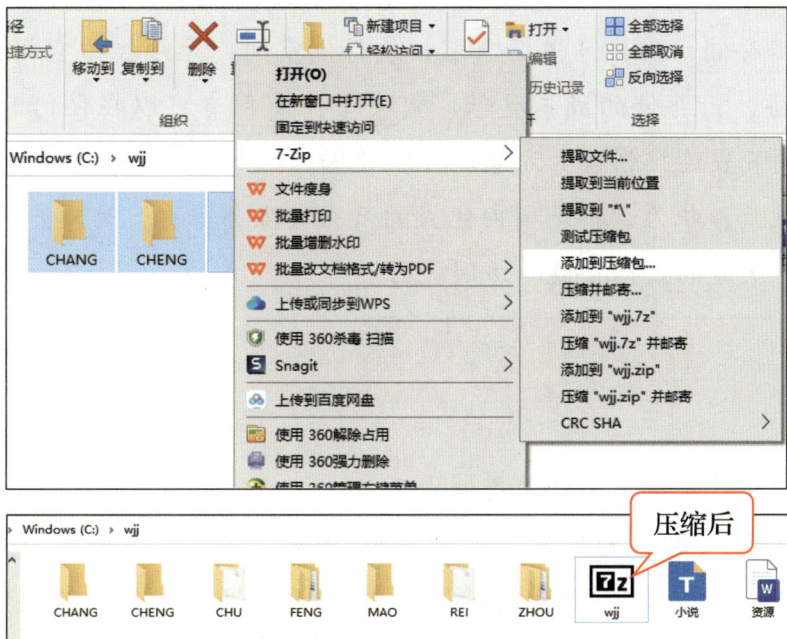

图 2-3-20 压缩文件

解压缩也是使用类似的方法，选择文件后快捷菜单中选择对应的提取位置即可。

（2）加密

Windows 加密的主要作用是提供数据保护，确保文件或文件夹的安全性和隐私性。加密方法如下：

①右击想要加密的文件或文件夹，选择"属性"。

②单击"常规"选项卡上的"高级"按钮，进入"高级属性"对话框，勾选"加密内容以保护数据"选项，然后单击"确定"按钮即可。

> 提示：Windows 加密功能主要在专业版及以上版本中使用，家庭版可能不支持此功能。如果你的 Windows 10 是家庭版，那么"加密内容以保护数据"选项可能会显示为灰色。

学知砺德

云存储

随着云技术的发展，越来越多的用户开始使用云存储（见图 2-3-21）服务来管理文件和文件夹。云存储正在通过各种应用服务走进我们的生活，逐渐改变着我们对传统存储方式的认知，也在不断刷新着文件存储方式。

云存储是一种基于云计算概念衍生发展而来的新型存储模式，是将数据存储在由第三方托管的虚拟服务器上的一种服务模

图 2-3-21 云存储

式。支持海量数据存储，用户可根据需求扩展存储空间，无须担心空间不足，相比于传统的物理存储设备，云存储的成本更低、更安全，使用者可以在任何时间、任何地方，通过任何可连网的装置连接到云上方便地存取数据。

腾讯云、阿里云、华为云都是国内优秀的云存储服务平台，为用户提供了可扩展的、可靠的、安全的、快速的数据存储和访问能力。

习题挑战

1.【单选题】在计算机中，文件是存储在（　　）。

A. 磁盘上的一组相关信息的集合　　　B. 内存中的信息集合

C. 存储介质上的一组相关信息的集合　　D. 打印纸上的一组相关数据

答：C

解析：文件通常指的是存储在外部存储介质（如硬盘、磁盘、光盘等）上的一组相关数据的集合。

2.【单选题】Windows 中，文件的类型可以根据（　　）来识别。

A. 文件的大小　　　B. 文件的用途　　　C. 文件的扩展名　　　D. 文件的存放位置

答：C

解析：文件名的格式为"主文件名．扩展名"。主文件名表示文件的名称，扩展名说明文件的类型。

3.【单选题】在 Windows 10 中，下列正确的文件名是（　　）。

A. A? .DOC　　　B. File1 |File2　　　C. A<>B.txt 特文潮　　D. My MusicA

答：D

解析：文件名中不能包含符号 \ / : * ? " < > | 。

4.【多选题】在 Windows 10 中，能将某文件复制到同盘指定文件夹下的操作是（　　）。

A. 用鼠标右键将该文件拖动到指定文件夹下

B. 用鼠标左键将该文件拖动到该文件夹下

C. 先执行"编辑"菜单中的"复制"命令，再执行"粘贴"命令

D. 按住 Ctrl 键的同时，用鼠标左键将该文件拖动到指定文件夹下

答：ACD

解析：B 选项用鼠标左键将该文件拖动到指定文件夹下，在同盘内是对文件进行了移动而不是复制。

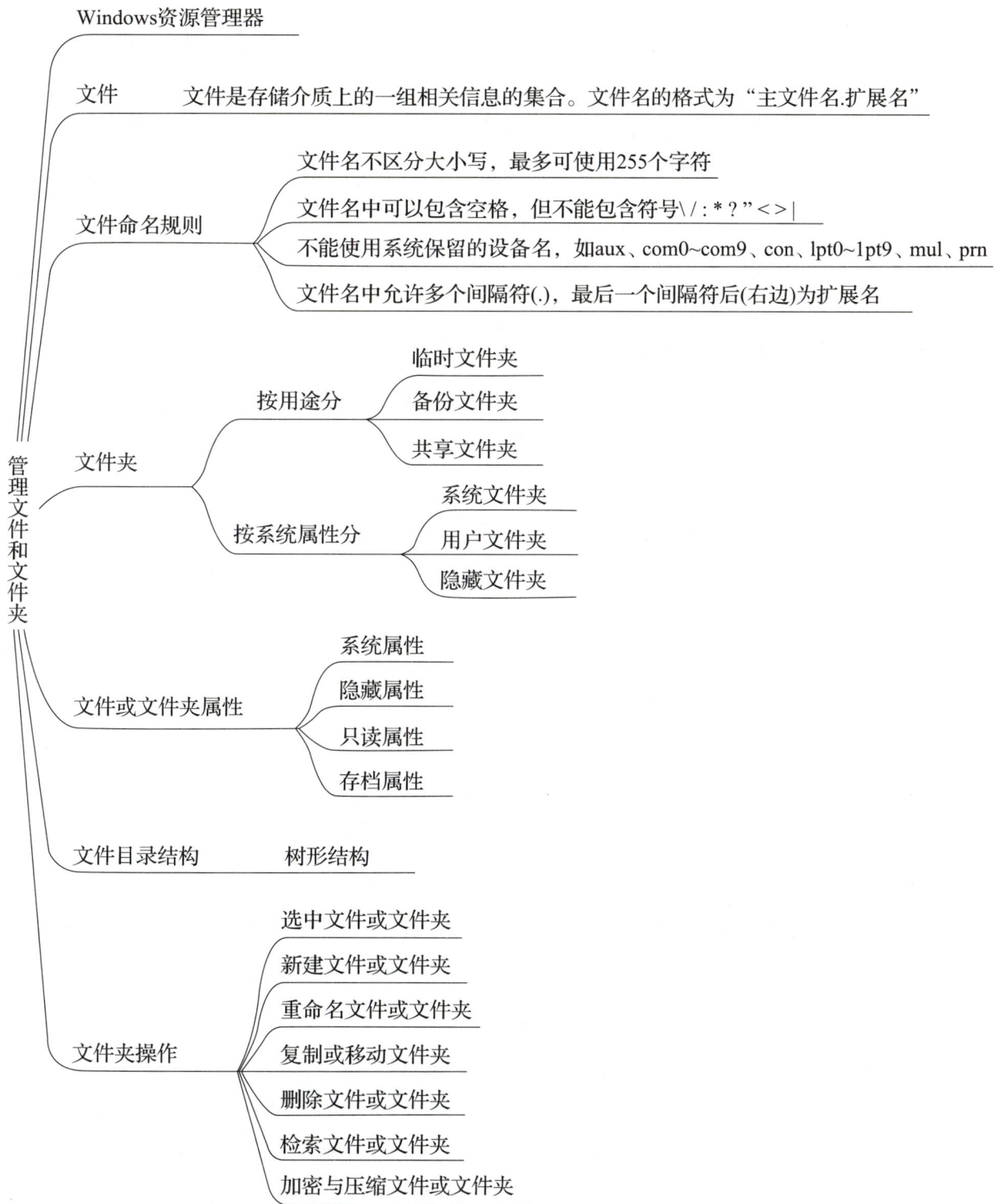

知识导图

Windows资源管理器

文件 —— 文件是存储介质上的一组相关信息的集合。文件名的格式为"主文件名.扩展名"

文件命名规则
- 文件名不区分大小写，最多可使用255个字符
- 文件名中可以包含空格，但不能包含符号\ / : * ? " < > |
- 不能使用系统保留的设备名，如aux、com0~com9、con、lpt0~1pt9、mul、prn
- 文件名中允许多个间隔符(.)，最后一个间隔符后(右边)为扩展名

文件夹
- 按用途分
  - 临时文件夹
  - 备份文件夹
  - 共享文件夹
- 按系统属性分
  - 系统文件夹
  - 用户文件夹
  - 隐藏文件夹

文件或文件夹属性
- 系统属性
- 隐藏属性
- 只读属性
- 存档属性

文件目录结构 —— 树形结构

文件夹操作
- 选中文件或文件夹
- 新建文件或文件夹
- 重命名文件或文件夹
- 复制或移动文件夹
- 删除文件或文件夹
- 检索文件或文件夹
- 加密与压缩文件或文件夹

管理文件和文件夹

任务习题

一、单选题

1. 在某文档窗口中进行了多次剪切操作，关闭了该文档窗口后，剪贴板中的内容为（　　　）。

A. 第一次剪切的内容　　B. 最后一次剪切的内容　　C. 所有剪切的内容　　D. 空白

2. 在资源管理器中，若在文件夹窗口选择了 A 文件夹，然后使用"文件"选项卡中的"新建文件夹"命令，建立 B 文件夹，则正确的说法是（　　　）。

A. B 文件夹是 A 文件夹的子文件夹

B. A 文件夹是 B 文件夹的子文件夹

C. A 文件夹与 B 文件夹是同一个文件夹下的子文件夹

D. B 文件夹建立在当前盘的根文件夹下，与 A 文件夹无关

3. 若要查找第二个字母为"t"的所有 .doc 文件，有效的通配符使用方式是（　　　）。

A. ?t?.doc　　　　　　B. ?t*.doc　　　　　　C. *t*.doc　　　　　　D. *t?.doc

4. 为防止文件的内容被修改，可将文件的属性设置为（　　　）。

A. 只读　　　　　　　B. 存档　　　　　　　C. 隐藏　　　　　　　D. 共享

5. 文件名由主文件名和（　　　）组成。

A. 类型　　　　　　　B. 扩展名　　　　　　C. 小圆点　　　　　　D. 姓名

6. 选定当前窗口内所有文件和文件夹的快捷键是（　　　）。

A. Ctrl+A　　　　　　B. Alt+A　　　　　　C. Ctrl+B　　　　　　D. Alt+B

7. 在 Windows 文件管理操作中，要查看文件或文件夹的修改时间，应选择的查看方式是（　　　）。

A. 大图标　　　　　　B. 小图标　　　　　　C. 详细信息　　　　　D. 列表

8. 要选中多个不连续的文件或者文件夹，要按住（　　　）键，再选中文件或文件夹。

A. Alt　　　　　　　　B. Ctrl　　　　　　　C. Shift　　　　　　　D. Tab

二、多选题

1. 将选定的内容送到剪贴板一般采用（　　　）方法。

A. 使用"剪切"命令　　　　　　　　　　B. 使用"复制"命令

C. 使用 PrintScreen 或 Alt + PrintScreen　　D. 使用"发送到…"命令

7. 在"计算机"窗口下，以详细信息格式显示窗口内容时，可看到文件或文件夹的（　　　）。

A. 名称　　　　　　　B. 大小　　　　　　　C. 类型　　　　　　　D. 修改时间

三、判断题

1. 按大小来排列文件和文件夹的顺序时，默认是按照从大到小的顺序。　（　　）
2. 不管以何种方式来排列文件和文件夹的顺序，文件总是排在文件夹的前面。　（　　）
3. 空文件夹不占用磁盘空间。　（　　）
4. 在查看文件夹内容时，可按 BackSpace 键返回到上一级文件夹。　（　　）
5. "How are you" 是一个合法的文件名。　（　　）

四、操作题

1. 在 C 盘根目录下建立"练习"文件夹，在此文件夹下建立"数学""语文""英语"三个子文件夹。

2. 在"音乐"库文件夹中查找所有扩展名为 mp3 的文件，并复制一首你最喜欢的歌曲到桌面上。

3. 在"音乐"库文件夹中查找所有扩展名为 mp3 的文件，并将你最不喜欢的歌曲设置为隐藏和存档属性。

任务 4　Linux 操作系统基础

在信息化高速发展的今天，Linux 操作系统凭借其稳定性、可靠性、强大的网络功能、可定制性、广泛的硬件支持等优势，在 IT 领域占据了举足轻重的地位。它不仅是一个开源的操作系统，更是一个由全球开发者共同维护、持续进化的技术生态。随着当今云计算、大数据、人工智能等新兴技术的兴起，Linux 操作系统的应用前景将更加广阔。

任务情景

当我刚接触到 Linux 操作系统的时候，发觉它和 Windows 操作系统有一个很大的区别，就是"一切皆是文件"的概念。在 Linux 操作系统中，几乎所有东西，包括设备、目录、进程等，都可以用文件的概念来表示和访问。如在 Linux 中，/dev/sda 可代表第一个 SATA 硬盘，/dev/sdb 可代表第二个 SATA 硬盘，而第一个 SATA 硬盘的第一个分区则表示成 /dev/sda1。

相比之下，尽管 Windows 操作系统也采用了类似的机制来管理硬件设备和系统资源，但其图形化界面往往隐藏了这些底层细节，使用户在日常操作中较少直接感受到"一切皆是文件"的概念。然而，在 Linux 的命令行界面中，通过简单的命令，如 lsblk /dev/sda，就可查看第一个硬盘的分区信息，如图 2-4-1 所示，sda1 为预留的系统引导分区（BIOS Boot），而 sda2 即 Windows 系统中所说的 C 盘分区，如图 2-4-2 所示，通常的 Linux 系统和日常使用的文件全都存放在这里。

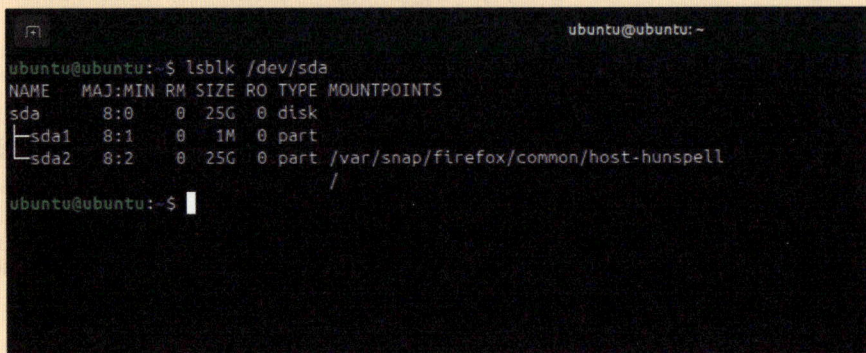

图 2-4-1　Linux 操作界面

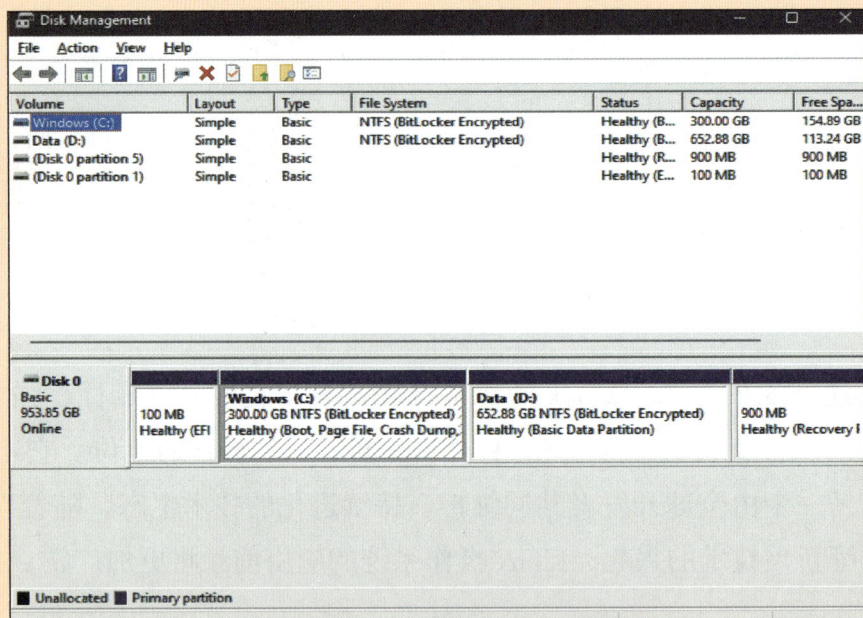

图 2-4-2　Windows 操作界面

因此，Linux 的这一设计理念不仅体现了其在技术上的先进性，还为用户提供了更加灵活和强大的系统管理能力。无论是系统管理员还是普通用户，都能通过学习和掌握这些基本概念和命令，更加高效地利用 Linux 操作系统的强大功能。

学习体验

Linux 的诞生可以追溯到 1991 年。它由芬兰计算机科学学生林纳斯·本纳第克特·托瓦兹（见图 2-4-3）创建，当时他在赫尔辛基大学读书，林纳斯开始为他的个人计算机编写一个新的操作系统内核，最初这个项目只是他的个人爱好。

他的目标是开发一个像 UNIX 一样的操作系统，但比 UNIX 更适合个人计算机的环境。他借鉴了 Minix 操作系统的设计和思想，但决定从头开始编写一个全新的内核。这个新内核最初被命名为"Freax"，这个名字是由"free"（自由）和"x"（UNIX 的传统后缀）组成的混合词。

1991 年 9 月，林纳斯在一个新闻组中宣布

图 2-4-3　Linux 开发者——林纳斯

了他正在开发的操作系统，并邀请其他程序员参与进来。他发布了最初的代码，并很快开始收到了来自全球各地的程序员的帮助和反馈。

知识学习

1. Linux 操作系统概述

（1）Linux 简介

Linux 是一套免费使用和自由传播的类 UNIX 操作系统，是一个多用户、多任务、支持多线程和多 CPU 的分时操作系统。Linux 能运行主要的 UNIX 工具软件、应用程序和网络协议。它支持 32 位和 64 位硬件。Linux 继承了 UNIX 以网络为核心的设计思想，是一个性能稳定的多用户网络操作系统。

（2）Linux 的发行版

Linux 现在有超过 300 个 Linux 发行版，大部分都正处于活跃的开发中，并在不断地进行改进。比较著名的 Linux 发行版包括 Red Hat Enterprise Linux（RHEL）、Fedora、Debian、Ubuntu、Gentoo、SUSE Linux Enterprise、Kubuntu 等，如图 2-4-4 所示。

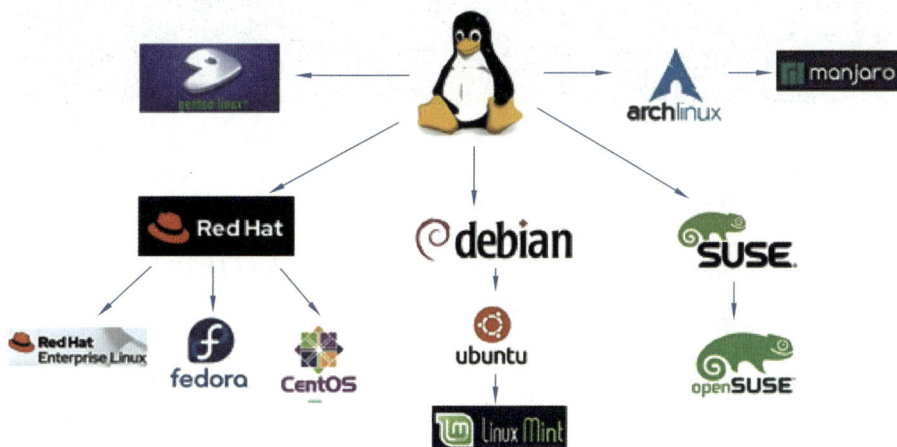

图 2-4-4　Linux 发行版

（3）Linux 的应用领域

Linux 被广泛应用于多个领域。在服务器和数据中心，它凭借稳定性、安全性和可扩展性成为首选；在超级计算机和科研中，Linux 提供强大的并行计算和数据处理能力。此外，Linux 也广泛用于嵌入式设备，如智能手机、路由器等，因其硬件支持和开发工具丰富，无论是大型企业、科研机构还是个人设备，Linux 都以其开源、高效和灵活的特点，展现出了广泛的应用价值。

2. Linux 操作方式

Linux 操作系统可以通过图形界面（GUI）和命令行界面（CLI）两种方式来使用。

（1）使用图形界面（GUI）

大部分流行的 Linux 发行版（如 Ubuntu、Fedora 等）都提供了图形化的桌面环境，通常是基于 GNOME、KDE、XFCE 等桌面环境之一。使用图形界面可以进行类似于 Windows 操作系统的操作。

登录系统：启动计算机后，在登录界面输入用户名和密码登录系统。

桌面环境：选择桌面环境后，会看到类似于 Windows 桌面的用户界面，包括任务栏、菜单、文件管理器等。

应用程序：在图形界面中，可以使用应用商店或命令行安装软件，运行浏览器、办公套件、媒体播放器等应用程序。

（2）使用命令行界面（CLI）

Linux 的命令行界面（也称为 Shell）是许多管理员和开发人员首选的工作方式，尤其是在需要进行系统管理、自动化任务和服务器管理时，如图 2-4-5 所示。常见的 Linux Shell 包括 Bash、Zsh、Fish 等，通常通过终端程序（Terminal）来访问。

图 2-4-5　Linux 命令行界面（CLI）

Linux 的 Shell 是一个命令行解释器，是系统的用户界面，相当于 Windows 系统中的命令提示符，提供了用户与内核进行交互操作的一种接口，它接收用户输入的命令并把它送入内核去执行，并允许用户编写自动化脚本程序。

（3）命令格式

通常一条命令包括三个要素：命令名称、选项、参数。其中命令名称是必须的，选项和参数可以根据实际情况进行填写。

命令格式如下：命令名称［选项］［参数］

命令名称：需要严格区分大小写；

选项：包括一个或多个字母代码，每个参数需要"–"进行引导；

参数：一条命令的参数大于或等于 0 个，且多个参数使用空格隔开。

例如：ls –l /home/username

在这个例子中，ls 是列出目录内容的命令，注意 ls 需要严格区分大小写，意味着 Ls、LS 等都不是有效的命令；–l 是选项，使 ls 命令以长格式列出信息，包括文件权限、所有者、大小等；/home/username 是参数，表示列出 /home/username 目录下的内容。如果省略参数，ls 默认列出当前目录下的内容。

（4）帮助命令

如果要查看某个命令的帮助信息，只需要在 man 这个关键字的后面跟上这个命令即可。

man 命令格式：

man［命令或配置文件］

例如：要查看命令 ls 的帮助信息，输入 man ls 后会弹出图 2-4-6 所示的帮助信息窗口。

图 2-4-6　man 查询帮助

3. vim 编辑器

vim 编辑器是 Linux 系统中一款强大的文本编辑器，适用于各种编程和文本处理任务。在命令行界面中输入 vim［文件名］（文件名可省略），即可打开 vim 编辑器，如图 2-4-7 所示。vim 具有命令、插入、底行三种模式。

命令模式：也称一般模式，这是 vim 的默认模式，不能进行直接的文本编辑，但可以通过快捷键进行光标移动、复制、粘贴、删除等操作。命令模式常使用的命令有：

dd——删除光标所在的一行；

ndd——n 为数字，删除当前行开始的连续 n 行，如 3dd 表示删除当前行及接下来的两行；

dG——删除从光标处开始到文末；

d$——删除光标处到行末；

yy——光标移到需复制的位置，复制一行；

nyy——n 为数字，复制从光标所在行开始的连续 n 行，如 5yy 将复制光标所在行及接下来的 4 行；

p——光标移到需粘贴的位置粘贴。

插入模式：在此模式下可以对文件内容进行编辑。

底行模式：底行模式有保存文件、退出 vim、查找替换等功能。在底行模式输入以下命令可退出 vim 编辑器：

:wq——保存并退出；

:q——不保存退出；

:q!——不保存强制退出。

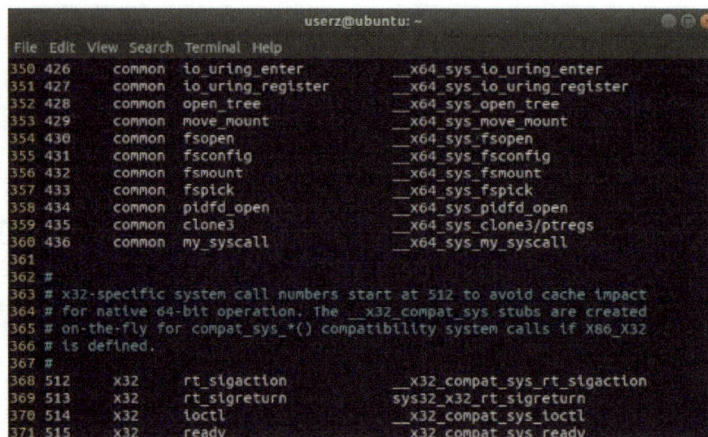

图 2-4-7　vim 界面

三种模式之间转换：

进入 vim 之后，默认处于命令模式，按 Insert 键或 i 可以切换到插入模式。在"插入模式"中，按 Esc 键回到"命令模式"。在"命令模式"下，按:键进入"底行模式，如图 2-4-8 所示。

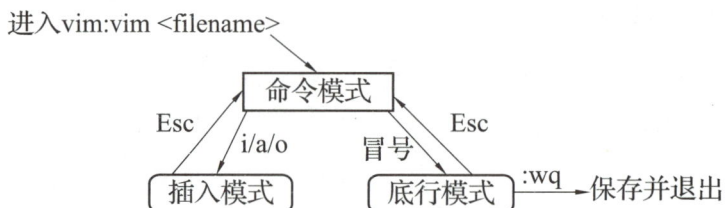

图 2-4-8　三种模式转换

4. Linux 基础设置

（1）网络设置

1）查看网络地址。

命令格式：ifconfig 或 ifconfig < 网卡名 >，如图 2-4-9 所示，使用 ifconfig 命令查看 ens32 网卡信息。

```
[root@localhost centos]# ifconfig ens32
ens32: flags=4163<UP,BROADCAST,RUNNING,MULTICAST>  mtu 1500
        inet 192.168.11.134  netmask 255.255.255.0  broadcast 192.168.11.255
        inet6 fe80::1c88:db54:729f:806e  prefixlen 64  scopeid 0x20<link>
        ether 00:0c:29:29:39:35  txqueuelen 1000  (Ethernet)
        RX packets 5047  bytes 7278823 (6.9 MiB)
        RX errors 0  dropped 0  overruns 0  frame 0
        TX packets 2595  bytes 145369 (141.9 KiB)
        TX errors 0  dropped 0 overruns 0  carrier 0  collisions 0
        device interrupt 18  base 0x2000

[root@localhost centos]#
```

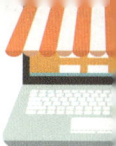

图 2-4-9　查看网络地址

其中主要信息含义如下：

inet：IP 地址；

netmask：子网掩码；

broadcast：广播地址；

inet6：IPv6 地址；

ether：网卡 MAC 地址。

2）修改网络配置。

临时启动与关闭网卡：

ifconfig < 网卡名 > up　　# 打开网卡

ifconfig < 网卡名 > down　# 关闭网卡

临时修改 IP 地址：

ifconfig < 网卡名 > 更改后的 IP 地址，如图 2-4-10 所示。

```
[root@localhost centos]# ifconfig ens32 192.168.50.10
[root@localhost centos]# ifconfig ens32
ens32: flags=4163<UP,BROADCAST,RUNNING,MULTICAST>  mtu 1500
        inet 192.168.50.10  netmask 255.255.255.0  broadcast 192.168.50.255
        inet6 fe80::1c88:db54:729f:806e  prefixlen 64  scopeid 0x20<link>
        ether 00:0c:29:29:39:35  txqueuelen 1000  (Ethernet)
        RX packets 5051  bytes 7279123 (6.9 MiB)
        RX errors 0  dropped 0  overruns 0  frame 0
        TX packets 2597  bytes 145549 (142.1 KiB)
        TX errors 0  dropped 0 overruns 0  carrier 0  collisions 0
        device interrupt 18  base 0x2000
```

图 2-4-10　临时修改 IP 地址

永久修改 IP 地址：

网卡配置文件存放在 /etc/sysconfig/network-scripts/ifcfg-ens32，（ifcfg-ens32 为网卡对应的配置文件，根据不同的网卡名而不同），可用 vim 编辑器进行编辑，如图 2-4-11 所示。

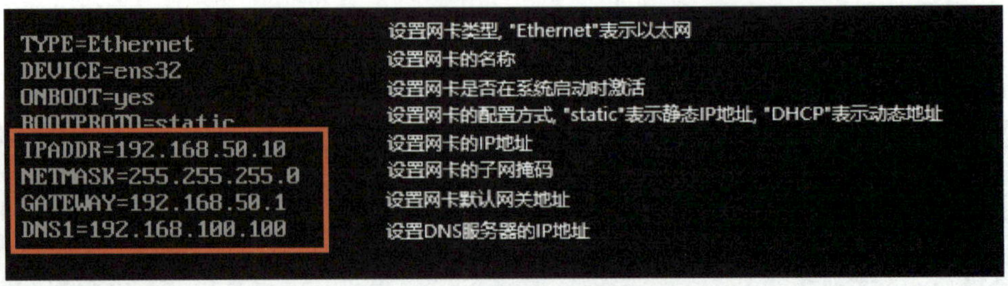

图 2-4-11　永久修改 IP 地址等信息

注：修改配置文件后，需使用命令 systemctl restart network 重启网络服务后才有效。

3）网络虚拟接口设置。

ifconfig ＜网卡名＞:＜序号＞＜IP 地址＞，如图 2-4-12 所示。

图 2-4-12　网络虚拟接口设置

探 究 活 动

假设你是一位 Linux 系统管理员，请运用 vim 编辑器修改本机 IP 地址为 192.168.1.100，子网掩码为：255.255.255.0，网关为 192.168.1.1。

提示：

①首先使用 VIM 打开相应的配置文件，例如：

vim /etc/sysconfig/network-scripts/ifcfg-eth0。

②在 vim 编辑器中，按 i 键进入插入模式。

③找到或添加关于 IP 地址、子网掩码和网关的配置行。对于静态 IP 配置，通常需要设置 BOOTPROTO=static，并添加或修改 IPADDR、NETMASK 和 GATEWAY 字段的值。例如：

BOOTPROTO=static

IPADDR=192.168.1.100

NETMASK=255.255.255.0

GATEWAY=192.168.1.1

（2）Linux 装载光驱

Linux 系统中光驱需要装载才能使用，其操作步骤如下：

①确认系统中已经安装了 mount 命令，如果没有安装，可以通过下列命令安装：

`yum install mount`

②插入光盘到光驱中，然后运行以下命令挂载光驱：

`mount /dev/cdrom　/mnt/cdrom`

其中，/dev/cdrom 代表光驱设备，/mnt/cdrom 代表挂载点，可以根据实际情况进行修改，如图 2-4-13 所示。

```
[root@localhost ~]# mount /dev/cdrom  /mnt/cdrom
mount: /dev/sr0 is write-protected, mounting read-only
[root@localhost ~]# df -h
Filesystem               Size  Used Avail Use% Mounted on
/dev/mapper/centos-root   17G  928M   17G   6% /
devtmpfs                 482M     0  482M   0% /dev
tmpfs                    493M     0  493M   0% /dev/shm
tmpfs                    493M  6.8M  486M   2% /run
tmpfs                    493M     0  493M   0% /sys/fs/cgroup
/dev/sda1               1014M  125M  890M  13% /boot
tmpfs                     99M     0   99M   0% /run/user/0
/dev/sr0                 4.3G  4.3G     0 100% /mnt/cdrom
[root@localhost ~]#
```

图 2-4-13　挂载光驱

③如果需要卸载光驱，可以运行以下命令：

`umount /mnt/cdrom`

注意：在卸载光驱前，确保没有任何文件在挂载点中被打开或使用，否则会导致失败。

（3）Linux 软件包的安装

通常 Linux 系统安装软件常用两种方法：rpm 安装和 yum 安装。

1）rpm 安装。

使用 rpm 命令可以直接安装、查询和管理预编译的软件包，它是一种低级别的包管理方式，适用于那些已经预编译好的软件包。

2）yum 安装。

yum 是基于 rpm 的高级包管理器，提供了依赖性解决、自动更新和远程仓库管理等功能，用户通过 yum 命令可以方便地安装、更新和删除软件包，而无须手动处理依赖关系和下载软件包。

yum 安装命令格式：yum install < 软件名 >

例如：安装一个包名为 lrzsz 的文件传输工具，如图 2-4-14 所示。

```
[root@iZwz9epbvl0koin01nrkb5Z ~]# yum install lrzsz.x86_64
Loaded plugins: fastestmirror
Loading mirror speeds from cached hostfile
Resolving Dependencies
--> Running transaction check
---> Package lrzsz.x86_64 0:0.12.20-36.el7 will be installed
--> Finished Dependency Resolution

Dependencies Resolved
```

图 2-4-14　安装软件包

5. Linux 下的用户与组管理

在 Linux 系统中，用户与组管理是维护系统安全和组织文件权限的基础，是系统管理员的核心职责之一。如何创建、删除用户和组，更改文件和目录的归属，对于维护系统的安全至关重要。在 Linux 操作系统中，可以使用命令 useradd、userdel、groupadd、groupdel 等完成对用户和组的操作。

（1）账户类型

超级用户（root）：拥有对系统的完全控制权限，能够执行所有命令和管理整个系统。

普通用户：日常使用的标准账户，权限受限，不能访问或修改系统关键文件。

系统用户：这些用户通常由系统创建，用于运行特定的服务或进程。

每个用户都有一个唯一的用户名和用户 ID（UID），以及一个主组 ID（GID），用来定义他们所属的初始组。

（2）创建和删除用户或组

1）创建用户。

创建新用户，可以使用 useradd 命令，语法如下：

useradd［选项］用户名

例如，创建一个名为 newuser 的新用户：

```
useradd newuser
```

2）删除用户。

删除用户，可以使用 userdel 命令，语法如下：

userdel［选项］用户名

例如，删除一个名为 olduser 的用户：

```
userdel olduser
```

3）创建组。

创建新组，可以使用 groupadd 命令，语法如下：

groupadd［选项］组名

例如，创建一个名为 newgroup 的新组：

```
groupadd newgroup
```

4）删除组。

删除组，可以使用 groupdel 命令，语法如下：

groupdel［选项］组名

例如，删除一个名为 oldgroup 的组：

```
groupdel oldgroup
```

6. Linux 目录结构

在 Linux 系统中，目录结构是以根目录"/"为起点的树形结构，其中包含了 Linux 系统中的各种文件和子目录。微软的 Windows 也是采用树形结构，但是在 Windows 中这样的树形结构的根是磁盘分区的盘符，有几个分区就有几个树形结构，它们之间的关系是并列的。但是在 Linux 中，无论操作系统管理几个磁盘分区，这样的目录树只有一个，如图 2-4-15 所示。

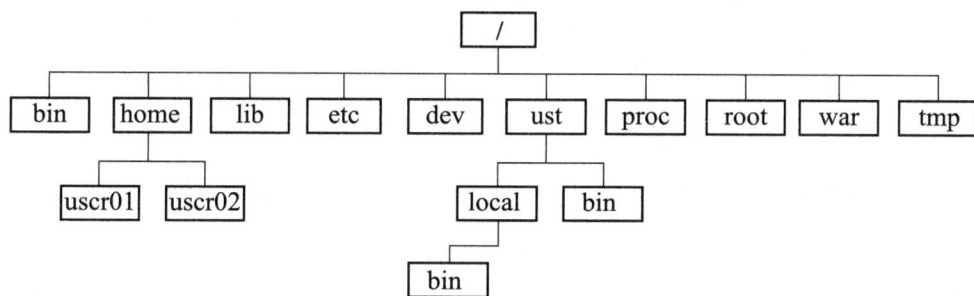

图 2-4-15　Linux 目录结构

表 2-4-1 是 Linux 系统中常见目录及功能。

表 2-4-1　Linux 系统中常见目录及功能

目录名	描述
根目录（/）	根目录是文件系统层次结构的最顶层，包含了所有其他的文件和目录
/bin	存放二进制可执行文件
/sbin	存放系统管理员使用的二进制可执行文件
/etc	存放系统配置文件，如用户、网络、服务等配置文件
/lib	存放共享库文件
/usr	存放用户级别的程序和文件
/tmp	用于存放临时文件。系统重启时，通常会清除这个目录下的内容
/var	用于存放系统运行时生成的文件，如日志文件、缓存等
/home	用于存放用户的个人数据。每个用户都有一个自己的目录，以用户名命名。这些目录通常包含桌面文件、下载、文档、音乐、图片和视频等个人文件夹

续表

目录名	描述
/boot	用于存放内核文件和其他启动时需要的文件。这个目录中的 grub 目录存放 GRUB 引导加载器的配置文件
/dev	用于存放设备文件。这些文件代表了系统的各种设备和接口，如硬盘、鼠标、键盘等。这些特殊文件允许用户和程序与硬件设备进行交互
/proc	虚拟文件系统，存放系统信息和进程信息的文件
/sys	也是虚拟文件系统，用于访问和控制内核的设备驱动程序
/media	用于挂载可移动介质，如 CD-ROM 或 USB 设备
/mnt	用于临时挂载文件系统的通用目录
/opt	用于安装第三方应用程序软件和数据。它主要用于那些不在 /usr/local 下的软件
/lost+found	恢复文件目录，在每个 Linux 文件系统中都有一个 lost+found 目录，用于在发生系统崩溃或意外关机后恢复文件

（1）常见的 Linux 文件与目录命令

表 2-4-2 所示是 Linux 系统中常用文件与目录命令功能及用法示例。

表 2-4-2　Linux 常用文件与目录命令功能及用法示例

命令名称	功能	用法示例
ls	列出目录内容	1. ls # 列出当前目录内容； 2. ls /home # 列出 /home 目录内容
mkdir	创建新目录	mkdir new_directory # 创建名为 new_directory 的目录
cd	改变当前工作目录	1. cd /home # 切换到 /home 目录； 2. cd .. # 切换到上级目录
pwd	打印当前工作目录的完整路径	pwd # 打印当前工作目录路径
rmdir	删除空目录	rmdir empty_directory # 删除名为 empty_directory 的空目录
cp	复制文件或目录	1. cp file.txt /home # 将 file.txt 复制到 /home 目录； 2. cp -r directory/ /home # 将 directory 目录及其内容复制到 /home 目录

（2）Linux 文件与目录权限

在 Linux 中，文件和目录权限是控制对其访问和操作的重要机制。每个文件和目录都有一组权限，用于定义不同用户对其执行读取、写入和执行等操作的权限级别。

1）文件权限。

文件权限包括读取（r）、写入（w）和执行（x）三种权限。

读取权限（r）允许用户查看文件的内容。

写入权限（w）允许用户修改文件的内容或在文件中创建新内容。

执行权限（x）允许用户以可执行文件的方式运行文件。

2）目录权限。

目录权限的含义略有不同。

读取权限（r）允许用户查看目录中的文件列表。

写入权限（w）允许用户在目录中创建、删除或重命名文件。

执行权限（x）允许用户进入目录。

3）权限表示方式。

权限通过三组字符表示，每组字符代表一组对象的权限：所有者权限、所属组权限和其他用户权限。

r 表示读取权限，w 表示写入权限，x 表示执行权限，－ 表示没有相应的权限。

例如：当用 ls 查看一个文件的权限显示为如下的形式：

－rw－ r－－ r－－

其含义如表 2-4-3 所示。

表 2-4-3　"－rw－ r－－ r－－" 含义

显示字符	代表含义	具备的权限
－	文件类型	非目录（而 d 为目录）
rw－	所有者权限	读写，没有执行
r－－	所属组权限	只读，没有写和执行
r－－	其他用户权限	只读，没有写和执行

4）更改文件和目录权限。

命令格式：chmod［选项］＜权限模式＞＜文件或目录＞，权限模式有两种方式：符号方式和数字方式。

①符号方式。

符号方式使用加号（＋）、减号（－）和等号（＝）来设置权限。

例如：

给文件 script.sh 的所有者增加可执行权限：chmod u+x script.sh。

删除文件 script.sh 所属组的可写权限：chmod g-w script.sh。

设置文件 script.sh 的其他用户的权限为只读：chmod o=r script.sh。

②数字方式。

数字方式通过三个数字来设置权限，每个数字对应一组权限（所有者、组、其他用户）。数字的值是 r、w 和 x 权限的总和。例如：

r 等于 4，w 等于 2，x 等于 1。因此，rwx 等于 7（4+2+1）。

例如，要设置文件 script.sh 的所有者有读写执行权限（rwx），组有读和执行权限（r-x），其他用户有只读权限（r--），可以使用以下命令：

```
chmod 754 script.sh
```

5）更改文件所属的用户和组。

在 Linux 系统中，要更改文件或目录所属的用户和组，可以使用 chown 命令。如果想要同时更改文件或目录的所有者和所属组，可以在 chown 命令中同时指定它们，使用冒号（：）分隔，即

chown < 用户名 >：< 组名 >< 文件或目录 >，例如：

有一个文件名为 report.txt 的文件，当前这个文件的所有者是 john 用户，并且它属于 staff 组。现在，想要将这个文件的所有权更改为 alice 用户，并且将它所属的组更改为 developers 组，命令如下：

```
chown alice:developers report.txt
```

实 践 操 作

【任务单】

一个网络运维工程师，对负责管理的一个 Web 服务器进行日常维护。服务器上有一个名为 web_projects 的项目目录，该目录下存放着多个网站的项目文件。今天，他需要完成以下任务：

任务 1：查看 web_projects 目录下的内容。

任务 2：新建一个 new_website 目录，设置权限为 755（即所有者有读 / 写 / 执行权限，组用户和其他用户有读 / 执行权限）。

任务 3：将 project_template 的目录作为项目模板，将其复制到 new_website 目录中。

任务 4：编辑 new_website 项目的配置文件，并保存更改。

任务 1：查看 web_projects 目录下的内容。

打开终端，切换到 web_projects 目录，并使用 ls 命令列出目录内容，如图 2-4-16 所示。

```
[root@a1-server ~]# cd web_projects/
[root@a1-server web_projects]# ls -l
total 4
drwxr-xr-x 12 root root 4096 Jul  8 19:00 project_template
[root@a1-server web_projects]#
```

图 2-4-16　查看目录下的内容

任务2：新建一个 new_website 目录，设置权限为 755。

新项目名为 new_website，使用 mkdir 命令创建目录，并使用 chmod 命令设置权限为 755（即所有者有读/写/执行权限，组用户和其他用户有读/执行权限），如图 2-4-17 所示。

```
[root@a1-server web_projects]# mkdir new_website
[root@a1-server web_projects]# chmod 755 new_website/
[root@a1-server web_projects]#
```

图 2-4-17 新建目录并设置权限

任务3：将 project_template 的目录作为项目模板，将其复制到 new_website 目录中。

使用 cp 命令复制 project_template 目录到新创建的 new_website 目录中，如图 2-4-18 所示。

```
[root@a1-server web_projects]# cp -r project_template/* new_website/
[root@a1-server web_projects]#
```

图 2-4-18 复制目录

任务4：编辑 new_website 项目的配置文件，并保存更改。

进入 new_website 目录，使用 vim 编辑器编辑配置文件（假设配置文件名为 config.php），按 i 键进入插入模式进行修改，完成后按 Esc 键退出插入模式，输入:wq 保存并退出，如图 2-4-19 所示。

```
[root@a1-server web_projects]# cd new_website/
[root@a1-server new_website]# vim config.php
[root@a1-server new_website]#
<?php
// +--------------------------------------------------
// | Cookie设置
// +--------------------------------------------------
return [
    // cookie 保存时间
    'expire'    => 0,
    // cookie 保存路径
    'path'      => '/',
    // cookie 有效域名
    'domain'    => MyFileConfig('common_cookie_domain', '', '', true),
    // cookie 启用安全传输
    'secure'    => false,
    // httponly设置
    'httponly'  => false,
    // 是否使用 setcookie
    'setcookie' => true,
    // samesite 设置, 支持 'strict' 'lax'
    'samesite'  => '',
];
?>

:wq
```

图 2-4-19 编辑配置文件

讨 论 活 动

在现代生活中，随着信息技术的不断发展，越来越多的手机运行了 Linux 操作系统，但在国内，直接使用 Linux 操作系统的手机相对较少，且市场普及度还不是很高，然而，随着开源文化的兴起和Linux在各个领域的应用不断扩展，未来可能会有更多基于Linux或兼容Linux的手机出现。你知道哪些品牌手机使用了Linux操作系统吗？在网上查一查，告诉你周围的同学。

学知砺德

"开源"是Linux的灵魂

为什么Linux从诞生到现在，应用越来越广，得益于它的开源性，它允许任何人自由地使用、修改和分发源代码，这种开放和协作的精神促进了Linux的快速发展和广泛应用。用户可以通过网络或其他途径免费获得，并可以任意修改其源代码，这是其他的操作系统所做不到的。正是由于这一点，来自全世界的无数程序员参与了Linux的修改、编写工作，程序员可以根据自己的兴趣和灵感对其进行改变，这让Linux吸收了无数精华，不断壮大。

如今，Linux已经成为一个庞大的生态系统，拥有数百种不同的发行版和数以万计的应用程序，为全球用户提供了丰富的选择和无限的可能性。目前，Linux已经广泛应用于服务器、个人电脑、嵌入式系统等多个领域，成为全球最受欢迎的操作系统。

习题挑战

1. Linux属于一种（　　）操作系统。

A. 批处理系统　　　　B. 实时系统　　　　C. 分时系统　　　　D. 数据库管理系统

答案：C

解析：Linux是一套免费使用和自由传播的类UNIX操作系统，支持多用户同时在线，每个用户都可以执行自己的程序，互不干扰。因此，属于分时系统。

2. Android系统是基于Linux操作系统开发的手机系统，因此在进行刷机、删除系统自带软件时需要获得管理员账户（　　）的权限。

A. administrator　　　B. admin　　　　C. root　　　　D. liveuser

答案：C

解析：root是Linux系统中超级管理员账户，具有操作系统中最高权限，可以执行操作系统中的任何操作，包括修改任何文件。

3. Linux修改IP地址的命令是（　　）。

A. ifconfig　　　　B. root　　　　C. ping　　　　D. tracert

答案：A

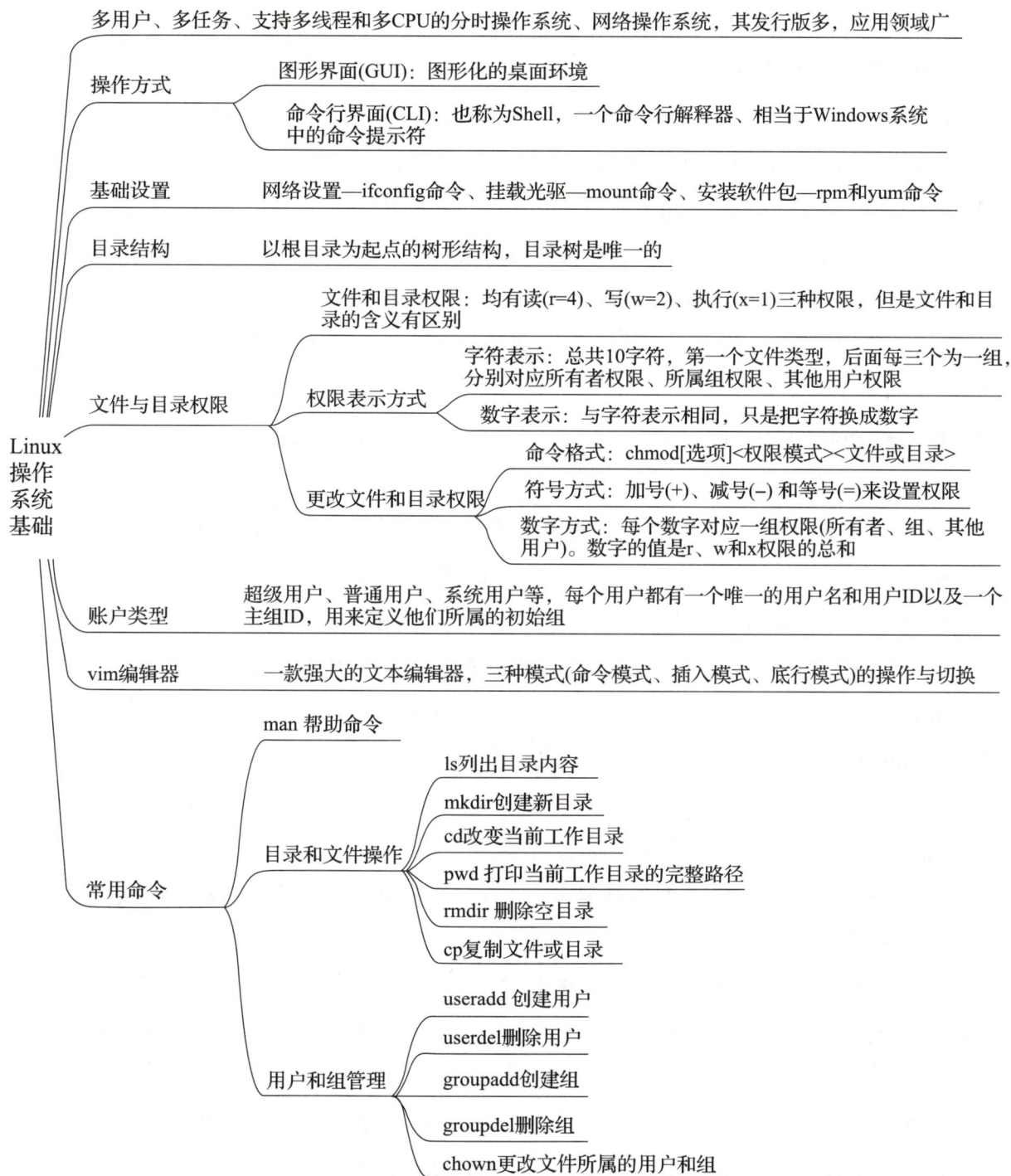

解析：ifconfig 是用于显示或配置网络设备（网络接口卡）的命令；root 是 Linux 系统中超级管理员账户；ping 命令用于检测主机；tracert 为 Windows 路由跟踪实用程序，可以用于确定 IP 数据包访问目标时所选择的路径。

知识导图

多用户、多任务、支持多线程和多CPU的分时操作系统、网络操作系统，其发行版多，应用领域广

操作方式
- 图形界面(GUI)：图形化的桌面环境
- 命令行界面(CLI)：也称为Shell，一个命令行解释器、相当于Windows系统中的命令提示符

基础设置　网络设置—ifconfig命令、挂载光驱—mount命令、安装软件包—rpm和yum命令

目录结构　以根目录为起点的树形结构，目录树是唯一的

文件与目录权限
- 文件和目录权限：均有读(r=4)、写(w=2)、执行(x=1)三种权限，但是文件和目录的含义有区别
- 权限表示方式
  - 字符表示：总共10字符，第一个文件类型，后面每三个为一组，分别对应所有者权限、所属组权限、其他用户权限
  - 数字表示：与字符表示相同，只是把字符换成数字
- 更改文件和目录权限
  - 命令格式：chmod[选项]<权限模式><文件或目录>
  - 符号方式：加号(+)、减号(-)和等号(=)来设置权限
  - 数字方式：每个数字对应一组权限(所有者、组、其他用户)。数字的值是r、w和x权限的总和

账户类型　超级用户、普通用户、系统用户等，每个用户都有一个唯一的用户名和用户ID以及一个主组ID，用来定义他们所属的初始组

vim编辑器　一款强大的文本编辑器，三种模式(命令模式、插入模式、底行模式)的操作与切换

常用命令
- man 帮助命令
- 目录和文件操作
  - ls列出目录内容
  - mkdir创建新目录
  - cd改变当前工作目录
  - pwd 打印当前工作目录的完整路径
  - rmdir 删除空目录
  - cp复制文件或目录
- 用户和组管理
  - useradd 创建用户
  - userdel删除用户
  - groupadd创建组
  - groupdel删除组
  - chown更改文件所属的用户和组

（Linux操作系统基础）

📡 任务习题

一、单选题

1. 在 Linux 下保存系统管理命令的目录是（   ）。

A. /system   B. /usr/bin   C. /bin   D. /sbin

2. 在 Shell 脚本中，哪个符号表示后面的内容是注释？（   ）

A. #！   B. #   C. @   D. %

3. 删除文件的命令为（   ）。

A. mkdir   B. delete   C. rmdir   D. rm

4. 下面不是对 Linux 操作系统特点描述的是（   ）。

A. 开放性   B. 单用户   C. 多用户   D. 多任务

5. 以下权限中，只有 root 用户才有权读写的是（   ）。

A. −rw−r−−r−   B. −rw−rw−rw   C. −r−rw−rw   D. −rw−−−−−−

6. 现有一个名为 document.txt 的文件，需给全部用户组添加读取权限，以下哪个命令是正确的？（   ）

A. chown :group document.txt   B. chown group document.txt

C. chmod g+r document.txt   D. chmod g+w document.txt

7. Linux 文件权限一共 10 位长度，分成四段，第三段表示的内容是（   ）。

A. 文件类型   B. 文件所有者的权限

C. 文件所有者所在组的权限   D. 其他用户的权限

8. 默认情况下管理员创建了一个用户，就会在（   ）目录下创建一个用户主目录。

A. /usr   B. /home   C. /root   D. /file

9. 在 Vim 中，使用什么命令可以进入插入模式？（   ）

A. i   B. a   C. c   D. l

10. vim 是一种（   ）类型的编辑器。

A. 图形化编辑器   B. 文本编辑器   C. 代码编辑器   D. 图文编辑器

二、多选题

1. Linux 系统中，vim 编辑器的工作模式有（   ）。

A. 终端模式   B. 命令模式   C. 编辑模式   D. 底行模式

2. Linux 的主要应用领域有（   ）。

A. 服务器和数据中心   B. 超级计算机和科学研究

C. 嵌入式系统   D. 移动设备

E. 桌面计算机和工作站

3. Vim 中哪些命令用于保存和退出？（　　　）

A. :wq B. :w C. :q D. :x

E. :q!

三、判断题

1. Linux 是一种基于 UNIX 的操作系统。（　　　）

2. Linux 是一种多用户多任务的操作系统。（　　　）

3. Linux 中默认只能使用 Admin 管理员来重启或关闭系统。（　　　）

4. Linux 系统中用于显示目录中的文件信息是 LS −a 命令。（　　　）

5. Linux 的文件系统是一个目录树。（　　　）

任务5 操作系统进阶应用

计算机技术发展到今天，Windows 操作系统作为当前主流操作系统之一，不仅实现了对文件和文件夹的高效管理，还为用户提供了很多实用程序，如磁盘整理、命令提示符、设备管理器等。掌握其用法，可以帮助我们更加高效地使用 Windows 操作系统。

任务情景

因为一次计算机感染病毒，我不得不重新安装 Windows 10 操作系统，但在安装过程中，却遇到了安装程序无法识别硬盘驱动器的问题，如图 2-5-1 所示，我发现通过加载最新的驱动程序可以解决这个问题，最终成功地安装好了全新的操作系统。然而，随着时间的推移，新安装的 Windows 10 系统运行速度逐渐减缓，操作时出现了卡顿的现象。为了恢复系统的流畅与高效，我深入研究了各种优化方法，清理了临时文件，关闭了不必要的后台程序，这些措施显著提升了系统的响应速度和整体性能，让我的计算机重新焕发出活力。这些经历让我明白掌握一些 Windows 操作系统的高级应用技巧是必要的。

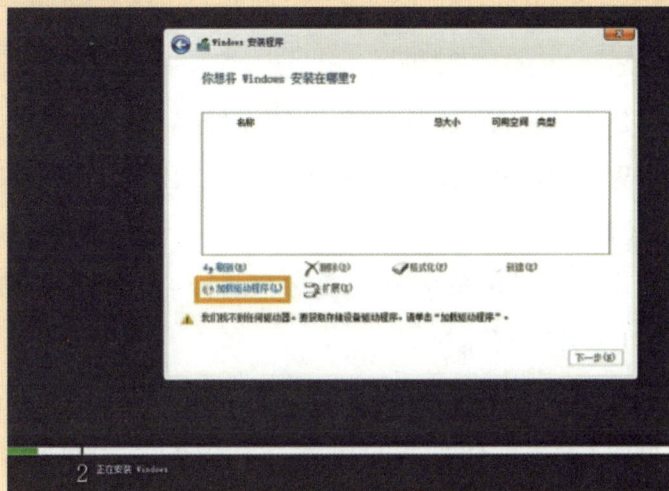

图 2-5-1 安装 Windows 时找不到硬盘

学习体验

你的电脑使用什么操作系统？内存有多大？处理器是什么型号？相信有许多人会遇到这样的问题，如何快速查到这些参数呢？在 Windows 操作系统中有一个叫"系统信息"的选项可以帮助我们解决这个问题，只要右击桌面上的"此电脑"（或"计算机"）图标，选择"属性"就可以看到，如图 2-5-2 所示。

知识学习

1. 安全模式

安全模式是 Windows 操作系统的一项独特功能，其核心在于以最小系统模式启动计算机，而不加载任何第三方设

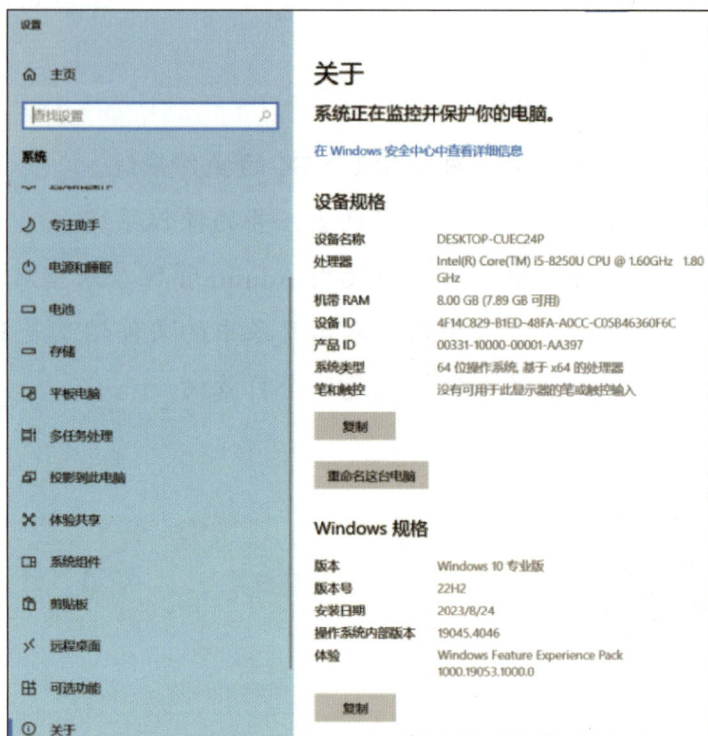

图 2-5-2　Windows 10 系统信息

备驱动程序。这一特性使计算机在启动时仅加载必要的系统组件，从而提供一个干净、稳定的环境。

在 Windows 安全模式下，用户可以修复系统故障、恢复系统配置、删除顽固文件、彻底清除病毒等，帮助用户解决可能遇到的多种系统问题。

> 提示：在 Windows 7 操作系统下，计算机加电后立刻按下 F8 键，从高级启动选项中，选择"安全模式"可以进入安全模式，而 Windows 10 由于采用快速启动功能，无法直接通过 F8 键进入安全模式，但按照以下步骤也能进入：按下 Shift 键 + 重启，在高级启动选项菜单中，选择"疑难解答"→"高级选项"→"启动设置"，再单击"重启"按钮后，选择并进入安全模式。

2. 安装 Windows 10 操作系统

Windows 系列操作系统是目前主流的操作系统之一，目前使用较多的版本是 Windows 10。

（1）安装方式

操作系统的安装方式通常有两种：升级安装和全新安装。

1）升级安装。

计算机中已有操作系统，只是将其升级为更高版本，升级安装会保留旧系统中的部分文件，保留原有数据的设置。升级安装相对较容易，但也会把旧操作系统中的问题遗留下来。

2）全新安装。

在硬盘中没有任何操作系统的情况下进行安装。如果计算机中有操作系统，但在安装新的操作系统时，将系统盘进行了格式化，这种安装也属于全新安装。全新安装又分为使用光盘安装和使用 U 盘安装两种。

（2）安装 Windows 10 操作系统对硬件配置的要求

Windows 10 硬件系统要求如表 2-5-1 所示。

表 2-5-1　Windows 10 硬件系统要求

项目	要求
CPU	1GHz 及以上 32 位或 64 位处理器
内存	1GB RAM（32 位）或 2GB RAM（64 位）
硬盘	16GB（32 位）或 20GB（64 位）
显卡	DirectX9 或更高版本（包含 WDDM 1.0 驱动程序）
分辨率	至少 1024×768 的屏幕分辨率

（3）Windows 10 操作系统版本

①Windows 10 家庭版：适用于普通用户，包含核心功能如 Edge 浏览器、虚拟桌面等。

②Windows 10 专业版：面向技术爱好者和企业，除家庭版功能外，增加安全及办公功能，支持远程和云技术。

③Windows 10 企业版：专为企业设计，提供强大的功能，如 Direct Access、AppLocker 等，需通过批量许可服务渠道获取，普通用户无法直接购买。

④Windows 10 教育版：针对大型学术机构，与企业版功能相似，主要差异在于更新选项。

（4）安装中文 Windows 10 的基本步骤

安装中文 Windows 10 的基本步骤如图 2-5-3 所示。

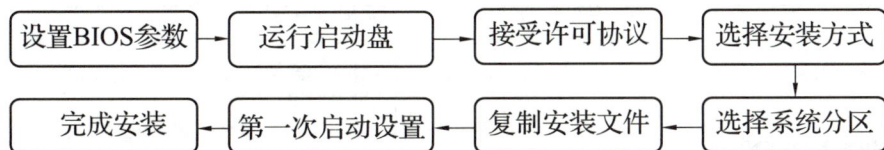

图 2-5-3　安装中文 Windows 10 的基本步骤

实践操作

1. 制作启动盘（U 盘）

1）准备一个 8G 或以上的空白 U 盘作为启动盘。

2）使用网址 https://www.microsoft.com/zh-cn/software-download/Windows 10/，进入"下载 Windows 10"页面，单击"立即下载工具"按钮下载制作工具，如图 2-5-4 所示。

是否希望在您的电脑上安装 Windows 10？

要开始使用，您需要首先获得安装 Windows 10 所需的许可，然后下载并运行媒体创建工具。有关如何使用该工具的详细信息，请参见下面的说明。

立即下载工具

图 2-5-4　下载工具

3）工具下载完成后，运行该工具（对应文件），并"接受"许可条款，如图 2-5-5 所示。

4）进入准备界面，如图 2-5-6 所示。

图 2-5-5　声明和许可条款

图 2-5-6　准备界面

5）稍等片刻，弹出图 2-5-7 所示的界面，选择"为另一台电脑创建安装介质（U 盘、DVD 或 ISO 文件）"选项，单击"下一步"按钮。

6）选择语言、版本和体系结构，单击"下一步"按钮，如图 2-5-8 所示。

图 2-5-7　选择要执行的操作

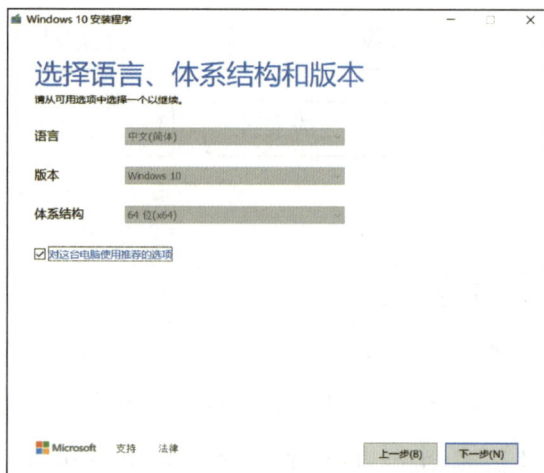

图 2-5-8　选择语言、体系结构和版本

7）选择U盘，单击"下一步"按钮，如图2-5-9所示。这时要保证计算机上插有U盘，不然就会显示找不到U盘。

8）弹出"选择U盘"界面，选择应使用的U盘，如图2-5-10所示，单击"下一步"按钮即可。

图2-5-9 选择介质

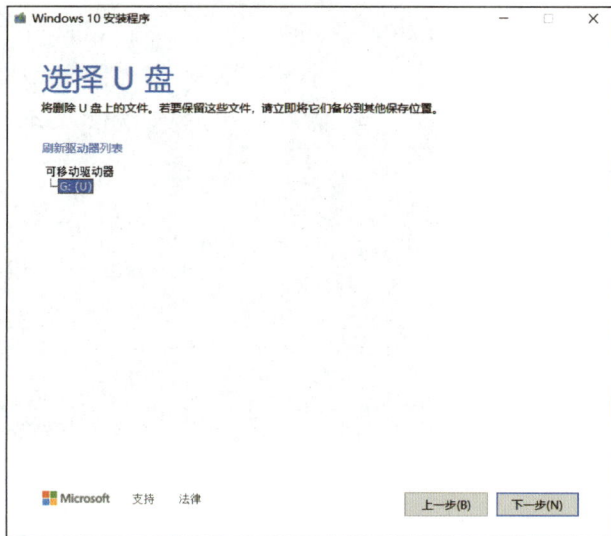

图2-5-10 选择U盘

9）耐心等待片刻，U盘启动盘即可制作完成。在这期间可以正常使用计算机。

2. 安装Windows 10操作系统

1）将制作好的U盘启动盘插入需要安装操作系统的计算机，重启计算机，进入BIOS，使用方向键选择"EFI USB Device"，即从U盘启动计算机，如图2-5-11所示。

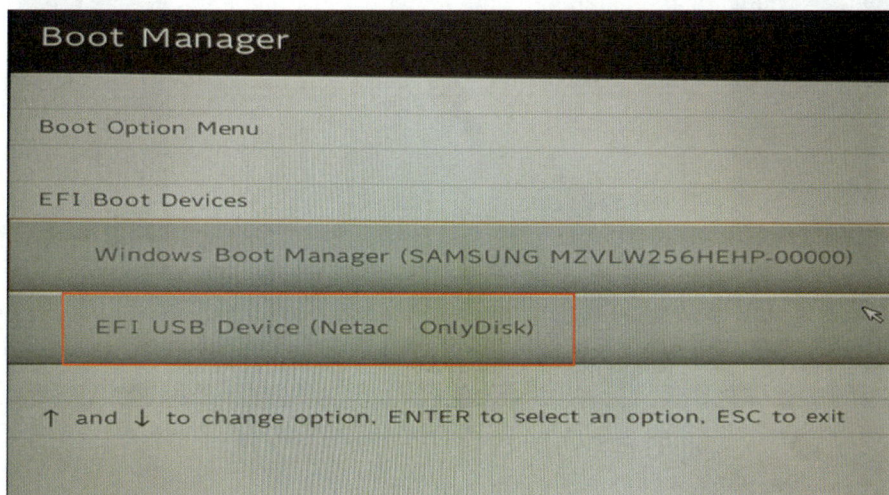

图2-5-11 BIOS界面

2）U盘引导硬件系统启动后，会出现系统安装对话框，如图2-5-12所示，单击"下一步"按钮后，在弹出的界面中再单击"现在安装"按钮。

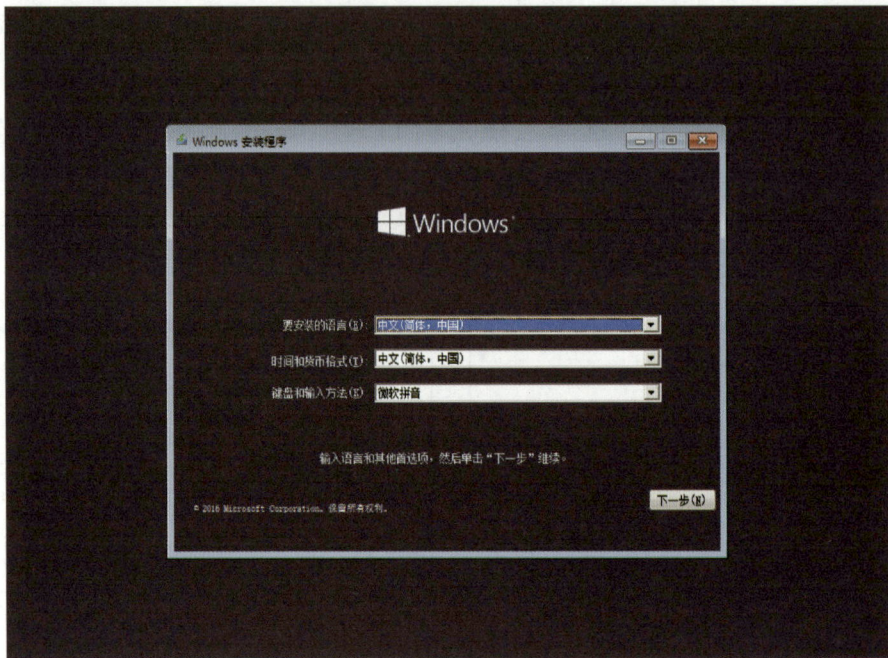

图 2-5-12　系统安装对话框

3）勾选"我接受许可条款"复选框，单击"下一步"按钮，如图 2-5-13 所示。

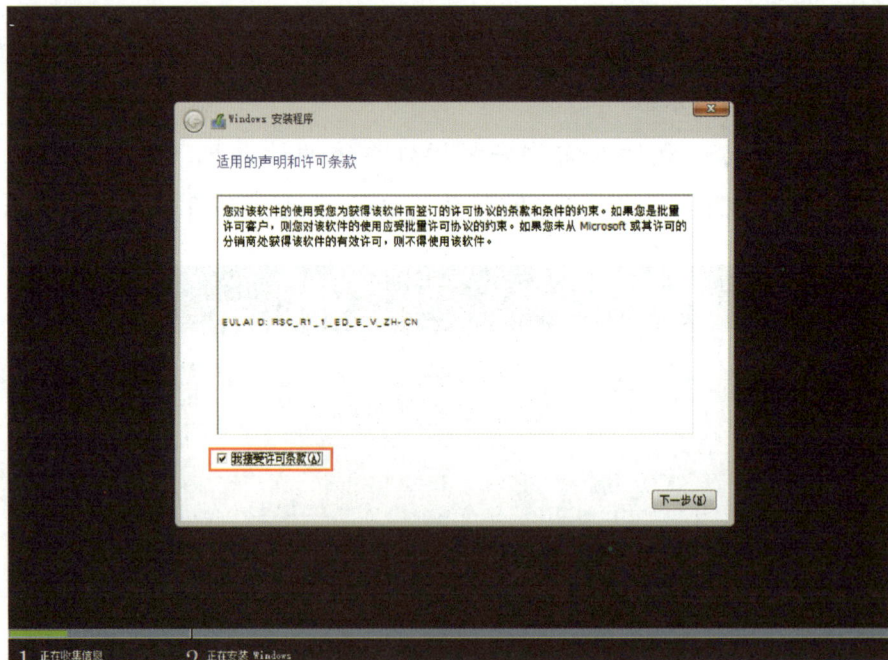

图 2-5-13　适用的声明和许可条款

4）选择安装类型：有两种安装类型"升级"和"自定义"，如图 2-5-14（a）所示，因是以全新安装 Windows 10 为例，故选择"自定义"。

接着选择安装位置：如图 2-5-14（b）所示，显示了所有可用硬盘和分区，通常操作系统要安装在第 1 个主分区上，即图中所示的"驱动器 0 分区 2"就是第 1 个主分区（系统保留分区除外）。

（a） （b）

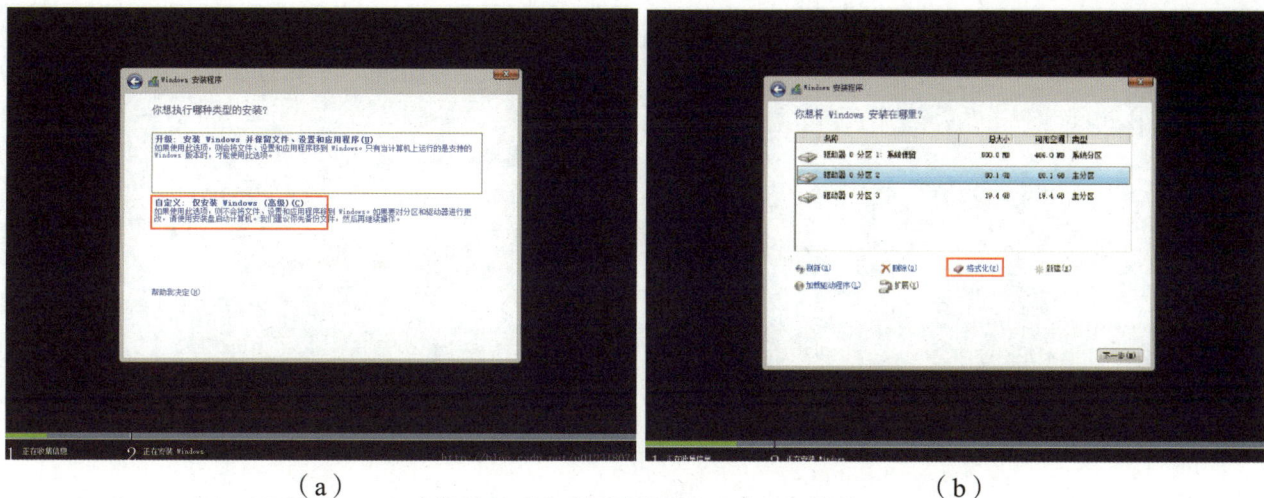

图 2-5-14　选择安装类型和安装位置

格式化分区：如果选择的分区已经包含旧的数据或旧的操作系统，并且你希望彻底清空它以进行全新安装，那么你需要选择该分区并单击"格式化"以删除该分区上的所有数据，但不会影响电脑上的其他分区。

单击"下一步"按钮，Windows 10 的安装程序将开始复制文件到选定的分区，并准备安装。

5）如图 2-5-15 所示，安装完成后会出现重启界面，此时可直接拔出 U 盘，让其自动重启。

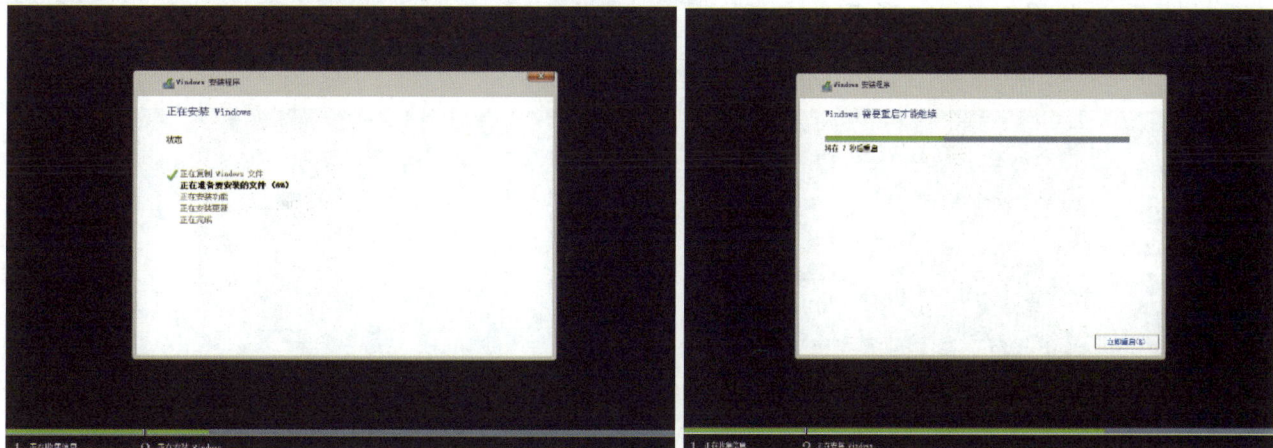

图 2-5-15　安装 Windows 10

6）重启后进入"快速上手"设置界面。建议单击"自定义"按钮，逐一将"自定义设置"中的所有选项都设置为"关"，如图 2-5-16 所示。

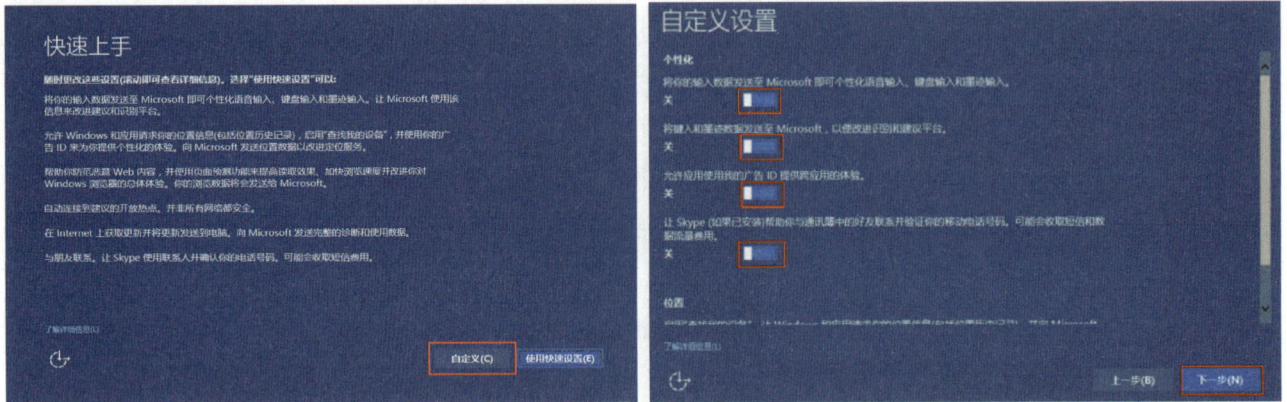

图 2-5-16 自定义设置

7）当出现图 2-5-17 所示的界面时，选择"加入本地 Active Directory 域"选项，然后单击"下一步"按钮。

8）设置用户名和密码。建议将用户名设为英文，设置密码和密码提示（如果不填密码就默认为没有密码），密码提示会在输入密码错误时出现，如图 2-5-18 所示。单击"下一步"按钮，耐心等待一段时间后，进入 windows 10 系统桌面，如图 2-5-19 所示，安装结束。

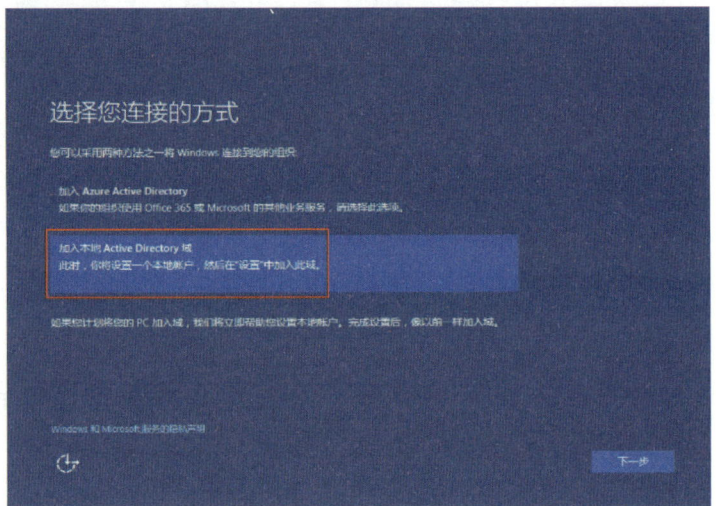

图 2-5-17 选择连接方式

图 2-5-18 创建账户

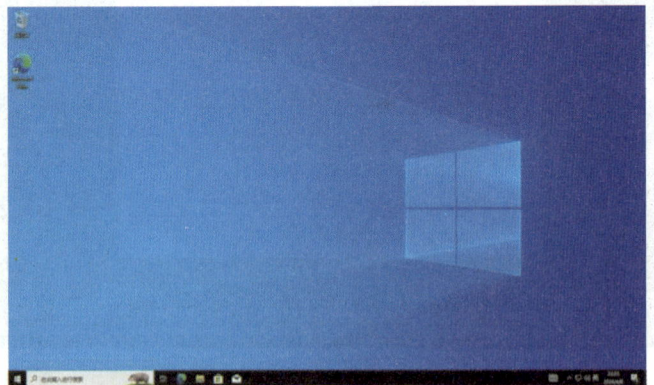

图 2-5-19 刚安装 Windows 10 后的桌面

3. 激活 Windows 10 操作系统

刚刚安装完的 Windows 10，在激活以前，无法进行更多设置。右击桌面上的"此电脑"图标，选择"属性"，打开"系统信息"界面。依次单击"激活 Windows">"更改产品密钥"，输入从微软官方网站购买的正版密钥后，单击"下一步"按钮即可激活。

3. 磁盘工具

磁盘工具是 Windows 系统提供的一组管理和维护磁盘的工具，可以帮助用户进行磁盘分区、格式化、磁盘清理、碎片整理等，如表 2-5-2 所示。

表 2-5-2　Windows 磁盘工具

工具名称	作用
磁盘分区	把磁盘划分为几个逻辑部分，分类存储数据
磁盘格式化	用指定的文件系统格式将磁盘分区初始化
磁盘清理	删除临时文件、清空回收站和其他不需要的项，释放磁盘空间
碎片整理	整理磁盘"碎片"，使文件占用连续的空间，提高文件访问速度

（1）磁盘分区

在使用新购买的磁盘之前，需要对其进行初始化。这个过程会在磁盘上创建一个分区表，用于记录磁盘上各个分区的信息。在 Windows 操作系统中，可以选择将磁盘初始化为 MBR 分区形式（主引导记录）或 GUID 分区形式（全局唯一标识分区表）。在一个 MBR 分区表的硬盘中最多只能存在 4 个主分区或 3 个主分区加 1 个扩展分区，而 GUID 分区表则支持最多 128 个分区，且不区分主分区和扩展分区。

（2）磁盘格式化

1）低级格式化与高级格式化。

无论是低级格式化还是高级格式化，都会破坏磁盘中的数据。机械硬盘的低级格式化常由生产厂家来完成，目的是划定磁盘可供使用的扇区和磁道并标记有问题的扇区。而固态硬盘由于工作原理与机械硬盘不同，并不需要低级格式化。

磁盘（包括机械硬盘、固态硬盘、U 盘等）的格式化通常是指高级格式化，是对整个磁盘或某个分区进行操作的。在此过程中，用户可以设置磁盘或分区的卷标、选择文件系统格式和分配单元大小，以及是否执行快速格式化。

2）格式化与快速格式化。

格式化会扫描整个磁盘，检测并标记坏道，同时彻底清除磁盘上的所有数据。而快速格式化不会检查磁盘上的坏扇区，并且只删除文件系统的索引部分，不真正擦除数据，所以格式化速度会更快。

（3）磁盘清理

计算机使用一段时间后会生成大量的临时文件、缓存文件、回收站文件等，这些文件会占用大量的磁盘空间。通过磁盘清理，能有效地释放磁盘空间，提高计算机的运行速度。

（4）碎片整理

碎片整理主要对机械硬盘有意义。随着磁盘上数据的频繁写入、删除和修改，磁盘中的文件可能会被分散存储在不同的磁盘扇区上，形成碎片，导致读取数据时磁头在磁盘的多个位置查找，降低文件访问速度。

碎片整理能将磁盘上分散的文件片段重新组合，使其连续地存储在一个或几个连续的磁盘区域上，以减少磁头在读取时移动的次数和距离，从而提高访问速度。对于固态硬盘而言，碎片整理不是必需的，因为它的读写性能不受数据物理位置的影响。

实践操作

1. 磁盘分区

（1）打开"磁盘管理"工具

方法1：右击"此电脑"图标，从弹出的快捷菜单中选择"管理"命令，打开"计算机管理"窗口，展开"存储"选项，单击"磁盘管理"。

方法2：按下 Win + X 键，从弹出的快捷菜单中选择"磁盘管理"命令。

方法3：在搜索栏中输入"磁盘管理"后按下回车键。

在"磁盘管理"窗口中，上方显示各分区的卷名（驱动器号）、布局、类型、文件系统、状态和容量等。下方以图形方式显示当前计算机系统安装的所有物理磁盘及其分区情况。使用"磁盘管理"工具可以实现创建分区、删除分区、格式化分区等操作。

（2）新建分区

在打开的"磁盘管理"窗口中，右击未分配的空间，在快捷菜单中选择"新建简单卷"命令，之后按照向导的指示，依次指定分区的大小、分配驱动器号、选择文件系统、设置卷标，即可完成创建，如图 2-5-20 所示。

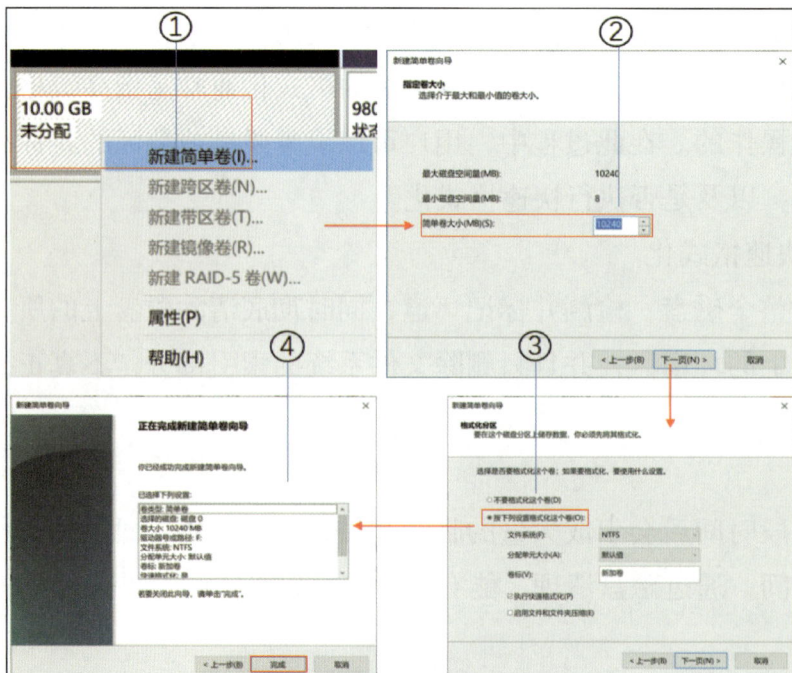

图 2-5-20　新建分区

2.磁盘格式化

方法1：打开"此电脑"窗口，右击要格式化的分区，在快捷菜单中选择"格式化"命令，之后根据需要设置文件系统格式、分配单元格大小、卷标、是否快速格式化等参数，完成后单击"开始"按钮开始格式化，当进度条达到100%即完成了格式化，如图2-5-21所示。

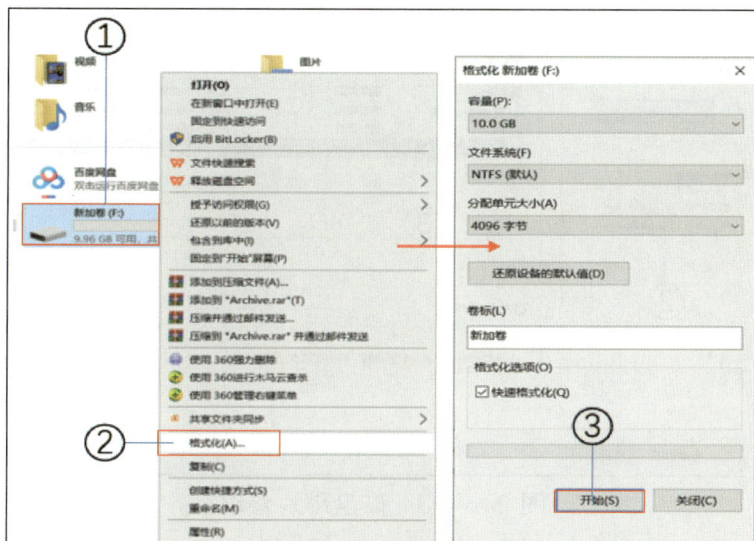

图2-5-21　磁盘格式化

方法2：在"磁盘管理"窗口中，选中需要格式化的分区，右击后选择"格式化"命令，之后的操作与方法1相似。

3.磁盘清理

打开"此电脑"窗口，右击想要清理的分区（如C：），在弹出的快捷菜单中选择"属性"命令，打开"属性"对话框，在对话框中单击"磁盘清理"按钮，系统将扫描磁盘上的临时文件和其他可删除的文件，等待扫描完成后，选择想要删除的文件类型，单击"确定"按钮即可开始清理，如图2-5-22所示。

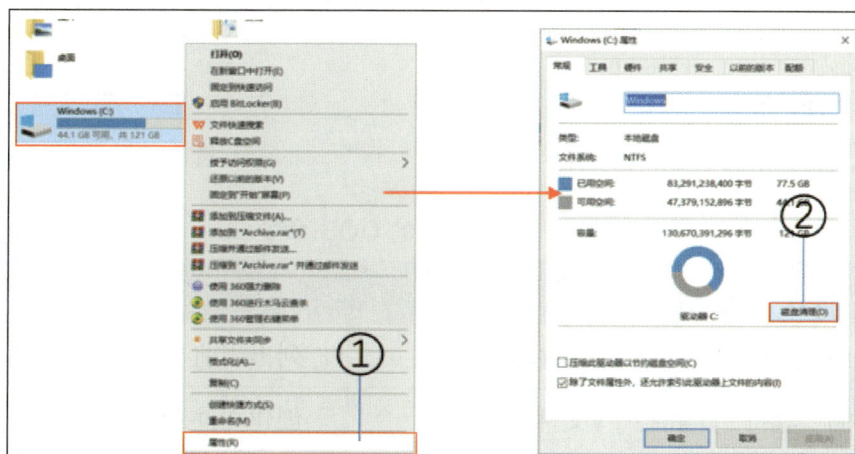

图2-5-22　磁盘清理

4. 碎片整理

方法：在"此电脑"窗口，右击任意分区，打开"磁盘属性"对话框，单击"工具"选项卡中的"优化"按钮，选择要整理的分区，单击"优化"按钮即开始碎片整理，整理过程可能需要一些时间，耐心等待即可，如图2-5-23所示。

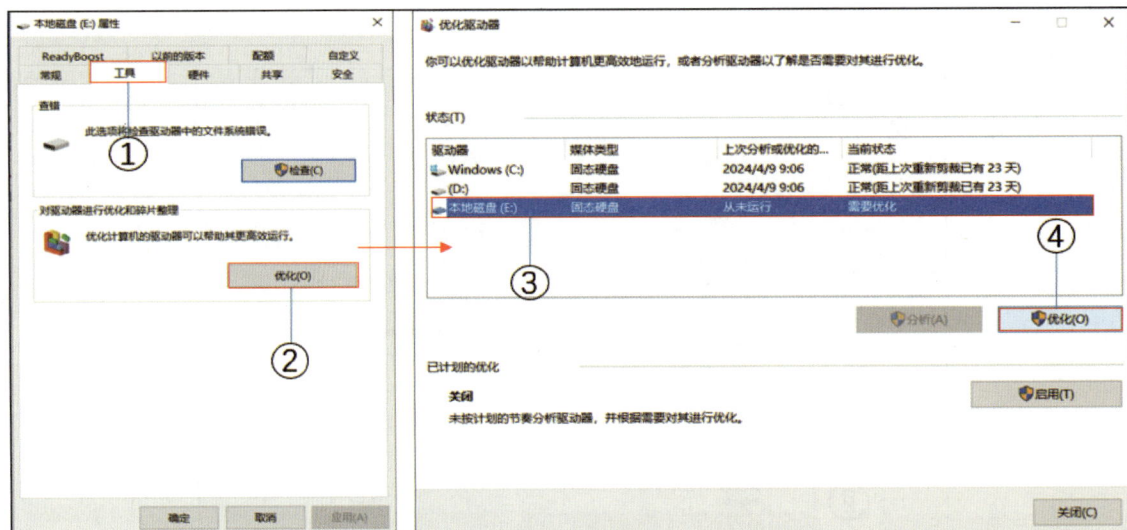

图2-5-23　磁盘碎片整理

4. CMD

CMD是Windows的"命令提示符"程序，一种命令行工具。通过"命令提示符"窗口，可以运行Windows命令行工具支持的命令，从而实现对应操作，甚至可以完成图形界面下不易完成或不易观察的操作。

（1）打开"命令提示符"窗口

在任务栏搜索框中输入"命令提示符"或"cmd"后按Enter键，或使用Win+R键打开"运行"窗口后，输入"cmd"，单击"确定"按钮。

（2）关闭"命令提示符"窗口

单击"命令提示符"窗口右上角的"关闭"按钮或在命令提示符后输入"Exit"命令后按Enter键。

（3）常用的DOS命令

常用的DOS命令如表2-5-3所示。

教学视频：使用CMD命令

表2-5-3　常用的DOS命令

CMD命令	命令格式	命令作用
dir	dir［盘符：］［路径］\文件名	列出当前文件夹中的子文件夹和文件
md	md［盘符：］［路径］\文件夹名	创建文件夹

CMD 命令	命令格式	命令作用
copy	copy 源文件名 目标文件名	复制文件夹或文件到另一个位置
ren	ren［盘符:］［路径］文件名1 文件名2	重命名文件夹或文件
del	del［盘符:］［路径］\ 文件名	删除文件
cd	cd［盘符:］［路径］\ 文件夹名	改变当前文件夹
rd	rd［盘符:］［路径］\ 文件夹名	删除文件夹

实 践 操 作

现需要对电脑 E 盘中的文件进行整理，文件夹结构如图 2-5-24 所示，任务单如图 2-5-25 所示。

图 2-5-24　需整理的文件夹结构

任务单

任务1：显示E盘下"Project"文件夹的子文件夹和文件；

任务2：在"Project"文件夹下创建子文件夹"Docs"；

任务3：将E盘根文件夹下名为"report.txt"的文件复制到"Project\Docs"文件夹中；

任务4：将"oldname.docx"重命名为"newname.docx"；

任务5：删除E盘根文件夹下名为"report.txt"的文件；

任务6：将当前文件夹改为E:\Project；

任务7：删除"Project"文件夹下名为"Temp"的空文件夹。

图 2-5-25　任务单

任务 1：显示文件夹结构。

显示 E 盘下 Project 文件夹结构，在命令提示符后面输入 dir E:\Project 命令，操作方法和结果如图 2-5-26 所示。

图 2-5-26　显示文件夹结构

任务 2：创建新的文件夹。

在 E 盘根文件夹下的 Project 文件夹下创建子文件夹 Docs，输入命令 md E:\Project\Docs，操作方法及在资源管理器中的显示结果如图 2-5-27 所示。

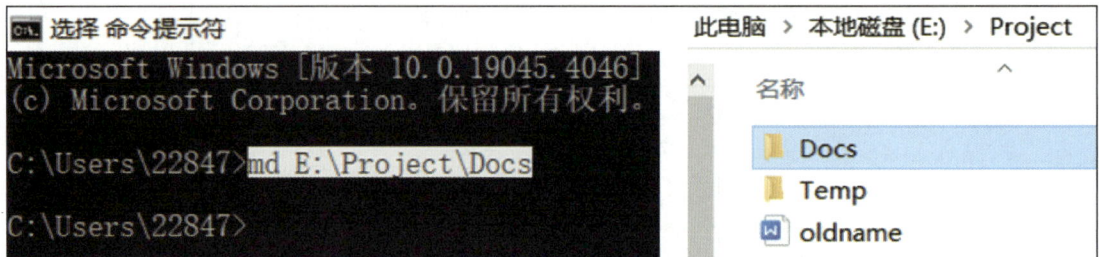

图 2-5-27　创建新的文件夹及其结果

任务 3：复制指定文件到新的文件夹。

将 E 盘根文件夹下名为"report.txt"的文件复制到"Project\Docs"文件夹中，输入命令 copy E:\report.txt　E:\Project\Docs，操作方法和结果如图 2-5-28 所示。

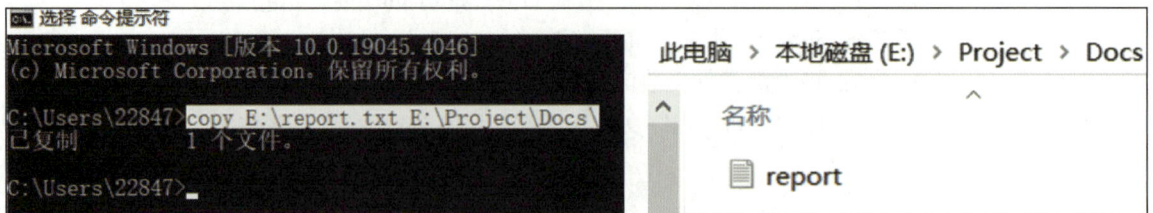

图 2-5-28　复制指定文件到新的文件夹及其结果

任务 4：重命名文件。

将"oldname.docx"重命名为"newname.docx"，输入命令 ren E:\Project\oldname.docx newname.docx，操作方法和结果如图 2-5-29 所示。

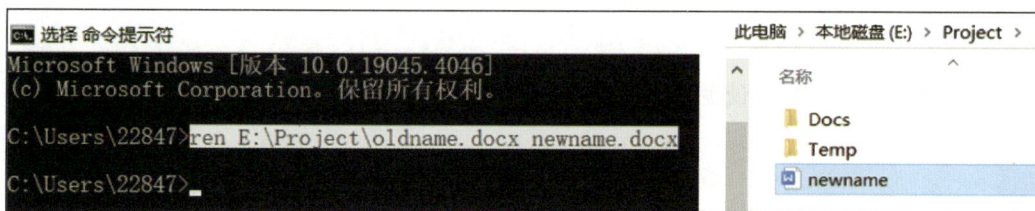

图 2-5-29　重命名文件及其结果

任务 5：删除文件。

删除 E 盘文件夹下名为"report.txt"的文件，输入命令 del E:\report.txt，操作方法和结果如图 2-5-30 所示。

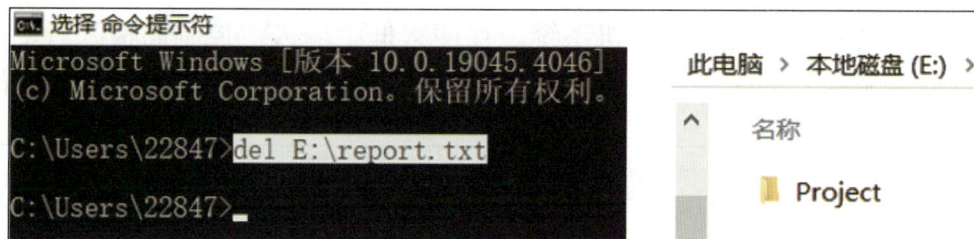

图 2-5-30　删除文件及其结果

任务 6：改变当前文件夹。

将 E 盘下的 Project 文件夹改为当前文件夹，先输入 E：改变当前盘符，再输入 cd Project，操作方法和结果如图 2-5-31 所示。

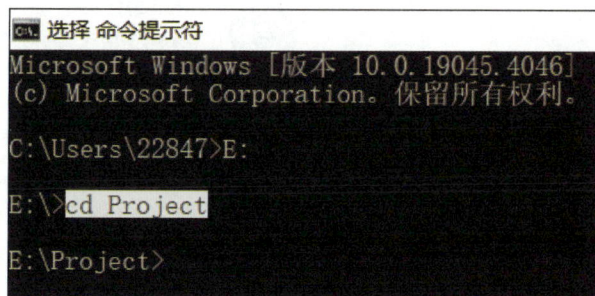

图 2-5-31　改变当前文件夹及其结果

任务 7：删除文件夹。

删除 Project 文件夹下名为 Temp 的空文件夹，输入命令 rd E:\Project\Temp，操作方法和结果如图 2-5-32 所示。

图 2-5-32　删除文件夹及其结果

探 究 活 动

如果有一个非空文件夹，使用 rd 命令能直接删除吗？如果不能，应该怎么办？

> **提示：**
>
> rd 命令有两个参数：/s 表示删除文件夹及其所有子文件夹和文件，/q 表示安静模式，结合使用 /s 和 /q 可以在不提示任何确认信息的情况下进行删除操作。
>
> 例：删除 Project 文件夹及它的子文件夹和文件，命令是 rd /s /q E:\ Project。

5. 控制面板

控制面板是 Windows 操作系统的重要管理工具之一，它为用户提供了一个集中的管理界面，帮助用户轻松地管理和配置计算机系统。在搜索框中输入"控制面板"后单击就可以打开。控制面板共有类别、大图标、小图标三种查看方式，图 2-5-33 所示为"类别"方式。

图 2-5-33　所示控制面板"类别"查看方式

教学视频：
管理硬件

实 践 操 作

1. 添加打印机

打印机需要安装驱动程序才能正常使用。用户可以通过"控制面板"中的"硬件和声音"来添加打印机。

1）准备打印机：将打印机连接到计算机的 USB 接口，接好打印机的电源线，并打开电源，确保打印机处于工作状态。

2）添加打印机：在"控制面板"的"硬件和声音"窗口中，单击"设备和打印机"，单击窗口顶部的"添加打印机"按钮，系统开始搜索可用的打印机，选择你的打印机型号，单击"下一步"按钮。如果系统没有自动检测到你的打印机，选择"我需要的打印机未列出"，然后根据提示进行手动添加。

3）选择打印机端口：单击"使用现有的端口"，在右边的列表中选择打印机端口。

4）安装打印机驱动程序：选择打印机厂商和型号，单击"下一步"按钮。

5）输入打印机名称：输入打印机名称，单击"下一步"按钮。

6）完成安装：等待驱动程序安装完成，系统通常会提示你安装成功。

7）测试打印：为了确保打印机已成功安装并可以正常工作，建议进行一次测试打印。安装过程如图 2-5-34 所示。

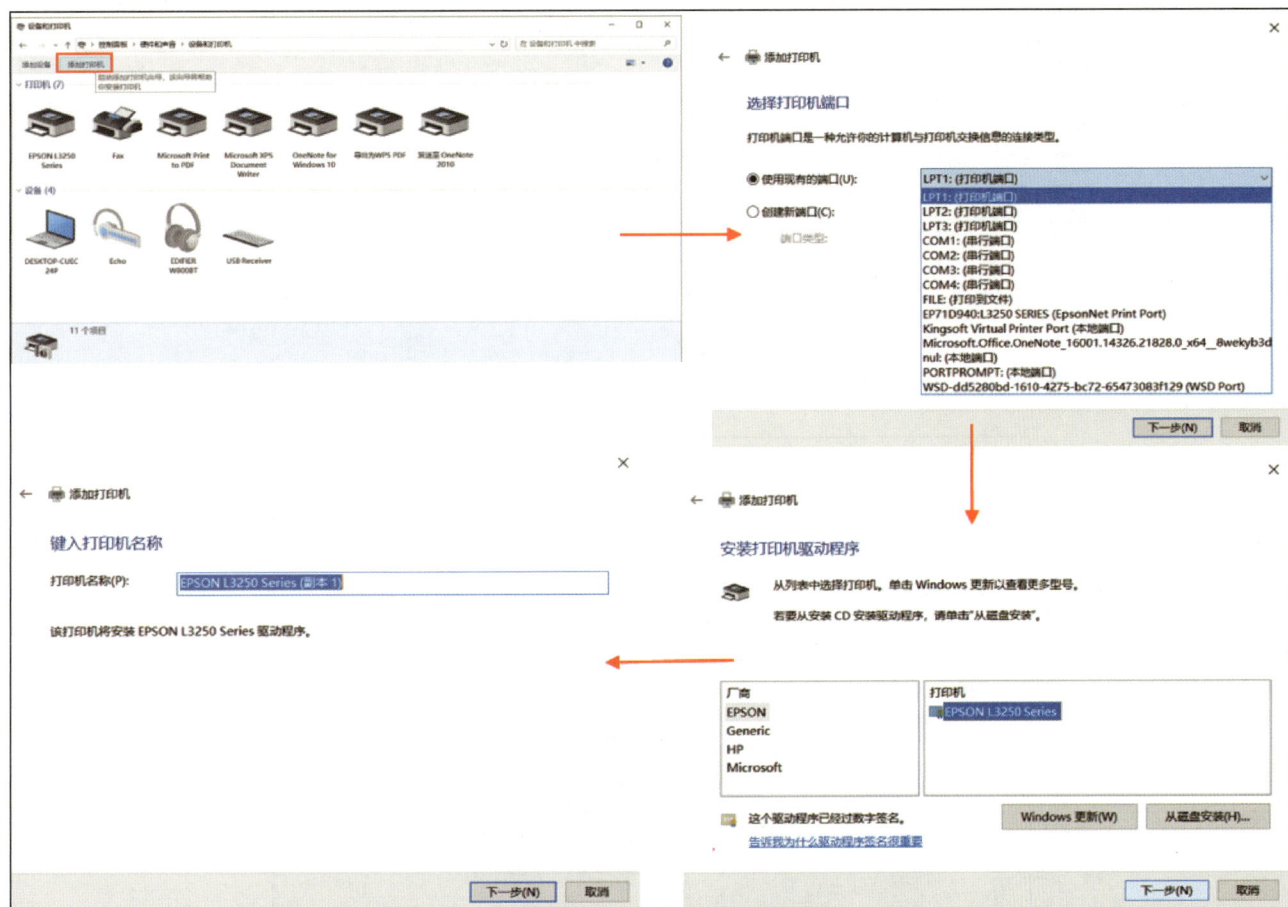

图 2-5-34　添加打印机

2. 安装字体

字体是指一组特定设计风格和属性的字符集合，规定了字符以什么样式在屏幕或打印机上显示。现在的操作系统都可支持多种字体，如宋体、黑体、楷体、Arial、Times New Roman 等，每种字体以文件的形式存在，其扩展名常为 .ttf，字体可以安装或删除。

1）在"控制面板"的"小图标"方式下，单击"字体"选项。

2）将要安装的字体文件复制到"字体"窗口，即可完成安装，如图 2-5-35 所示。

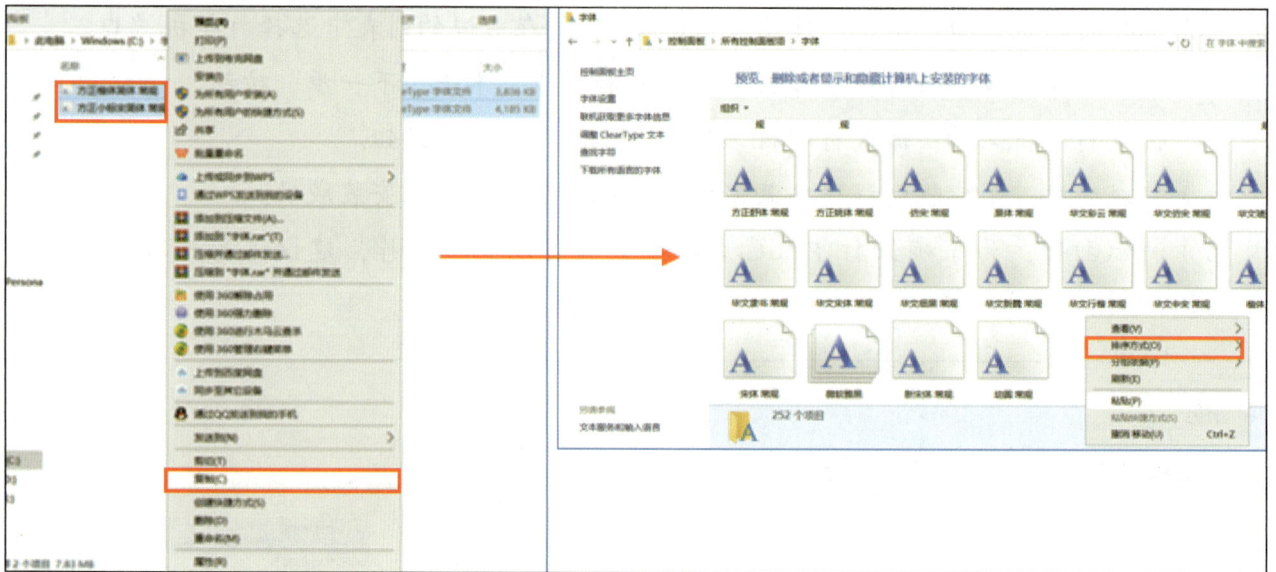

图 2-5-35　安装字体

3. 删除字体

在"字体"窗口，选中要删除的字体，右击，选择"删除"即可，如图 2-5-36 所示。

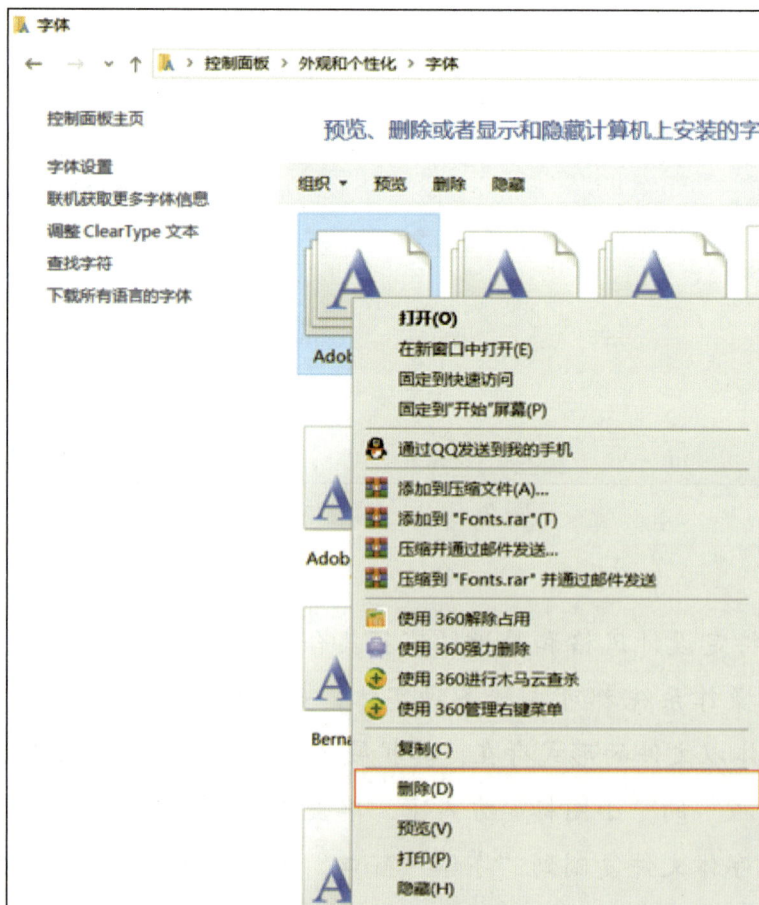

图 2-5-36　删除字体

学知砺德

什么是安可、信创和国产化？

安可、信创和国产化是我国信息技术领域的三大核心战略，它们共同致力于推动我国信息技术的自主创新和核心竞争力的提升。

安可（安全可靠）战略着重于确保关键信息技术产品的安全可靠，保护国家信息安全；信创（信息技术创新）战略强调技术创新和国产替代，以实现全产业链的自主可控；而国产化战略则要求从软硬件到整个信息系统的全面国产化，避免技术受制于他国。

这三大战略紧密相连，相互支持，共同构成了我国信息技术发展的坚固基石。通过实施这些战略，我们将能够更好地掌握核心技术，推动信息技术产业的持续健康发展，提升国家的整体竞争力。表2-5-4所示为国内四大信创体系。

表 2-5-4　国内四大信创体系

产品体系	中国电子 CEC	中国电科 CETC	中国科学院	华为
芯片	飞腾		海光信息、龙芯中科	鲲鹏
整机	中国长城	华诚金锐	中科曙光	泰山
操作系统	麒麟软件	普华基础软件	中科方德	鸿蒙、欧拉
数据库	达梦数据	人大金仓		高斯数据

习题挑战

1.【单选题】在安装 Windows 操作系统时，（　　　）不是常见的安装媒介。

A. U 盘
B. CD-ROM 光盘
C. DVD 光盘
D. 蓝牙设备

答案：D

解析：蓝牙设备不适合作为操作系统的安装媒介。

2.【单选题】在 Windows 操作系统中，磁盘碎片整理的主要目的是（　　　）。

A. 释放磁盘空间
B. 加快磁盘读取速度
C. 备份重要文件
D. 更改磁盘容量

答案：B

解析：磁盘碎片整理的主要目的是通过重新组织文件和文件夹在磁盘上的存储位置，从而加快文件的读取速度。

3.【单选题】当前命令提示符为 E:\YourName>，如需将当前目录更改为 C:\Users\YourName\Documents，应该输入（　　　）命令。

A. cd C:\Users\YourName\Documents

B. cd Documents

C. cd c:\YourName\Documents

D. cd \Users\YourName\Documents

答案：A

解析：由于当前盘是 E 盘，需在 cd 命令中指定盘符为 C 盘，故排除 B、D，题目中给出的需改变的当前目录路径为 \Users\YourName\Documents，而 C 选项的路径不符合，所以选 A。

知识导图

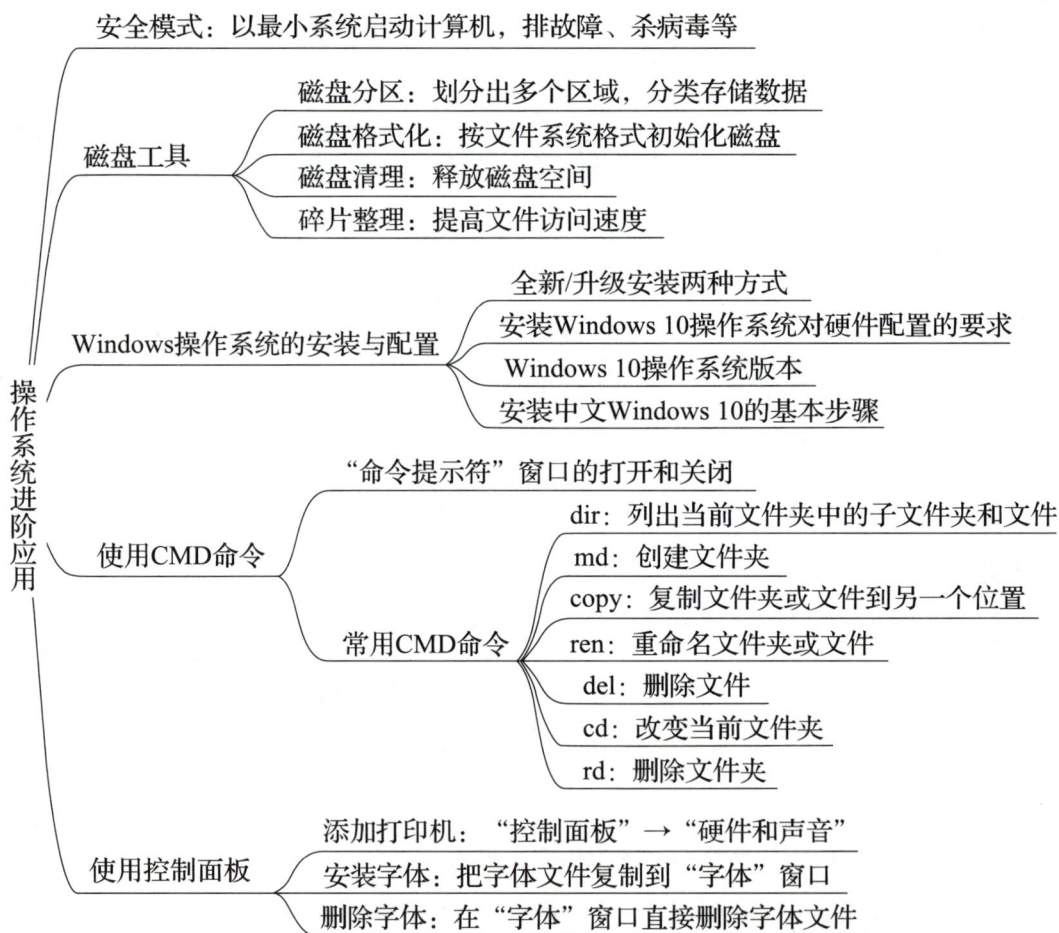

任务习题

一、单选题

1. 安全模式在 Windows 操作系统中的作用是（　　　）。

A. 提供网络连接以进行在线更新

B. 提供基本的系统功能，诊断和修复问题

C. 快速启动计算机，跳过所有启动项

D. 卸载所有已安装的程序和驱动程序

2. 要在命令提示符下删除名为 "oldfile.txt" 的文件，应使用（　　）命令。

A. dir oldfile.txt　　　　B. copy oldfile.txt　　　　C. del oldfile.txt　　　　D. md oldfile.txt

3. 在 Windows 控制面板中，如何安装新字体？（　　）

A. 在 "系统和安全" 中选择 "字体"，将字体文件复制到此处

B. 在 "外观和个性化" 中选择 "字体"，将字体文件复制到此处

C. 在 "程序" 中选择 "字体"，将字体文件复制到此处

D. 在 "网络和 Internet" 中选择 "字体"，将字体文件复制到此处

4. 若要添加打印机，应在控制面板的（　　）下进行设置。

A. "硬件和声音"　　　　　　　　B. "程序"

C. "网络和 Internet"　　　　　　D. "系统和安全"

5. Windows 操作系统的（　　）主要用于修复系统故障、恢复系统配置、删除顽固文件、彻底清除病毒和磁盘碎片整理。

A. 正常模式　　　　B. VGA 模式　　　　C. 安全模式　　　　D. 最近一次正确配置

6. 在 Windows 操作系统中，当磁盘出现大量不连续文件，可通过（　　）提高磁盘的读写速度。

A. 查错　　　　　　B. 碎片整理　　　　C. 格式化　　　　D. 备份

7. 列出当前目录中的文件和子目录的命令是（　　）。

A. dir　　　　　　　B. cd　　　　　　　C. ren　　　　　　D. md

8. 删除文件夹的命令是（　　）。

A. del　　　　　　　B. ren　　　　　　　C. rd　　　　　　　D. copy

二、多选题

1. 如何对 Windows 操作系统中的磁盘进行格式化？（　　）

A. 使用控制面板的 "系统" 选项

B. 使用磁盘管理工具

C. 在命令提示符下使用 "format" 命令

D. 在资源管理器中右击磁盘并选择 "格式化"

2. 在 Windows 操作系统中，（　　）可能产生磁盘碎片。

A. 使用虚拟内存　　　　　　　　B. 频繁读写磁盘

C. 从 Internet 上下载大文件　　　D. 防尘工作

三、判断题

1. 安装 Windows 10 之前，必须格式化整个硬盘。　　　　　　　　　　（　　）

2. 格式化硬盘不会删除硬盘上的系统数据。　　　　　　　　　　　　　（　　）

3. 磁盘碎片整理可以删除临时文件、回收站中的文件和不再使用的程序。（　　）

4. 磁盘碎片整理可以优化硬盘性能，提高文件读写速度。（　　　）

5. CMD 命令可以用来在 Windows 操作系统中执行各种任务和操作。（　　　）

四、操作题

1. 尝试安装 Windows 10 操作系统。

2. 新建一个逻辑分区，并对该分区进行磁盘清理、碎片整理和格式化。

3. 请在上一题新建的磁盘中，使用"资源管理器"新建一个名为 Practice 的文件夹和一个名为 example 的文本文档，在 Practice 文件夹下新建一个名为 olddocument 的 word 文档和一个名为 Temp 的文件夹。然后使用 CMD 命令完成以下任务：

任务1：显示该磁盘下 Practice 文件夹的子文件夹和文件；

任务2：在 Practice 文件夹下创建子文件夹 File；

任务3：将 example.txt 复制到 File 文件夹中；

任务4：将 olddocument.docx 重命名为 newdocument.docx；

任务5：删除该磁盘根文件夹下的 example.txt 文件；

任务6：将当前文件夹改为该磁盘下的 Practice 文件夹；

任务7：删除 Practice 文件夹下名为 Temp 的空文件夹。

📖 模块总结

　　经过本模块的学习，我们对操作系统的基本概念、功能、类型及主流操作系统的应用场景有了深入的理解。对 Windows 操作系统有了全面的掌握，包括其安装、启动、退出方法，以及用户账户管理、磁盘分区、格式化、系统备份和还原等关键操作，还扩展了知识面，对 Linux 操作系统进行了初步的探索，了解了 Linux 常用命令、文件系统与目录结构以及用户与组管理。

　　在学习的过程中，我们掌握了切换用户、注销、锁定、重新启动、睡眠和休眠等操作的作用与区别，理解了安全模式的概念及重要性，并能够熟练地进行驱动程序及应用软件的安装与卸载。同时，我们也掌握了文件和文件夹的管理技巧，理解了回收站、剪贴板的概念及作用，为日常的文件操作提供了便利。

　　此外，我们还学习了如何获取帮助信息，并通过实践掌握了 dir、cd、md、rd、copy、ren、del 等常用 cmd 命令的功能，这些技能将极大地提高我们解决系统问题的能力和效率。

　　在用户界面方面，我们理解了桌面、图标、任务栏、窗口、对话框、开始菜单、快捷方式等基本概念，这将有助于我们更好地操作和使用计算机。

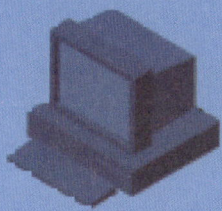

模块三
数据恢复与系统安全防护

【模块背景】

  随着信息技术的飞速发展，数据已成为企业和个人不可或缺的核心资产。数据的完整性和安全性直接关系到企业的运营和个人的隐私。因此，数据恢复与系统安全防护在 IT 领域中的地位日益凸显，它们共同构成了保障数据安全的重要防线。

  在现代计算机领域，无论是个人用户还是企业级应用，都对数据的安全性、计算机系统的稳定性有着极高的要求。通过学习数据恢复与计算机系统安全防护技能，以满足现代计算机领域对操作系统安全和稳定运行的要求，具有重要的现实意义和长远的价值。

【学习目标】

1. 了解文件恢复方法、掌握回收站、剪贴板的知识。
2. 掌握系统备份与还原的方法。
3. 了解计算机安全概念，掌握系统安全加固的方法。
4. 理解计算机病毒的概念、类型、特征、传染途径及预防和清除方法。
5. 了解信息安全、知识产权保护等相关法律法规。

任务1 数据备份与恢复

在数字化时代，各个行业的运营数据和应用程序成为其生命线。系统备份与恢复不仅是数据安全的最后防线，也是业务连续性的关键保障。当面临数据丢失、硬件故障、自然灾害或人为错误时，一个健全的备份与恢复策略能够迅速恢复业务，减少损失。

任务情景

一天我在网上看到一条新闻，某博物馆珍贵的文物数据因服务器故障面临丢失风险。幸好，博物馆有严格的数据备份制度。技术人员立即启动恢复程序，从最近的备份中恢复数据。虽然部分实时更新未能恢复，但核心数据得以保全。此次事件再次给我们证明，定期、全面的数据备份对保护文化遗产至关重要。数据备份示意如图 3-1-1 所示。

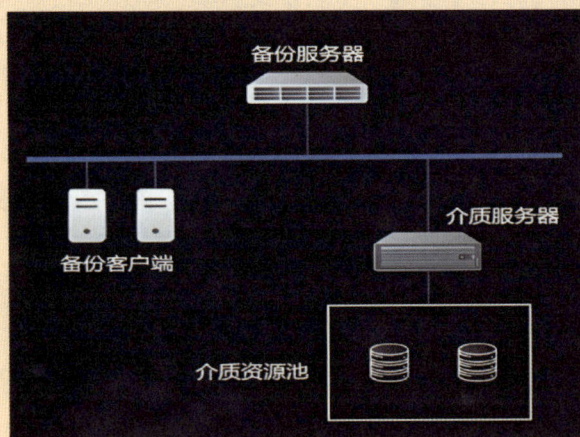

图 3-1-1 数据备份示意

学习体验

近年来，云存储和复制技术在数据备份与恢复领域取得了显著的进展。云存储提供了弹性大、易扩展的数据存储空间，同时也实现了数据的安全隔离和自动备份。而复制技术则能够在不影响主数据系统性能的前提下，实现数据的实时或近实时同步，大大提高了数据恢复的效率和成功率。常用网盘如图 3-1-2 所示。

图 3-1-2 常用网盘

数据备份与恢复在现代信息社会中的重要性不言而喻。我们需要深入了解并掌握最新的数据备份与恢复技术，关注用户需求和期望的变化，同时遵循最佳实践，以确保我们的数据安全。随着技术的不断进步，我们有理由相信，未来的数据备份与恢复将为我们带来更加高效、安全、便捷的感知体验。请统计你身边的朋友或亲人的数据备份情况，将数据填在表3-1-1中。

表 3-1-1　调查统计表

序号	数据类别	调查人数	备份人数	备份人数占比
1	照片			
2	文件			
3	通讯录			
4				
5				

知识学习

1. 文件恢复

文件恢复是指日常在使用电脑、手机、U 盘等一些能存放文件的工具时，不小心或者误删除、格式化等操作造成重要的文件丢失，继而进行恢复。

2. 回收站

回收站是微软 Windows 操作系统中的一个系统文件夹，默认在每个硬盘分区根目录下的 Recycler 文件夹中，而且是隐藏的。回收站中保存了删除的文件、文件夹、图片、快捷方式和 Web 页等。当用户将文件删除后，系统将其移到回收站中，实质上就是把它放到了这个文件夹中，仍然占用磁盘空间。这些项目将一直保留在回收站中，存放在回收站的文件可以恢复，只有在回收站里删除它或清空回收站才能使文件真正删除，为硬盘释放存储空间。

探 究 活 动

从 U 盘或移动硬盘删除的文件及文件夹会保存在回收站中吗？

3. 剪贴板

剪贴板是 Windows 系统为传递信息在内存中开辟的临时存储区，具有"转运站"的功能。可将信息（如文本、文件、图形、声音或视频）从一个程序或位置复制到剪贴板，然后再粘贴到其他地方。它使得在各种应用程序之间传递和共享信息成为可能，大多数 Windows 程序中都可使用剪贴板。

剪贴板不光能保存文件和文件夹，还可以临时保存文字、声音、图像和屏幕当前内容以文件形式存储的信息。但剪贴板一次只能保留一则信息。每当有信息复制到剪贴板时，该内容都将替换剪贴板以前的信息。在文件管理中，它可实现同一个窗口内或不同窗口间文件及文件夹的复制和移动。剪贴板中的内容可以多次粘贴，关闭计算机后，剪贴板中的信息会丢失。

实践操作

1. 使用回收站恢复丢失的文件

（1）恢复选定的项目

首先选中要恢复的文件、文件夹和快捷方式等项目，可以选中多个项目，然后在"回收站工具管理"选项卡中，单击"还原选定的项目"，如图3-1-3所示。

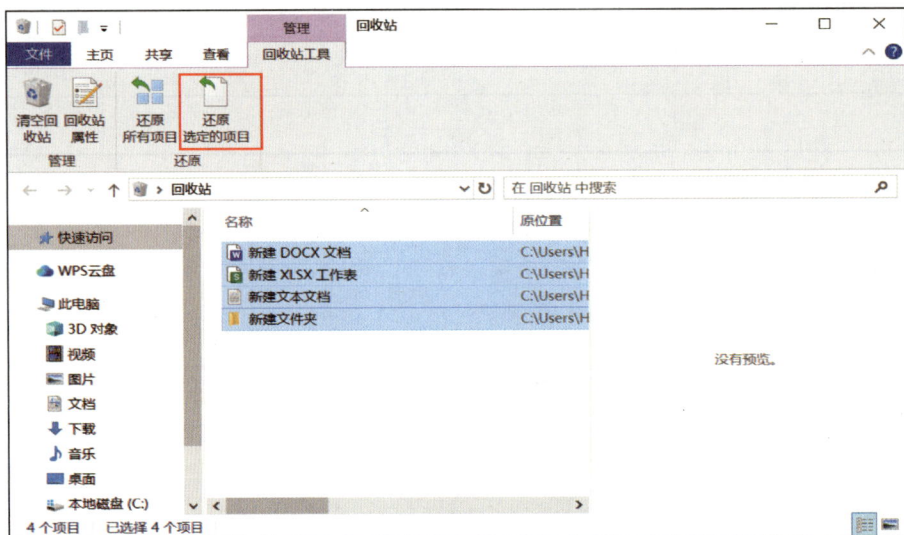

图3-1-3　还原选定的项目

另外，可以右键单击选中的项目，从快捷菜单中单击"还原"选项，如图3-1-4所示。

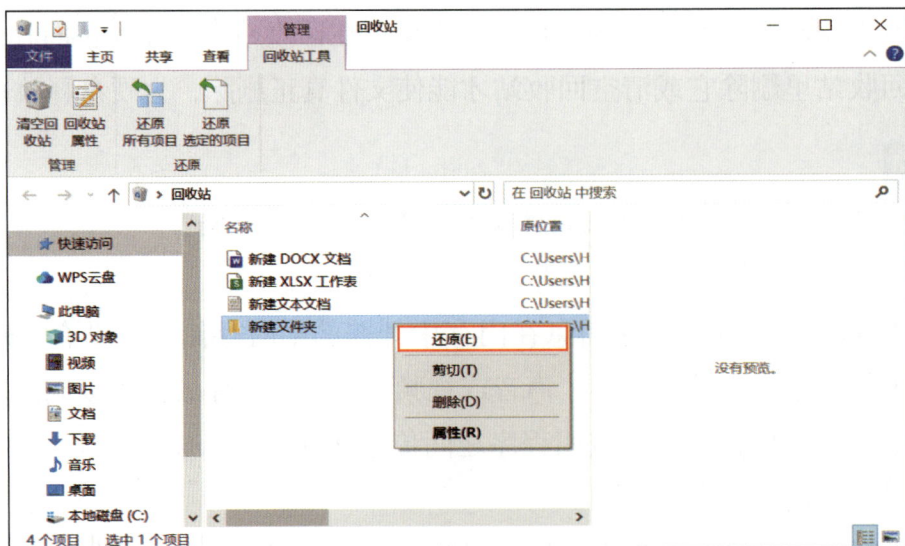

图3-1-4　通过快捷菜单还原项目

（2）还原所有项目

在"回收站工具管理"选项卡的"还原"组中，单击"还原所有项目"。

探 究 活 动

思考：使用 Shift+Del 组合键删除的文件，是否能通过回收站恢复？

2. 其他恢复文件的方法

（1）用备份恢复

若之前创建过备份，可连接到备份存储介质，选择并复制／拖动所需文件到计算机中。

（2）撤销键恢复法

适用于删除文件夹内容但未进行其他操作的情况，可在文件夹空白处右键单击"撤销删除"或使用 Ctrl+Z 快捷键。

（3）Windows 恢复法

通过"控制面板"的"备份和还原"功能，选择备份并还原所需文件。

（4）借助软件恢复

若无备份且回收站已清空，可使用专业数据恢复软件，如嗨格式数据恢复大师，按照提示操作以找回丢失的文件。

实 践 拓 展

1. 永久删除回收站中的文件

利用回收站删除文件仅仅是将文件放入回收站，并没有释放它们所占用的硬盘空间，因此有时需要永久删除文件或清空回收站。方法为：

（1）永久删除某些文件

在"回收站"窗口中，选中要删除的项目，按 Delete 键，将显示"删除文件"对话框，然后单击"是"按钮。

（2）删除所有文件

在"回收站工具管理"选项卡中，单击"清空回收站"，将弹出"删除多个项目"对话框，单击"是"按钮。

如果要在不打开回收站的情况下清空回收站，可以右键单击"回收站"，从快捷菜单中单击"清空回收站"选项。

> **注意：**清空回收站或在回收站中删除指定项目后，被删除的内容将无法恢复。

2. 回收站的属性

在"回收站工具"→"管理"选项卡中，单击"回收站属性"，或者在桌面上用鼠标右击回收站，在快捷菜单中单击"属性"，均可弹出"回收站属性"对话框，如图 3-1-5 所示。

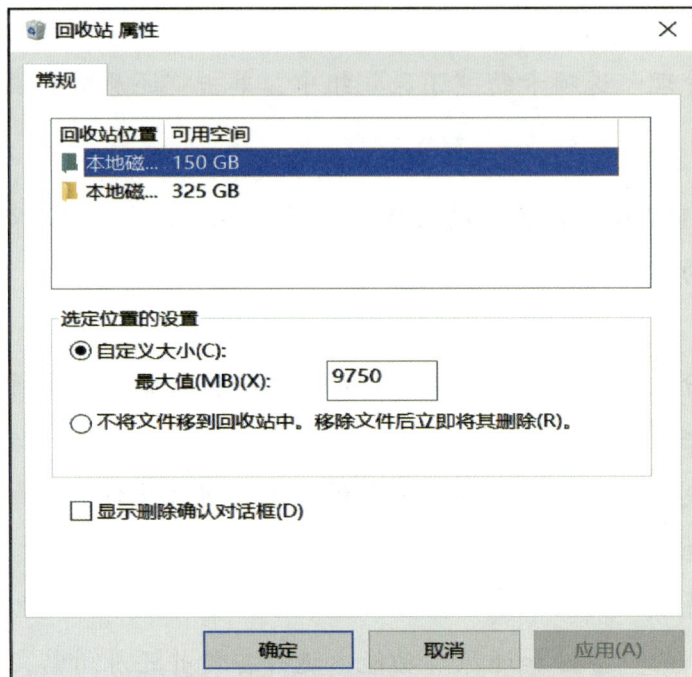

图 3-1-5 "回收站属性"对话框

其中，主要的选项含义如下。

（1）回收站位置、可用空间

回收站位置指要设置回收站容量的硬盘分区，可用空间显示硬盘的可用容量。

（2）自定义大小

设置回收站占用的磁盘空间容量，单位是 MB。注意，回收站占用的最大容量值不能超过该磁盘分区的可用空间。

（3）不将文件移到回收站中

选中此项，将停止使用回收站，所有删除的文件将直接永久删除。

（4）显示删除确认对话框

选中此项，在每次删除文件时都将显示删除文件对话框，如图 3-1-6 所示。

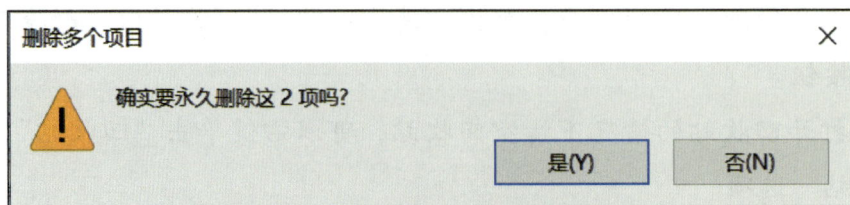

图 3-1-6 删除文件对话框

实 践 活 动

小华同学在清理手机照片时不小心误删了班级军训汇报演出的合照，非常着急，请同学们帮他想想办法怎么能找回误删除的照片。

4. 系统备份与还原

使用 Windows 10 的过程中，如果遇到病毒侵袭或突然断电的情况，有可能使计算机中的系统文件遭到破坏，通过系统备份及还原的方法可以改变这一情况。备份还原系统其实具体分为两个过程：一是系统的备份，二是系统的还原。

（1）系统备份

1）单击左下角"开始菜单"→"设置"。

2）选择"更新和安全"，如图 3-1-7 所示。

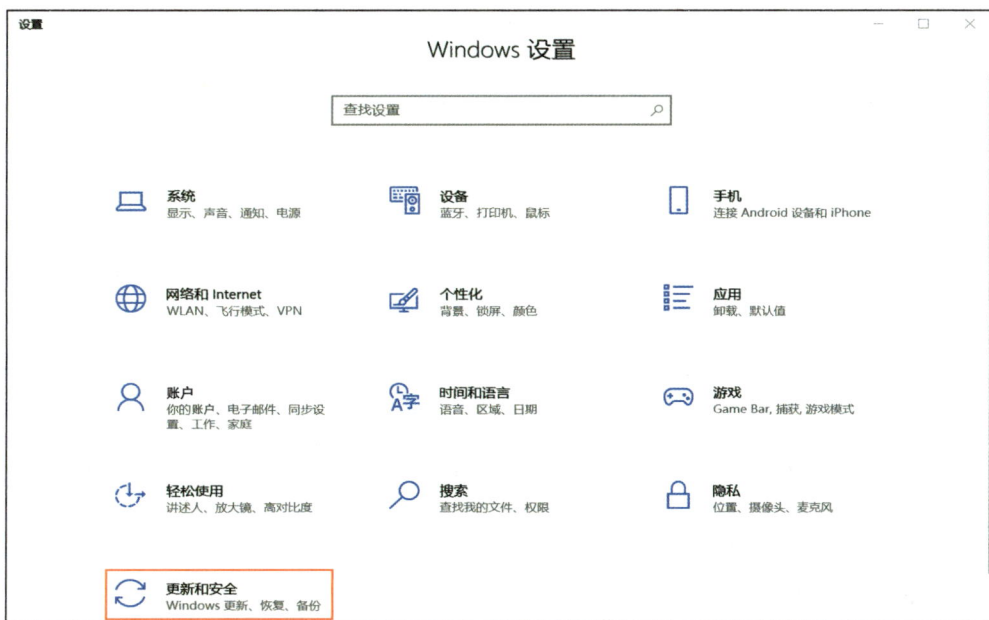

图 3-1-7　Windows 设置更新和安全选项

3）选择"文件备份"→"备份和还原（Windows 7）"，如图 3-1-8 所示。

图 3-1-8　"系统和安全"对话框

4）从打开的新窗口中，单击"备份"栏目中的"设置备份"按钮，如图 3-1-9 所示。

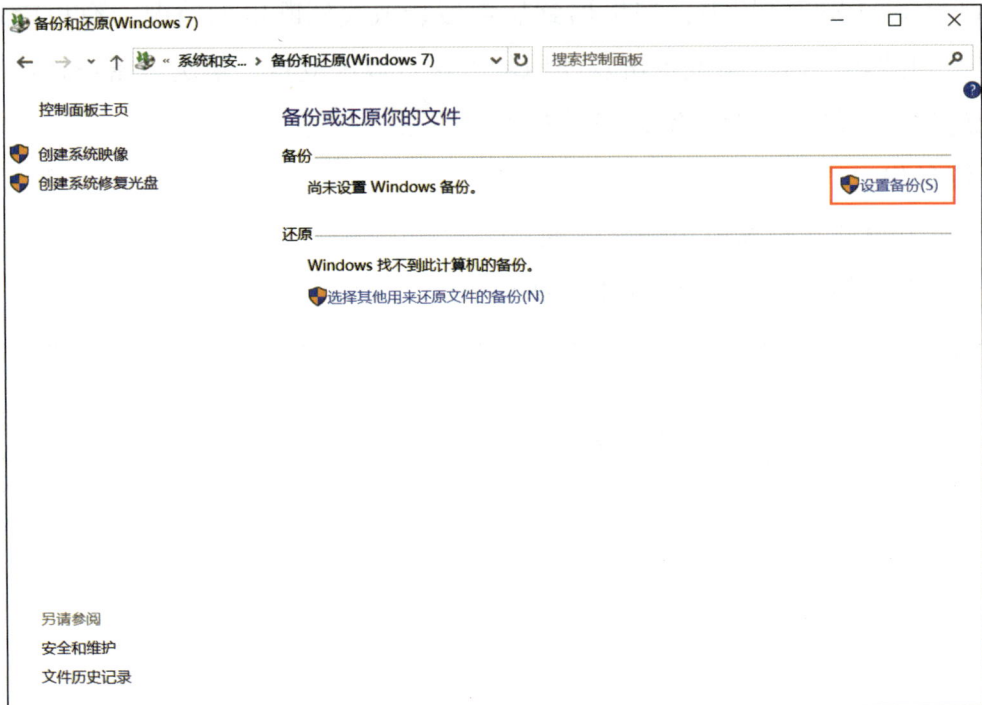

图 3-1-9 "备份和还原（Windows 7）"对话框

5）此时将打开"设置备份"对话框，在此选择保存备份的位置。选择要备份文件的磁盘，单击"下一步"按钮，如图 3-1-10 所示。

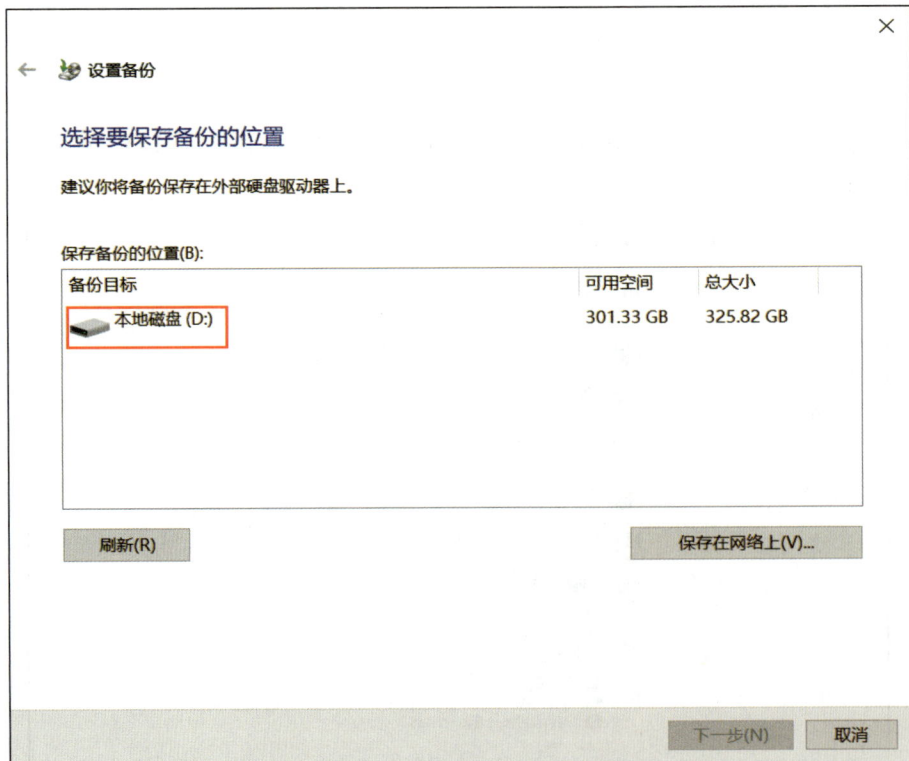

图 3-1-10 "设置备份"对话框

6）在"备份的内容"选择界面此按默认选择（"让 Windows 选择（推荐）"）项，单击"下一步"按钮。

7）最后再确认一下设备的备份选项，正确无误后单击"保存设置并进行备份"按钮。此时将自动返回"备份和还原"界面，同时进入"系统备份"操作，等待备份完成。

（2）还原系统

1）在已备份 Win 系统的情况下，打开控制面板，依次进入"控制面板"→"系统和安全"→"备份和还原"（Windows 7）界面中，找到"还原我的文件"并单击。

2）单击"浏览文件夹"按钮，并从打开的窗口中选择"备份文件"所在的文件夹进行添加。

3）选中要恢复的备份文件夹，单击"下一步"按钮。

4）在"在何处还原文件"界面，直接勾选"在原始位置"项，单击"还原"按钮，等待还原完成。

学知砺德

国产云平台备份与恢复系统

2016 杭州云栖大会以"飞天·进化"为主题，展示了中国科技创新力量，涵盖云计算、大数据等前沿议题，吸引了各行业精英。随着计算能力提高，云平台成为行业信息化转变的重要环节。阿里巴巴技术委员会主席王坚称科技创新为探索，云平台进化之路充满艰辛与希望。

在云计算环境下，金融、政府、央企、医疗和大型互联网企业重视网络安全等级保护。阿里云等云平台供应商采取积极防护措施，已通过公安部云计算等级保护新标准试点示范，成为首家通过国家级测评的云计算服务商。除等级保护外，保障云平台数据安全也是关注焦点。杭州云栖大会首次亮相的国产云平台备份与恢复系统——数易云备系统（和力记易自主研发），为各行业云平台数据安全提供全面解决方案。

数易云备系统适用于各类公、私有云中的虚拟机备份与管理。其自主研发的负载均衡设备实现高可用性，不影响源端性能。具备专业 DDOS 和 CC 防护，数据安全可靠，可简化备份任务，自动化执行，降低运营成本。

云数据安全备受关注，数易云备系统为各行业云平台提供全面解决方案。该系统支持虚拟机、文件、数据库的备份与恢复，确保数据安全与完整性。虚拟机备份支持主流软件，如 VMware、Hyper-V 等，并可实现瞬时恢复。文件备份支持跨平台海量文件恢复，数据库恢复适用于多种数据库软件。数易云备降低运营成本，提升业务连续性，深受行业欢迎。

阿里巴巴集团董事局主席马云在云栖大会演讲时指出，未来30年世界变化将远超想象，电子商务将被新零售、新制造、新金融、新技术和新能源深刻影响。信息科技正日益影响人们生活和国际基础科学领域。前沿科技成果和企业新技术展示也印证了这一点。科技探索无止境，要放眼全球、善思、勤学、实践、专注竞赛和创新。

习题挑战

1. Windows 中的系统还原主要作用是（　　）。

A. 还原出厂设置　　　　　　　　B. 还原昨天开机的状态

C. 还原今天开机的状态　　　　　　D. 还原到以前设置还原点时的状态

答案：D

解析：Windows 系统还原可以帮助用户将计算机的系统文件及时还原到早期的还原点。

2. Windows 系统中的回收站实际上是（　　）。

A. 内存区域　　　　　　　　　　B. 硬盘上的文件夹

C. 文档　　　　　　　　　　　　D. 文件的快捷方式

答案：B

解析：Windows 系统中，回收站是用来临时存放从硬盘上删除的文件或文件夹的存储空间，回收站中的项目将保留直到从计算机中永久地将它们删除。这些项目仍然占用硬盘空间并可被恢复或还原到原位置。系统为每个分区分配了一个回收站，还可以为每个回收站指定不同的大小，每个回收站是一个特殊的系统文件夹，具有系统和隐藏属性。

3. 在 Windows 中，若在某一文档中连续进行了多次剪切操作，当关闭该文档后，剪贴板中存放的是（　　）。

A. 最后一次剪切的内容　　　　　　B. 第一次剪切的内容

C. 空白　　　　　　　　　　　　D. 所有剪切过的内容

答案：A

解析：剪贴板是 Windows 系统为传递信息在内存中开辟的临时存储区，可将信息（如文本文件、图形、声音或视频）从一个程序或位置复制到剪贴板，然后再粘贴到其他地方。剪贴板一次只能保留一则信息。每当有信息复制到剪贴板时，该内容都将替换剪贴板以前的信息。

知识导图

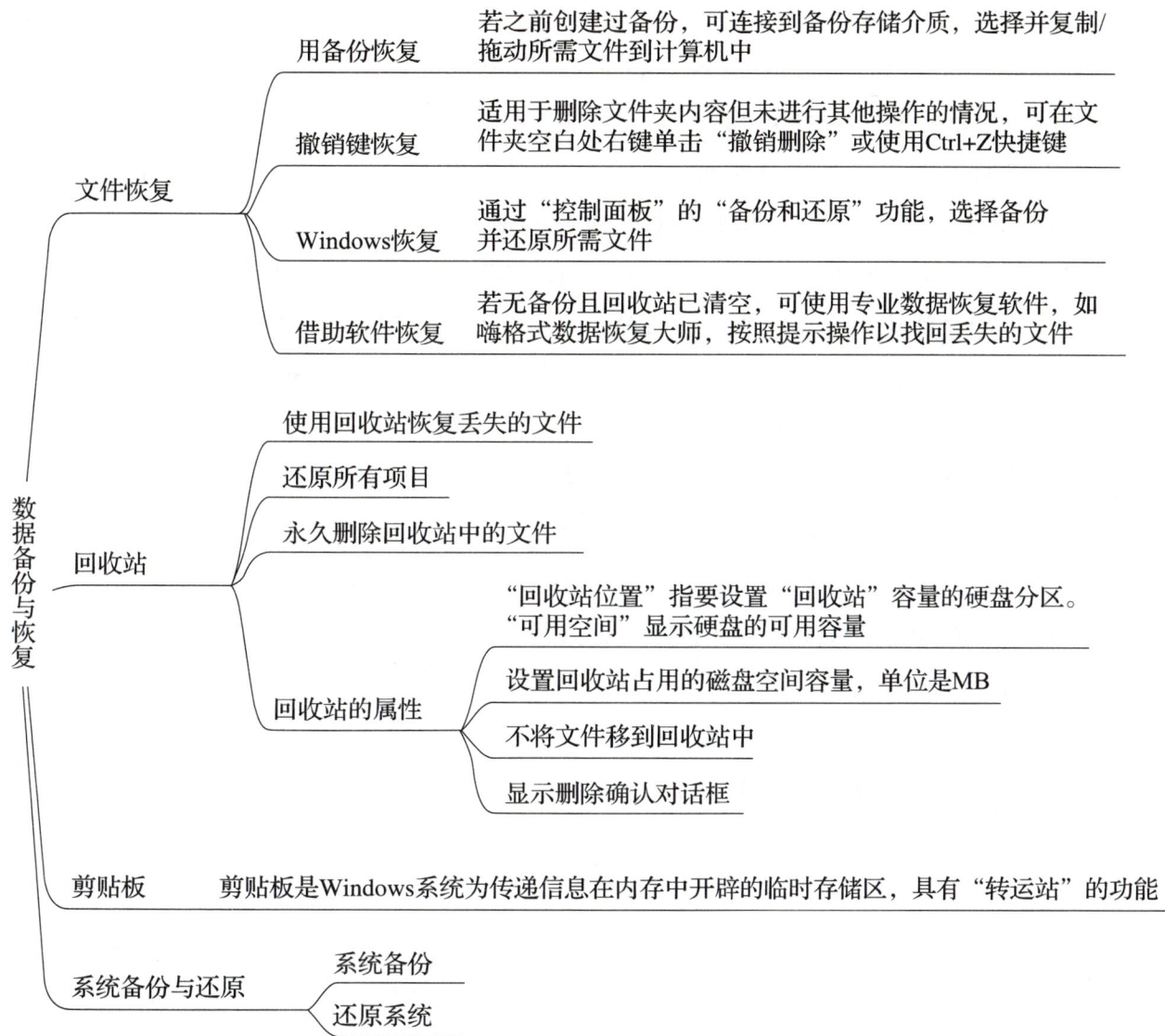

任务习题

一、单选题

1. Windows 系统中，剪贴板是指（　　　）。

A. 屏幕中的临时存储区域 B. 外存中的存储区域

C. 内存中的临时存储区域 D. 硬盘中的存储区域

2. 在 Windows 系统中，用于在应用程序内部或不同程序之间共享信息的工具是（　　　）。

A. 计算机 B. 剪贴板 C. 控制面板 D. 资源管理器

3. 关于剪贴板，下面说法正确的是（　　　）。

A. Windows 剪贴板是 Windows 自带的一个应用程序，可以进行图像的处理

B. Windows 剪贴板中的内容仅可以粘贴一次

C. Windows 剪贴板是内存中的一个临时存储区，可以存储文字或图像、文件（夹）等信息

D. Windows 剪贴板不能存储 DOS 环境下复制或剪切的内容

4. Windows 系统中，被放入回收站中的文件仍然占用（　　　）。

A. 硬盘空间　　　　B. 内存空间　　　　C. 软盘空间　　　　D. 光盘空间

5. 在 Windows 系统中，关于回收站叙述正确的是（　　　）。

A. 回收站大小是固定不变的　　　　B. 回收站中的文件或文件夹是可恢复的

C. U 盘中的文件被删除后也放入回收站　　D. 回收站中存放的文件断电后自动删除

6. 在 Windows 7 操作系统中，关于"文件的备份和还原"，下列说法错误的是（　　　）。

A. 文件的备份和还原可以修复人为的误删除

B. 文件的备份和还原可以修复因病毒的感染而造成的文件的破坏

C. 备份文件必须和源文件放在同一个磁盘上

D. 备份时先选定要备份的磁盘，再选定要备份的文件或文件夹

7. 下列哪项工具既可以做系统的备份与还原也可以做文件的备份与还原？（　　　）

A. 控制面板中的"恢复"

B. 系统属性中的"系统保护"

C. 控制面板中的"备份和还原（Windows 7）"

D. Windows 设置中的"恢复"

8. Windows 系统自带的"还原"能从备份中还原系统，关于备份和还原，以下哪个说法是错误的？（　　　）

A. 为了确保系统的安全，应对系统所有的分区都进行备份，这样发生问题时能全部进行还原

B. 应备份操作系统所在的分区（C 盘），在系统故障时通过还原 C 盘来修复系统

C. 为了避免数据丢失，应把数据存储在非系统分区中，避免还原导致的数据丢失

D. Windows 系统提供了定时自动备份的功能，还原功能可确保随时回退到之前的备份

二、多选题

1. 在 Windows 系统中将信息传送到剪贴板正确的方法有（　　　）。

A. 用"复制"命令把选定的对象送到剪贴板

B. 用"剪切"命令把选定的对象送到剪贴板

C. 用 Ctrl+V 把选定的对象送到剪贴板

D. 用 Alt+PrintScreen 把当前窗口送到剪贴板

2. Windows 操作系统中关于回收站属性对话框的设置，以下描述正确的是（　　　）。

A. 可以更改回收站的容量

B. 文件可以不经过回收站而被永久删除

C. 默认设置下，文件删除时不显示提示信息

D. 可以对不同的盘使用不同的设置

三、判断题

1. 剪贴板是硬盘中的一块区域，可以调整大小。　　　　　　　　　　　　　　　　（　　　）

2. 剪贴板是 Windows 的重要工具之一，它提供了程序之间数据交换的功能。　　（　　　）

3. 回收站用来存放暂时被删除的文件或其他项目，可永久删除或还原回收站中的项目，也可通过双击方式打开回收站中的文件或运行某些程序。　　　　　　　　　　　　　（　　　）

4. 回收站是用来暂时存放被删除文件的，一旦关机，则回收站将被清空。　　　（　　　）

5. 剪贴板是系统自动分配的，用来存储信息的一块内存空间。　　　　　　　　　（　　　）

四、实操题

1. 设置删除对象时不弹出确认对话框。

2. 将本地计算机的回收站先做清空处理，再将其空间大小设为 1024MB。

任务 2　计算机安全与防护

　　随着信息技术的迅猛发展，计算机安全与防护问题日益凸显，成为全球共同关注的焦点。在网络空间日益成为国家安全新领域的今天，计算机安全不仅是技术问题，更是关系国家安全、社会稳定和经济发展的重大课题。计算机安全与防护知识不仅关乎个体的隐私安全，更是国家安全和社会稳定的重要基石。面对日益复杂多变的网络威胁，我们有必要深入了解和掌握计算机安全与防护知识，共同维护网络空间的安全稳定，促进信息技术的健康发展。

任务情景

　　在参观网络科技博物馆的计算机安全与防护展区时，我仿佛置身于一个充满挑战和刺激的网络安全世界。墙面上，大屏幕正实时模拟着一场网络攻防战（见图 3-2-1），黑客们利用漏洞疯狂地发起攻击，而安全团队则迅速反应，使用防火墙、杀毒软件、漏洞补丁等工具筑起坚实的防线。我被紧张的氛围所吸引，驻足观看整个过程的同时，学习

了如何保护自己的计算机系统和数据安全。

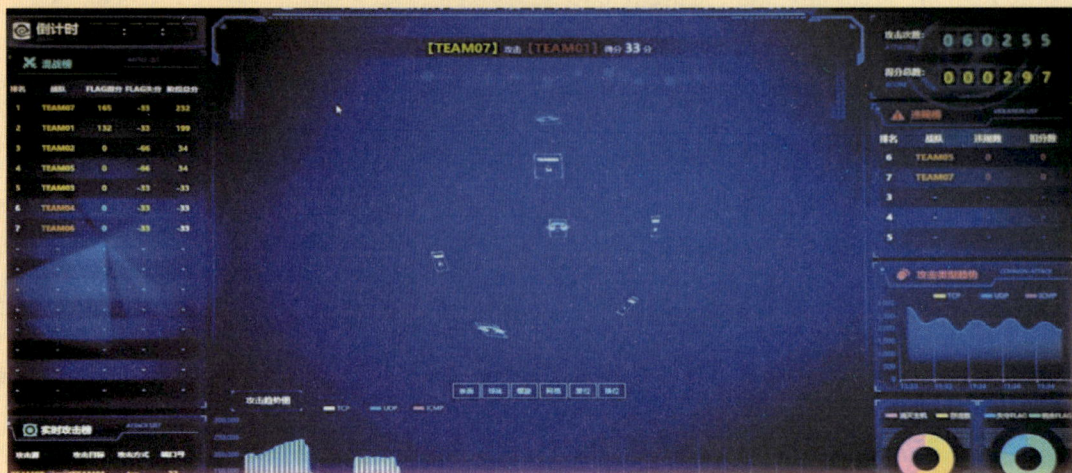

图 3-2-1　网络攻防赛

学习体验

某公司财务小王接到领导视频电话，要求立刻给供应商转款 2 万元，由于两人采用视频方式通话，小王并没有怀疑与自己通话的领导不是本人，立马把钱转了出去，事后却发现自己被骗了，这是一场真实发生的网络诈骗案。随着 CHATGPT 等 AI 工具的诞生，网络诈骗手段也随之升级，我们需要保持警惕，不断提高网络安全意识，了解这些诈骗的运作方式，并采取必要的预防措施，确保自己和他人的安全。图 3-2-2 所示为 AI 声音合成诈骗。

图 3-2-2　AI 声音合成诈骗

维护网络安全是社会的共同责任，需要国家、社会、企业和个人的共同参与。每一个公民需要提高自身的信息安全素养，捍卫个人信息权益。请评估自己可能影响信息安全的行为，填写表 3-2-1。

表 3-2-1　实践活动设计表

影响信息安全的行为	自我评估	改进措施
是否将银行卡、平台、网站等密码设置得不一样	□是□否	
是否设置复杂密码，不用自己的生日、手机号码	□是□否	
是否将自己的身份证照片存在手机里	□是□否	
是否基本不参加扫二维码送礼物等活动	□是□否	
是否定时备份重要的文件或资料	□是□否	
是否不打开来历不明的链接和邮件	□是□否	
是否谨慎对待网络抽奖中奖等信息	□是□否	

知识学习

1.计算机安全

中国公安部计算机管理监察司关于计算机安全的定义为："计算机安全是指计算机资产安全，即计算机信息系统资源和信息资源不受自然和人为有害因素的威胁和危害。"

一切影响计算机安全的因素和保障计算机安全的措施都是计算机安全研究的内容。计算机安全概念的层次可由 4 个部分组成。

1）实体安全。实体安全指系统设备及相关设施运行正常，系统服务安全有效。

2）数据安全。数据安全指系统拥有和产生的数据或信息完整、有效，使用合法，不被破坏或泄露。

3）软件安全。软件安全是软件完整无损。

4）运行安全。运行安全指资源和信息资源使用合法。

教学视频：
信息安全与
知识产权

2.系统安全加固

在完成操作系统安装全过程后，要对 Windows 系统安全性方面进行加固，系统加固工作主要包括账户安全配置、密码安全配置、系统安全配置、服务安全配置以及禁用注册表编辑器等内容，从而使操作系统变得更加安全可靠，为以后的工作提供一个良好的环境平台。

实 践 操 作

1.修改弱口令或空口令

计算机不需要输入密码可直接登录或者输入简单密码可登录的，可判断为计算机密码存在问题。可以为计算机用户设置由 8 位以上（含）数字、字母（包含大、小写字母）、特殊字符等混合组成的密码。

1）单击左下角"开始菜单"→"设置"，如图 3-2-3 所示。

图 3-2-3 设置按钮

2）进入"设置"页面后，单击"账户"，如图 3-2-4 所示。

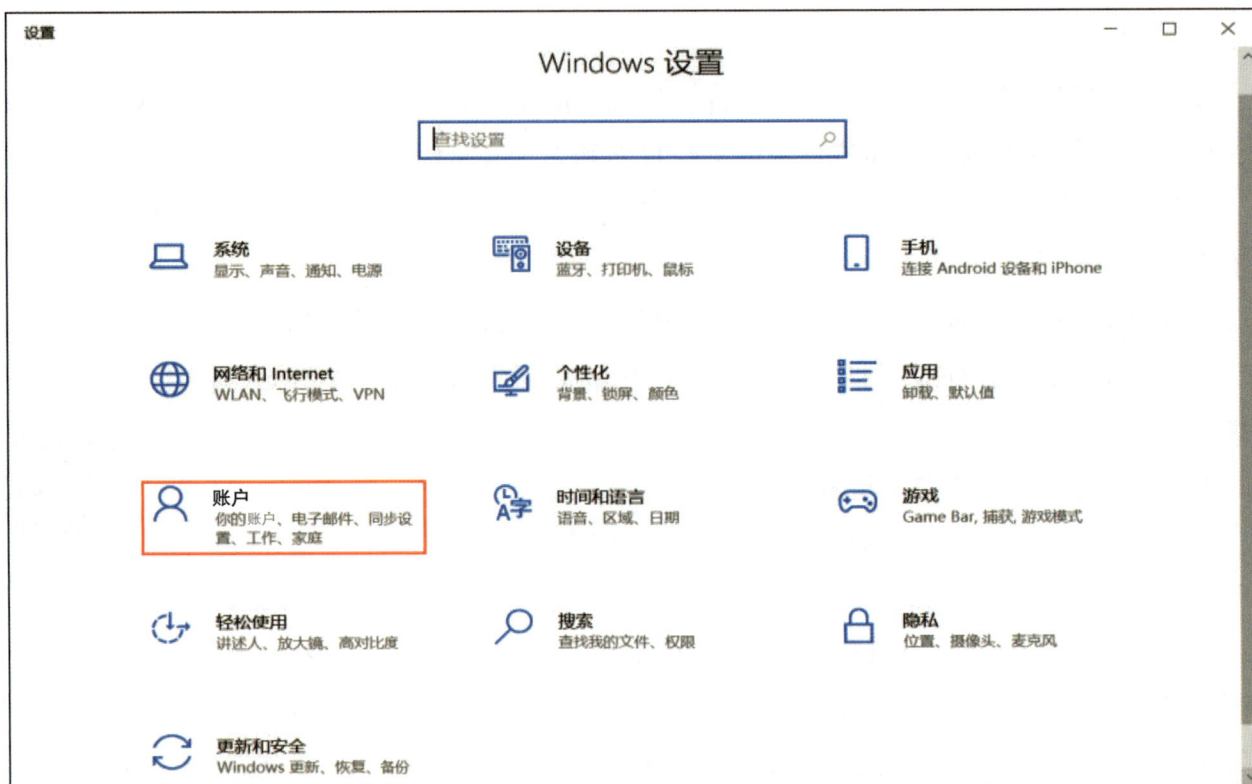

图 3-2-4 Windows 设置页面

3）单击左侧栏中的"登录选项"，如图 3-2-5 所示。

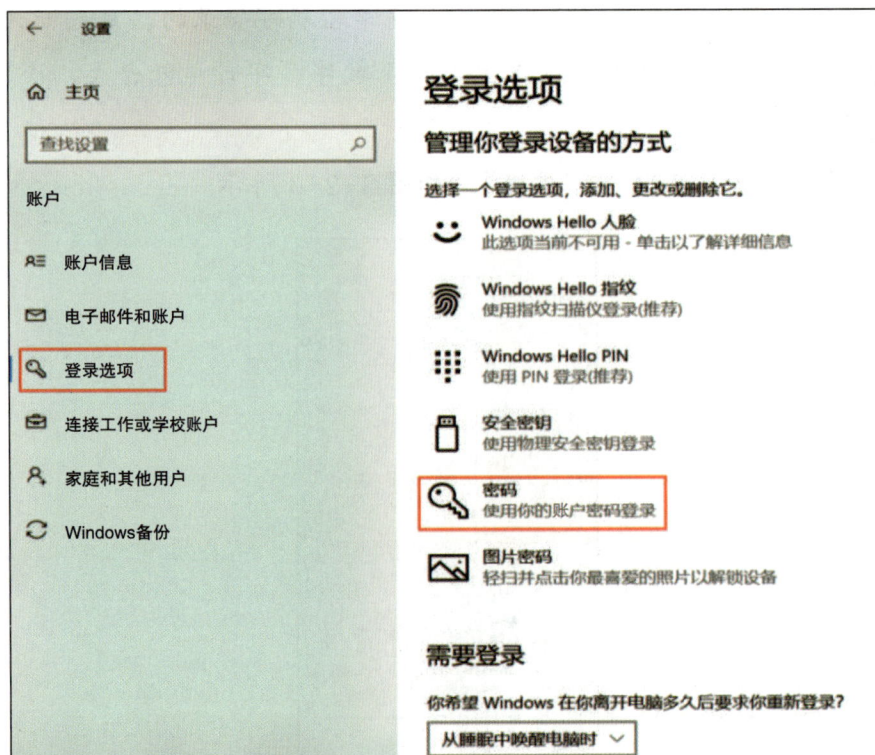

图 3-2-5 "登录选项"页面

4）单击"密码"，输入密码，再次输入密码，单击"更改"按钮，如图 3-2-6 所示。

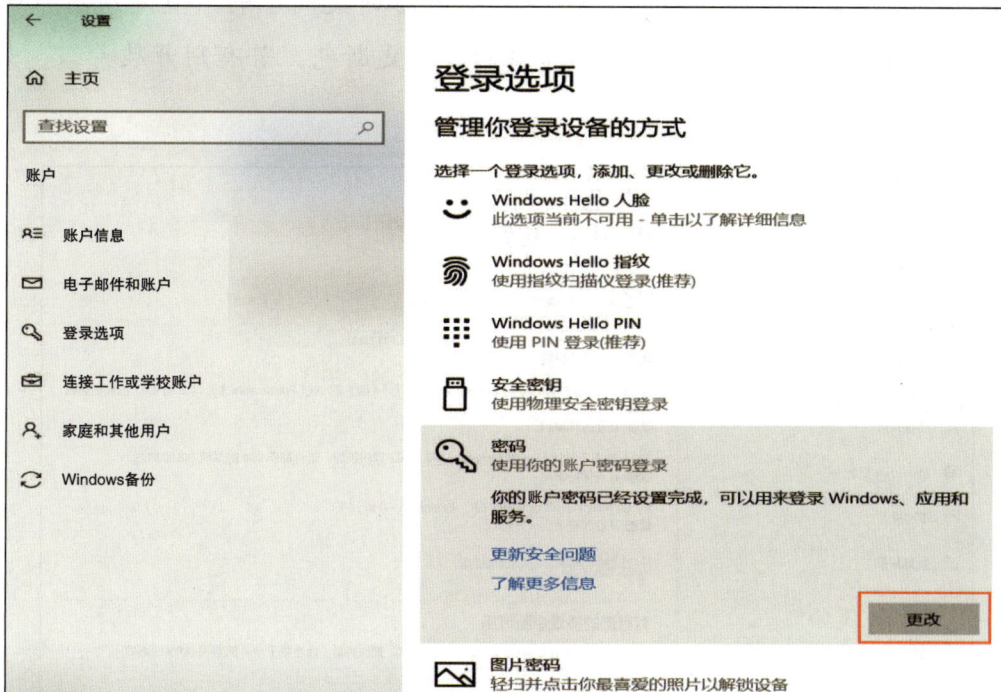

图 3-2-6 密码更改

5）如计算机原来有弱密码，则单击"更改"按钮，在进入"更改密码"页面窗口中先输入旧密码，再修改为符合要求的新密码。

2. 操作系统更新

1）单击左下角"开始菜单"→"设置"。

2）进入"设置"页面后，选择"更新和安全"，如图 3-2-7 所示。

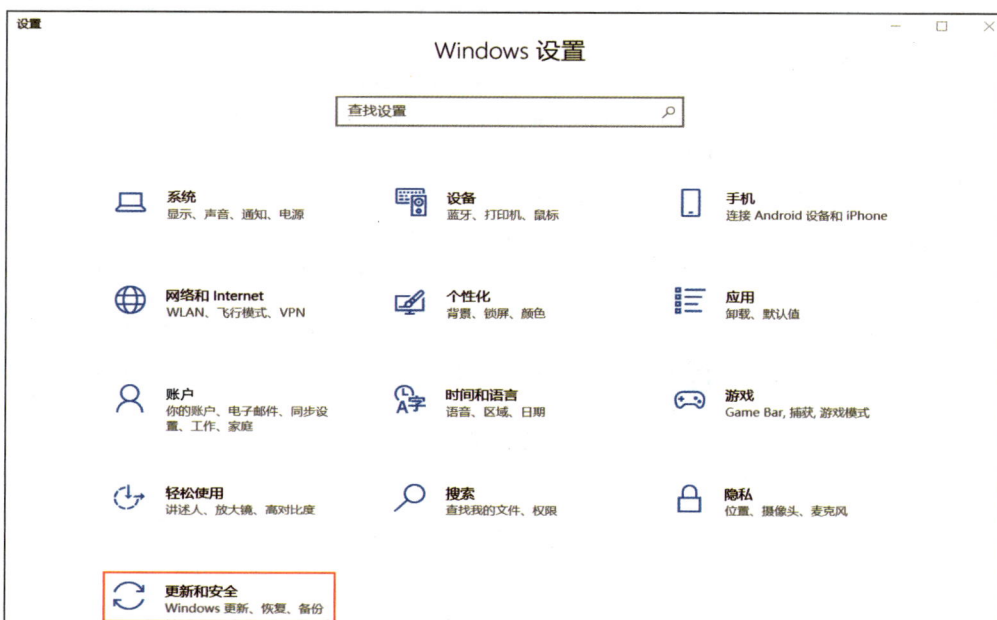

图 3-2-7 更新和安全选项

3）选择 Windows 更新的选项，鼠标单击右边"下载并安装"按钮。

4）如果没有"下载并安装"按钮，就单击 Windows 更新下的"查看所有可选更新"按钮。单击后能够查验到是否有 Windows 10 系统的升级更新包，若有则开展升级，如图 3-2-8 所示。

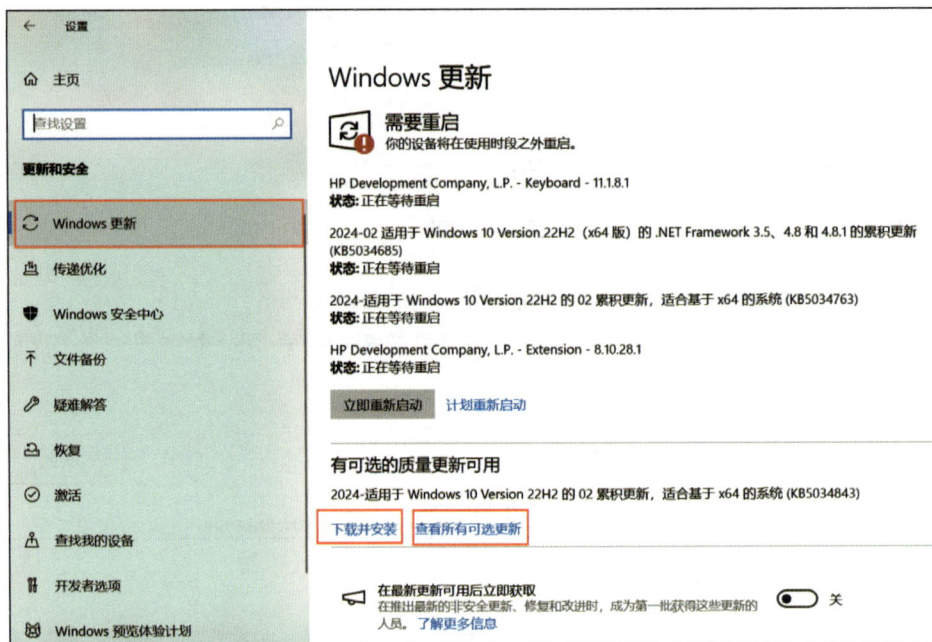

图 3-2-8　Windows 更新页面

3. 防火墙安装与使用

1）开启防火墙。

按下 Win+R 键，输入 firewall.cpl，启用防火墙，如图 3-2-9 所示。

图 3-2-9　启用或关闭防火墙

2）配置防火墙出站规则与入站规则。

打开"控制面板"→"系统和安全"→"Windows Defender 防火墙"→"高级设置"，选择"入站规则"或"出站规则"，如图 3-2-10 所示。

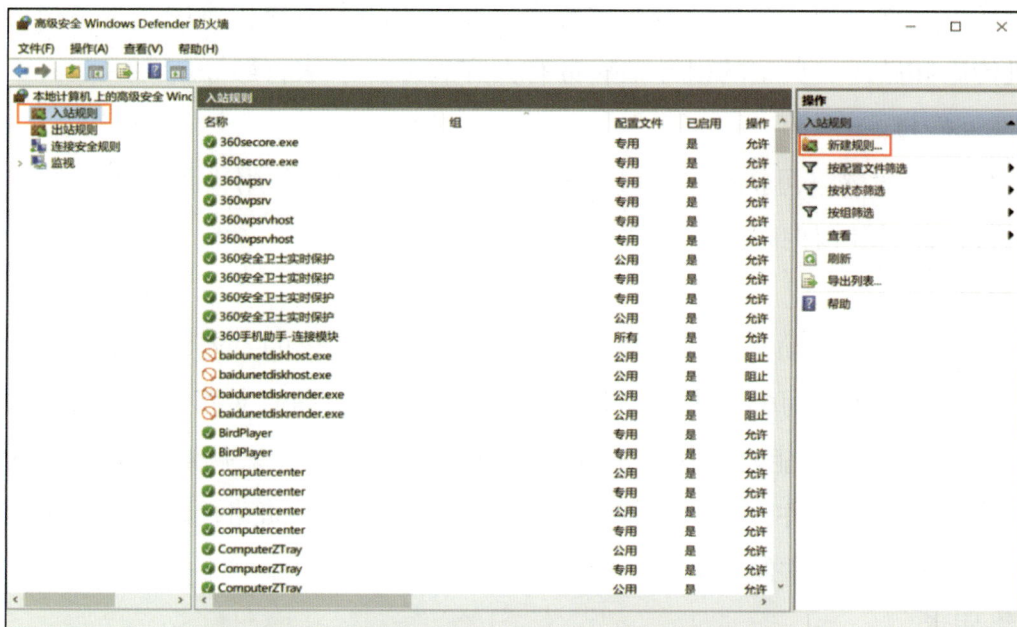

图 3-2-10 高级安全 Windows Defender 防火墙

3）新建规则时选择创建规则类型，如程序、端口等，如图 3-2-11 所示。

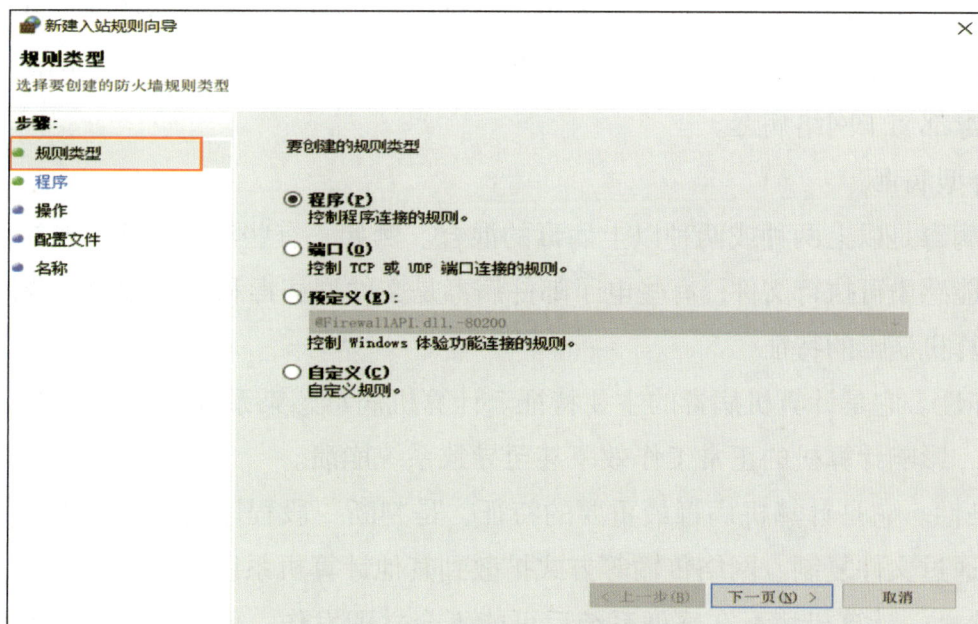

图 3-2-11 新建入站规则向导

3. 计算机病毒

（1）计算机病毒的概念

计算机病毒是指独立编制的或者在计算机程序中插入的破坏计算机功能或者毁坏数据、

影响计算机使用，并能自我复制的一组计算机指令或者程序代码。

（2）计算机病毒的类型

1）引导型病毒。

引导型病毒又称操作系统型病毒，主要寄生在硬盘的主引导程序中，当系统启动时进入内存，伺机传染和破坏。典型的引导型病毒有大麻病毒、小球病毒等。

2）文件型病毒。

文件型病毒一般感染可执行文件（.com 或 .exe）。在用户调用染毒的可执行文件时，病毒首先被运行，然后驻留内存传染其他文件，如 CIH 病毒。

3）宏病毒。

宏病毒是利用办公自动化软件（如 Word、Excel 等）提供的"宏"命令编制的病毒，通常寄生于为文档或模板编写的宏中。一旦用户打开了感染病毒的文档，宏病毒即被激活并驻留在普通模板上，使所有能自动保存的文档都感染这种病毒。宏病毒影响文档的打开、存储、关闭等操作，删除文件，随意复制文件，修改文件名或存储路径，封闭有关菜单，不能正常打印，使人们无法正常使用文件。

4）网络病毒。

因特网的广泛使用，使利用网络传播病毒成为病毒发展的新趋势。网络病毒一般利用网络的通信功能，将自身从一个节点发送到另一个节点，并自行启动。它们对网络计算机尤其是网络服务器主动进行攻击，不仅非法占用了网络资源，而且导致网络堵塞，甚至造成整个网络系统的瘫痪。蠕虫病毒（Worm）、特洛伊木马（Trojan）病毒、冲击波（Blaster）病毒、电子邮件病毒都属于网络病毒。

5）混合型病毒。

混合型病毒是以上两种或两种以上病毒的混合。例如，有些混合型病毒既能感染磁盘的引导区，又能感染可执行文件；有些电子邮件病毒是文件型病毒和宏病毒的混合体。

（3）计算机病毒的特征

1）破坏性。它是计算机病毒的主要特征。计算机病毒感染系统后可能会造成数据损坏、死机等后果，影响计算机的正常工作效率甚至导致系统崩溃。

2）传染性。它是计算机病毒最重要的特征，是判断一段程序代码是否为计算机病毒的依据，能够通过文件复制、网络传输等方式扩散到其他计算机系统中。

3）潜伏性。计算机病毒在感染系统后可能不会立即发作，而是潜伏起来等待触发条件满足时才进行破坏活动。这种特性使病毒能够在不被察觉的情况下长期存在于系统中。

4）隐蔽性。病毒程序短小精悍，具有很高的编程技巧。通常隐藏在正常程序中，不易被发现，这也是它能够长时间存在并传播的原因之一。

5）针对性。现在的计算机病毒并非对所有的计算机系统都进行传染。比如有的针对

Windows 系统，还有针对特定的应用程序，通过感染数据库服务器进行传播的，具有非常强的针对性，针对一个特定的应用程序或者就是针对操作系统进行攻击，一旦攻击成功，它就会发作。

6）可触发性。某些计算机病毒具有特定的触发机制，当满足一定条件时才会被激活并进行传播或破坏活动。这些触发条件可能是日期、特定事件或其他因素。

7）不可预见性。病毒相对于防毒软件永远是超前的，理论上讲，没有任何杀毒软件能将所有的病毒杀除。另外，由于计算机病毒在传染过程中还会产生变种，而一些小小的变化，就可能带来更大的破坏。

（4）计算机病毒的传播途径

计算机病毒是一种程序，它一般存在于软件的各种载体上，包括网络和磁盘。因此，只要存在文件的复制、网络共享、文件传输等操作，就可能感染计算机病毒，如通过 Internet 传播或是磁盘间的文件复制等。

（5）计算机病毒的预防与清除

1）谨慎对待来历不明的软件、电子邮件、可移动的存储设备等。

2）重要数据和文件定期做好备份，以减少损失。

3）安装杀毒软件并及时更新。

4）定期杀毒，一旦发现病毒，应该立即着手清除。

探 究 活 动

思考：怎样将你的旧手机上的通信录、照片等数据转移到新手机，并且安装防护软件提高新手机的安全性，备份手机通信录以防丢失？

4. 知识产权保护

知识产权是指人们就其智力劳动成果所依法享有的专有权利，通常是国家赋予创造者对其智力成果在一定时期内享有的专有权或独占权。知识产权从本质上说是一种无形财产权，其客体是智力成果或是知识产品，是一种没有形体的精神财富。它与房屋、汽车等有形财产一样，都受到国家法律的保护，都具有价值和使用价值。有些重大专利、驰名商标或作品的价值也远远高于房屋、汽车等有形财产。

知识产权的类型主要包括专利权、商标权、著作权、发现权、发明权、商业秘密权和其他科技成果权。我国知识产权的民法保护制度不仅包括了传统的专利权、商标权和著作权等类型的保护，还针对知识产权犯罪进行了相关规定。我国颁布的保护知识产权的法律法规有《知识产权保护法》《中华人民共和国专利法》《中华人民共和国反不正当竞争法》《中华人民共和国商标法》《中华人民共和国商标法实施条例》《中华人民共和国著作权法》和《计算机软件保护条例》等。

保护知识产权需要我们每个人的共同努力。在信息时代背景下，我们应该增强知识产权保护意识、学习并遵守法律法规、加强技术保护、积极参与监督与维权以及推动创新文化的发展等措施来保护知识产权。只有这样我们才能构建一个尊重知识产权、促进创新发展的社会环境。

学知砺德

信息时代公民道德及法律意识

在信息社会高速发展的背景下，我们面临着前所未有的道德挑战。网络空间的匿名性、开放性等特点，使一些人在新媒体环境中放松了对道德的约束，网络欺诈、侵犯隐私等不道德行为屡见不鲜。这些行为不仅对个人造成财产损失和心理伤害，也破坏了社会的信任和稳定。公民道德在新媒体环境中的重要性更加凸显。作为信息社会的成员，我们应该具备高度的道德责任感和自律性，遵守网络行为规范，传播正能量，共同维护网络空间的清朗和秩序。

为了提升公民道德水平和法制观念，家庭、学校和社会应该共同承担起培养责任，通过教育引导、社会实践等方式，增强公民的道德认知和法制意识。我国在2019年印发了《新时代公民道德建设实施纲要》，强调公民应注意文明自律的网络行为，培养良好的网络行为规范，注重网络伦理和网络道德（见图3-2-12），倡导文明上网（见图3-2-13），对违法行为进行打击和制裁！表3-2-2所示为我国的信息技术法律法规。

图3-2-12　网络道德

图3-2-13　文明上网

表 3-2-2 我国的信息技术法律法规

序号	法律、法规	序号	法律、法规
1	《中华人民共和国专利法》	7	《信息网络传播权保护条例》
2	《中华人民共和国著作权法》	8	《计算机软件保护条例》
3	《中华人民共和国计算机信息系统安全保护条例》	9	《中华人民共和国国家安全法》
4	《中华人民共和国刑法》	10	《中华人民共和国网络安全法》
5	《计算机软件著作权登记办法》	11	《中华人民共和国密码法》
6	《中华人民共和国电子签名法》	12	《中华人民共和国电子商务法》

在信息社会中我们要遵纪守法，在自身权益受到侵害时，也要使用法律武器来保护自己。如果遇到违法或不良信息，我们有责任和义务举报，争做新时代好公民。

习题挑战

1. 计算机病毒最本质的特征是（　　）。

A. 传染性　　　　B. 破坏性　　　　C. 隐蔽性　　　　D. 潜伏性

答案：A

解析：传染性是计算机病毒最本质的特征。

2. 我国把计算机软件列为享有著作权保护的作品的法律法规是（　　）。

A.《计算机软件保护条例》

B.《中华人民共和国著作权法》

C.《中华人民共和国计算机信息系统安全保护条例》

D.《中华人民共和国计算机信息系统安全保护条例》

答案：B

解析：1990 年 9 月，我国颁布了《中华人民共和国著作权法》，把计算机软件列为享有著作权保护的作品。

3. 为保障单位局域网的信息安全，防止来自内网的黑客入侵，采用（　　）可以起到一定的防范作用。

A. 网管软件　　　B. 邮件列表　　　C. 防火墙软件　　　D. 杀毒软件

答案：C

解析：防火墙是一系列防范措施的总称。它安装在计算机内部网络与 Internet 之间或与其他外部网络之间，通过相互隔离或限制网络互访来保护内部网络。它可以阻止对信息资源

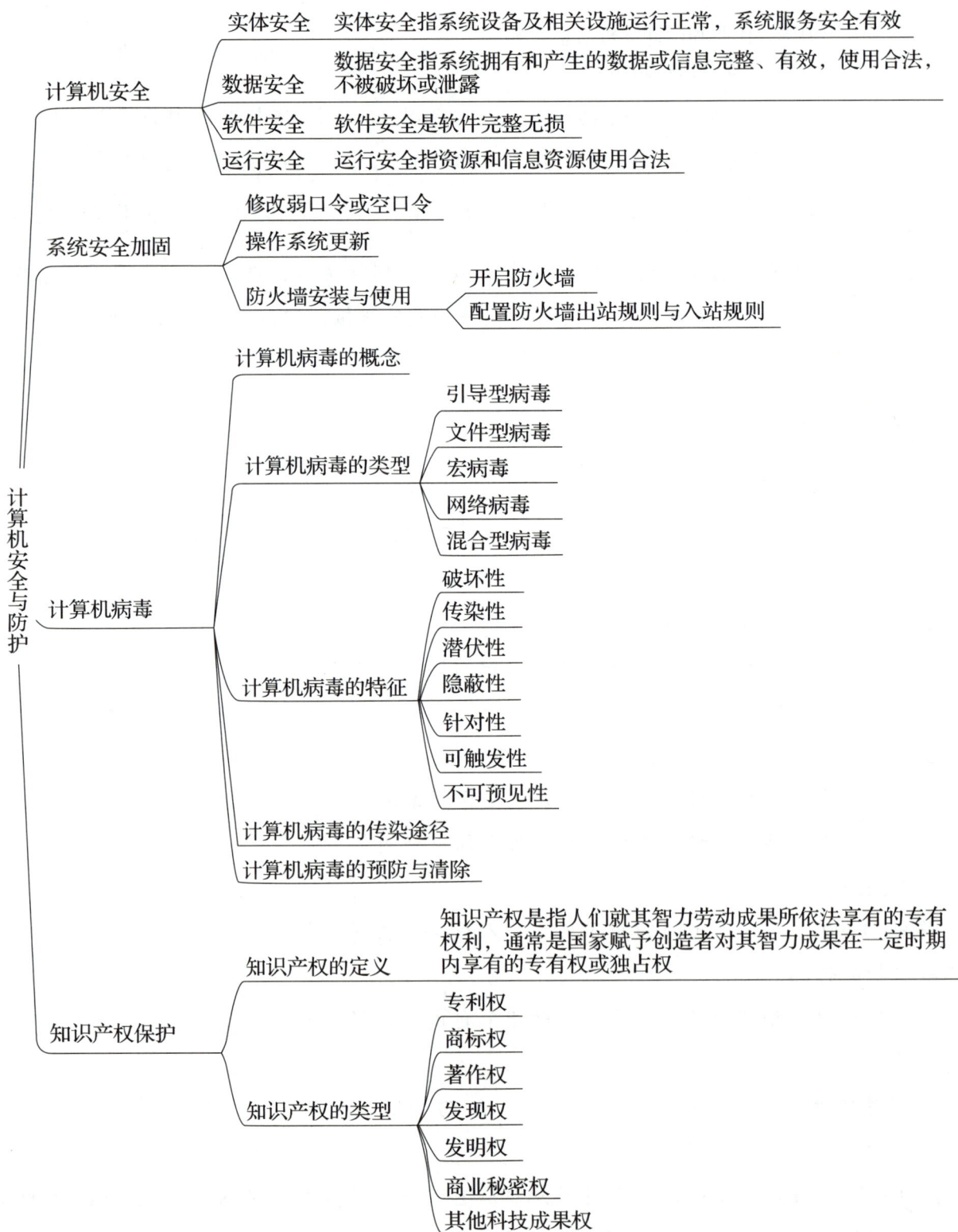

的非法访问，防止来自外部的攻击，也可以阻止保密信息从用户的网络上被非法传出。防火墙分为硬件防火墙和软件防火墙两种，前者适用于单位，后者适用于普通用户。

知识导图

计算机安全与防护
- 计算机安全
  - 实体安全　实体安全指系统设备及相关设施运行正常，系统服务安全有效
  - 数据安全　数据安全指系统拥有和产生的数据或信息完整、有效，使用合法，不被破坏或泄露
  - 软件安全　软件安全是软件完整无损
  - 运行安全　运行安全指资源和信息资源使用合法
- 系统安全加固
  - 修改弱口令或空口令
  - 操作系统更新
  - 防火墙安装与使用
    - 开启防火墙
    - 配置防火墙出站规则与入站规则
- 计算机病毒
  - 计算机病毒的概念
  - 计算机病毒的类型
    - 引导型病毒
    - 文件型病毒
    - 宏病毒
    - 网络病毒
    - 混合型病毒
  - 计算机病毒的特征
    - 破坏性
    - 传染性
    - 潜伏性
    - 隐蔽性
    - 针对性
    - 可触发性
    - 不可预见性
  - 计算机病毒的传染途径
  - 计算机病毒的预防与清除
- 知识产权保护
  - 知识产权的定义　知识产权是指人们就其智力劳动成果所依法享有的专有权利，通常是国家赋予创造者对其智力成果在一定时期内享有的专有权或独占权
  - 知识产权的类型
    - 专利权
    - 商标权
    - 著作权
    - 发现权
    - 发明权
    - 商业秘密权
    - 其他科技成果权

任务习题

一、单选题

1. 对计算机病毒的防治也应以"预防为主"，下列各项措施中，错误的是（　　　）。

A. 将重要数据文件及时备份到移动存储设备上

B. 用杀病毒软件定期检查计算机

C. 不要随便打开/阅读身份不明的发件人发来的电子邮件

D. 在硬盘中再备份一份

2. 对计算机软件正确的态度是（　　　）。

A. 计算机软件不需要维护 　　　　　 B. 计算机软件只要能复制到就不必购买

C. 计算机软件不必备份 　　　　　　 D. 受法律保护的计算机软件不能随便复制

3. 计算机网络安全解决方案，不仅要考虑到技术，还需要考虑的是（　　　）。

A. 策略和管理 　　　 B. 机房和电源 　　　 C. 软件和硬件 　　　 D. 加密和认证

4. 系统引导型病毒寄生在（　　　）。

A. 硬盘上 　　　　　 B. 键盘上 　　　　　 C. CPU 中 　　　　　 D. 邮件中

5. 编写和故意传播计算机病毒，会根据国家（　　　）相应条例，按计算机犯罪进行处罚。

A. 民法 　　　　　　 B. 刑法 　　　　　　 C. 治安管理 　　　　 D. 保护

6. 下列不属于计算机信息安全范畴的是（　　　）。

A. 实体安全 　　　　 B. 运行安全 　　　　 C. 人员安全 　　　　 D. 知识产权

7. 保护计算机网络免受外部的攻击所采用的是（　　　）。

A. 清除检查日志技术 　　　　　　　 B. 网络防火墙技术

C. 网络病毒防治技术 　　　　　　　 D. 身份认证技术

8. 下列说法错误的是（　　　）。

A. 侵权者要承担相应的民事责任

B. 购买正版的计算机软件就可以复制使用了

C. 计算机软件是一种商品，受到法律保护

D. 使用盗版软件是一种不道德的行为，也是一种侵权行为

二、多选题

1. 为保障信息安全，常采用（　　　）进行防护。

A. 防火墙技术 　　　 B. 数据加密技术 　　 C. 身份认证技术 　　 D. 入侵检测技术

2. 下列行为中，属于违反《中华人民共和国计算机信息系统安全保护条例》的有（　　　）。

A. 将自己的信息发布在论坛上 　　　 B. 利用软件获取网站管理员密码

C. 将内部保密资料发布到外网上　　　　D. 任意修改其他网站的信息

三、判断题

1. 保障信息安全最基本、最核心的技术措施是数据加密。　　　　　　（　　）

2. 反病毒软件总是超前于病毒的出现，它可以查杀任何种类的病毒。　（　　）

3. 加密是一种被动安全防御策略。　　　　　　　　　　　　　　　　（　　）

4. 某些网站强行在用户计算机上安装程序，且极不容易卸载和清除，这可视为违法恶意竞争。　　　　　　　　　　　　　　　　　　　　　　　　　　　　　（　　）

5. 各种智力创造以及在商业中使用的标志、名称、图像，都可以被认为是某一人或组织所拥有的知识产权。　　　　　　　　　　　　　　　　　　　　　　　（　　）

四、操作题

1. 在"Windows Update"中，启用"当新 Microsoft 软件可用时，显示详细通知"。

2. 启用 Windows 防火墙，并在防火墙阻止新程序，安装时通知用户。

📖 模块总结

　　通过本模块的学习，我们对现代社会的计算机安全有了初步的认识，了解了常见的计算机安全隐患以及关于信息安全的法律法规，掌握了常见的计算机系统攻击方式和防范措施，懂得了养成良好的信息安全意识和习惯的重要性。通过本专题的学习还了解到安装防护软件、修补系统漏洞等措施可让计算机和手机系统的安全性极大增强；对数据进行备份可以有效防止数据丢失；对计算机系统进行加密，可以提高系统的安全性。通过数据备份与恢复、计算机安全与防护等相关技术及方法的学习，为以后的专业学习打下基础，同时丰富自己的信息安全知识，防范信息安全隐患。

模块四
信息技术新体验

【模块背景】

　　信息技术的迅猛融入，正以前所未有的态势深刻改变着社会的各个层面，从生产方式到生活方式，再到社会运行模式，均受到其深远影响。大数据、云计算、人工智能、物联网等新一代信息技术的持续创新，不仅驱动了社会的飞速发展，更极大地优化了人们的生活品质。为了顺应这一时代潮流，我们应当积极拥抱新一代信息技术，不断提升自身的信息素养水平，以更好地适应这个日新月异的时代。

【学习目标】

　　1. 了解云计算、大数据、人工智能、虚拟现实、物联网等新一代信息技术的发展及应用领域。

　　2. 掌握"文心一言"使用方法，并用它制作简单文稿。

　　3. 了解自然语言处理中语音识别与合成、机器翻译技术，能使用一些简单的工具进行语音识别与合成、机器翻译。

任务 1　信息技术新时代的到来

　　随着信息技术的飞速发展，人工智能、5G 技术、物联网、云计算和大数据等新技术涌现，极大地改变了我们的生活。AI 赋予机器智能，5G 提升网络速度，物联网实现万物互联，云计算提供强大数据处理能力，大数据揭示数据价值。这些技术共同推动社会进步，带来便利与机遇，但也挑战着我们的学习和适应能力。我们需积极应对，保持创新，让科技更好地服务于人类。

信息时代的到来

任务情景

　　我身边有一款智能音箱（见图 4-1-1），它有一个可爱的名字叫"小爱同学"，我只需给它下达简单的语音指令，"小爱同学，今天的天气怎样？""小爱同学，给我播放周杰伦的歌"，它就会为我播放音乐、查询天气，甚至当我第二天要早起时，它也能准时准点提醒我起床，它的贴心服务，让我的生活变得更加轻松便捷。

"小爱同学，打开空气净化器"
"小爱同学，空调调到26度"
"小爱同学，关灯"

图 4-1-1　智能音箱

学习体验

　　现在几乎每个人都有网络购物的经历，众多领先的互联网公司都在积极探索和应用大数据来推动精准营销服务。

　　如阿里巴巴以其强大的数据分析能力，在每年的"双十一"购物狂欢节之前，通过大数据分析平台（见图 4-1-2）深入挖掘顾客的购物需求和偏好，进而为商家和制造商提供预测性建议，以确保充足的库存和高效的供应链运作。京东则运用大数据来分析顾客在购买过程中的行为数据，例如首次浏览商品与最终购买决策之间的时间差，以及购买前浏览了多少同类型商品等。当当网作为领先的在线书店，其 O+O（线上到线下）实体书店选书团队也充分利用大数据进行图书选品。他们根据当当网平台上的用户购买和浏览数据，筛选出最受读者欢迎的图书，并结合当地读者的文化水平、阅读偏好等数据，实现图书的精准推送。

图 4-1-2　大数据平台

知识学习

1. 云计算

云计算（见图 4-1-3）是一种通过网络提供计算资源和服务的方式。云计算提供了一个共享的资源池，被称为"云"，用户可以根据自己的需求随时获取这个云上的资源。用户只需按照实际使用量支付费用，就像使用自来水一样方便。

图 4-1-3　云计算

云计算通常分为三种服务模式：

基础设施即服务（IaaS）：提供基本的计算、存储和网络基础设施，用户可以根据需要配置和管理虚拟机、存储和网络。

平台即服务（PaaS）：在基础设施的基础上，提供更高级的开发平台，包括操作系统、数据库和开发工具，使开发者可以更专注于应用程序的开发而不必关注基础设施的管理。

软件即服务（SaaS）：提供完整的应用程序作为服务，用户可以通过互联网访问和使用，而无须下载、安装或管理任何软件。

云计算主要应用在企业信息技术、软件开发和部署、数据分析和大数据处理、人工智能和机器学习、物联网等领域。

2. 大数据

大数据（见图 4-1-4）又称巨量资料，是指所涉及的资料量规模巨大到无法通过主流软件工具，在合理时间内达到撷取、管理、处理并

图 4-1-4　大数据

整理成为帮助企业经营决策更积极目的的资讯。

大数据的主要特征包括海量性、多样性、高速性、价值密度低和可视化。大数据的应用广泛，涵盖了电商、传媒、金融、交通、电信等多个领域。例如，在电商领域，大数据被用于精准广告推送、个性化推荐等；在传媒领域，大数据助力精准营销，直达目标客户群体；在金融领域，大数据用于信用评估，基于客户的行为数据综合评估信用状况；在交通领域，大数据可以用于道路拥堵预测，优化出行路线；在电信领域，大数据用于基站选址优化、舆情监控以及客户用户画像等。

3. 人工智能

人工智能（见图 4-1-5）简称 AI，是一门新兴的技术科学，旨在开发和应用能够模拟、延伸和扩展人类智能的理论、方法和技术，包括机器人、自然语言处理、图像和语音识别、专家系统等。

人工智能技术已经在各个领域得到广泛应用，包括自动驾驶、医疗诊断、金融风险分析、智能制造、智能家居等。目前，人工智能正在

图 4-1-5　人工智能

迈向多智能融合的新阶段，然而，人工智能的发展也带来了一系列挑战，如数据安全、隐私保护、伦理道德等问题，需要建立健全相关的法律法规和制度体系来加以规范。

4. 物联网

物联网（见图 4-1-6），作为一种前沿技术，是指通过射频识别等信息传感设备，将所有物品无缝接入互联网，从而赋予它们智能化识别与管理的功能。国际电信联盟在 2005 年的报告中，为我们描绘了一个充满智能的"物联网"时代：在这个时代里，汽车能够智能识别司机的操作失误并自动发出警报；公文包会智能地提醒主人遗漏了哪些物品；衣物甚至能够"告知"洗衣机它们对洗涤颜色和水温的特定需求。

图 4-1-6　物联网

物联网的体系结构通常包括以下几个关键组成部分：

1）感知层。感知层是物联网体系结构中最底层的一层，也是最基础的一层。它包括各种传感器、执行器、RFID标签等感知设备，用于感知环境中的各种信息，如温度、湿度、位置、运动状态等。

2）网络层。网络层承担数据传输功能。这一层涵盖了各种网络技术，如无线传感网络（WSN）、蜂窝网络、WiFi、蓝牙等，用于实现设备之间的通信和数据传输。

3）平台层。平台层是物联网整体架构的核心，它主要解决数据如何存储、如何检索、如何使用以及数据安全与隐私保护等问题。在云平台层，物联网系统可以选择公有云、私有云或者混合云三种云计算部署模式，实现数据的管理和应用。

4）应用层。应用层是物联网体系结构中最顶层的一层，它包括各种物联网应用和解决方案。这些应用涵盖了各个行业和领域，如智能家居、智能城市、工业自动化、智能交通、健康医疗等，通过分析和利用感知层采集到的数据，实现各种功能和应用场景。

物联网的应用已经非常广泛，遍及军事国防、交通管理、环境保护、智能家居、能源电力、工业监测、医疗健康、公共安全、物流管理等领域。

5. 虚拟现实

虚拟现实（见图4-1-7）简称VR，最初在1990年由钱学森翻译为"灵境"，是20世纪发展起来的一项全新实用技术。它囊括了计算机、电子信息、仿真技术等多个领域，通过计算机等技术手段，结合三维图形、多媒体、仿真、显示和伺服技术，生成一个逼真的三维视觉、触觉、嗅觉等多种感官体验的虚拟世界，使体验者仿佛身临其境。

图4-1-7　虚拟现实

虚拟现实技术具有多感知性、存在感和交互性等特点。虚拟现实技术在多个领域都有广泛应用。在娱乐领域，它可用于游戏和电影，为玩家和观众提供沉浸式的体验。在医疗领域，虚拟现实技术可用于治疗心理疾病、辅助物理治疗，以及进行疗效评估和手术前预测等工作。此外，它还在建筑领域用于模拟建筑环境，并对三维建筑模型进行研究和优化设计。

讨 论 活 动

你知道在第二代身份证中应用了什么样的物联网技术吗？

学知砺德

机器学习（见图4-1-8）是人工智能的核心，是使计算机具有智能的根本途径，其本质是通过运用计算机强大的运算能力及数据处理能力，使用大批的数据进行训练，使计算机具备自发模仿人类学习的行为，通过学习获得经验和知识，在不断改进自身性能的同时实现人工智能的能力。

机器学习在各个领域都有广泛的应用，AlphaGo则是机器学习的杰出代表。它是由DeepMind（谷歌旗下的人工智能公司）开发的一款围棋人工智能程序，它使用了深度强化学习算法来训练自己，通过不断自我对弈和学习，逐渐提高了自己的围棋水平，并在2016年成功击败了世界围棋冠军李世石，引起了广泛的关注。

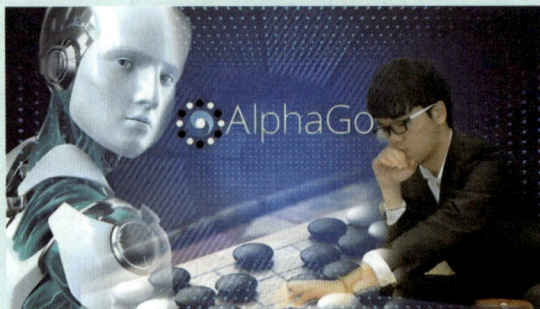

图4-1-8 机器学习

探 究 活 动

想想我们身边这些新一代信息技术的使用领域，并填在表4-1-1中。

表4-1-1 新一代信息技术的使用领域

新一代信息技术	使用领域
超级计算机	
量子信息	
增材制造	
虚拟现实	
增强现实	
第五代移动通信技术	
人工智能	

习题挑战

1.【单选题】第三次信息化浪潮的标志是（　　　）。

A. 个人电脑的普及

B. 云计算、大数据、物联网技术的普及

C. 虚拟现实技术的普及

D. 互联网的普及

答案：B

解析：第三次信息化浪潮，也称为第三次工业革命或信息革命，主要指的是21世纪初以来，随着云计算、大数据、物联网（IoT）、人工智能（AI）等技术的快速发展和应用，信息技术开始渗透到社会的各个方面，极大地改变了人们的生活方式和工作模式。

2.【单选题】以下关于云计算、大数据、人工智能、虚拟现实和物联网的描述中，哪一项是不正确的？（　　　）

A. 云计算允许用户通过网络按需访问共享的计算资源池，并按使用量付费

B. 大数据是指无法用常规软件工具在合理时间内处理的海量、多样、高速增长的数据集合

C. 人工智能是模拟、延伸和扩展人类智能的技术，包括自然语言处理、图像识别等

D. 虚拟现实是一种可以创造和体验虚拟世界的计算机技术，它仅包含视觉体验，不包含其他感官体验

E. 物联网是一种通过信息传感设备将物品接入互联网，实现智能化识别、定位、跟踪、监控和管理的网络

答案：D

解析：虚拟现实技术不仅仅包含视觉体验，它通常还包含听觉、触觉等其他感官体验，以提供更为沉浸式的体验。

3.【多选题】云计算的典型服务模式包括（　　　）。

A. SaaS 　　　　　　B. laaS 　　　　　　C. MaaS 　　　　　　D. PaaS

答案：ABD

解析：SaaS（软件即服务）、IaaS（基础架构即服务）、PaaS（平台即服务）是云计算的三个典型服务模式。至于C选项MaaS（模型即服务），虽然它也是一种服务模式，但它并不属于云计算的典型服务模式，而是特指将机器学习模型部署到企业端提供给用户使用的服务。

知识导图

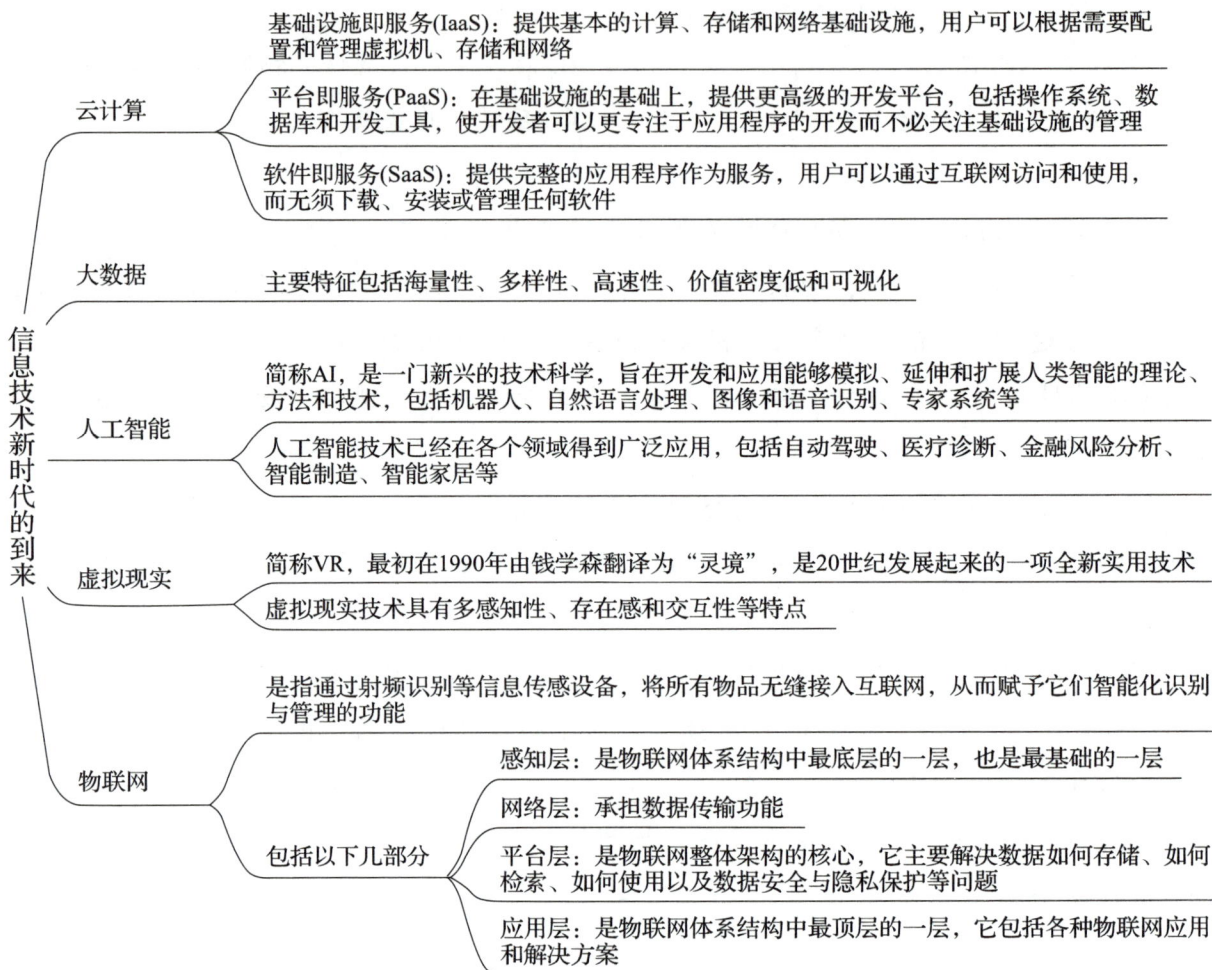

信息技术新时代的到来

云计算
- 基础设施即服务(IaaS)：提供基本的计算、存储和网络基础设施，用户可以根据需要配置和管理虚拟机、存储和网络
- 平台即服务(PaaS)：在基础设施的基础上，提供更高级的开发平台，包括操作系统、数据库和开发工具，使开发者可以更专注于应用程序的开发而不必关注基础设施的管理
- 软件即服务(SaaS)：提供完整的应用程序作为服务，用户可以通过互联网访问和使用，而无须下载、安装或管理任何软件

大数据
- 主要特征包括海量性、多样性、高速性、价值密度低和可视化

人工智能
- 简称AI，是一门新兴的技术科学，旨在开发和应用能够模拟、延伸和扩展人类智能的理论、方法和技术，包括机器人、自然语言处理、图像和语音识别、专家系统等
- 人工智能技术已经在各个领域得到广泛应用，包括自动驾驶、医疗诊断、金融风险分析、智能制造、智能家居等

虚拟现实
- 简称VR，最初在1990年由钱学森翻译为"灵境"，是20世纪发展起来的一项全新实用技术
- 虚拟现实技术具有多感知性、存在感和交互性等特点

物联网
- 是指通过射频识别等信息传感设备，将所有物品无缝接入互联网，从而赋予它们智能化识别与管理的功能
- 包括以下几部分
  - 感知层：是物联网体系结构中最底层的一层，也是最基础的一层
  - 网络层：承担数据传输功能
  - 平台层：是物联网整体架构的核心，它主要解决数据如何存储、如何检索、如何使用以及数据安全与隐私保护等问题
  - 应用层：是物联网体系结构中最顶层的一层，它包括各种物联网应用和解决方案

任务习题

一、单选题

1. 云计算是对（　　　）技术的发展与运用。

A. 并行计算　　　　　B. 网格计算　　　　　C. 分布式计算　　　　　D. 三个选项都是

2. 从研究现状看，下面不属于云计算特点的是（　　　）。

A. 超大规模　　　　　B. 虚拟化　　　　　C. 私有化　　　　　D. 高可靠性

3. 大数据的特征不包括（　　　）。

A. 大量化　　　　　B. 多样化　　　　　C. 快速化　　　　　D. 结构化

4. 下列关于对大数据特点的说法中，错误的是（　　　）。

A. 数据规模大　　　　　B. 数据类型多样　　　　　C. 数据处理速度快　　　　　D. 数据价值密度高

5. 下列关于大数据的说法中，错误的是（　　　）。

A. 大数据具有体量大、结构单一、时效性强的特征

B. 处理大数据需采用新型计算架构和智能算法等新技术

C. 大数据的应用注重相关分析而不是因果分析

D. 大数据的目的在于发现新的知识与洞察并进行科学决策

6. VirtualReality 的含义是（　　　）。

A. 虚拟现实　　　　　B. 人工智能　　　　　C. 物联网　　　　　D. 云计算

7. 以下关于云计算、大数据和物联网之间的关系，论述错误的是（　　　）。

A. 云计算侧重于数据分析

B. 物联网可以借助于云计算实现海量数据的存储

C. 物联网可以借助于大数据实现海量数据的分析

D. 云计算、大数据和物联网三者紧密相关，相辅相成

8. 下列关于人工智能的说法，错误的是（　　　）。

A. 计算机视觉、自然语言处理属于人工智能研究领域

B. AlphaGo 战胜围棋世界冠军李世石是人工智能的具体应用

C. 人工智能的研究目标是机器完全取代人类

D. 人工智能技术必须尊重和保护人的隐私、身份认同、能动性和平等性

二、多选题

1. 下列关于虚拟现实和增强现实的描述，正确的是（　　　）。

A. 增强现实比虚拟现实更具虚拟性　　　　B. 增强现实比虚拟现实更具独立性

C. 增强现实比虚拟现实更注重虚拟结合　　D. 增强现实比虚拟现实更注重临场感

2. 人工智能（简称 AI）从诞生以来，理论和技术日益成熟，应用领域也在不断扩大，下列应用中，采用人工智能技术的有（　　　）。

A. 百度机器人　　　　　　　　　　B. 无人驾驶汽车

C. 谷歌的 AlphaGo　　　　　　　　D. 用人脸识别技术寻找失踪儿童

三、判断题

1. 云计算是指通过互联网提供计算资源和服务的一种模式。　　　　　　　　（　　　）

2. 大数据是指无法在一定时间范围内用常规软件工具进行捕捉、管理和处理的庞大、复杂数据的集合。　　　　　　　　　　　　　　　　　　　　　　　　　　　　（　　　）

3. 人工智能是一种模拟人类智能的技术，使机器能够执行一些通常需要人类智能才能完成的复杂任务。　　　　　　　　　　　　　　　　　　　　　　　　　　　　（　　　）

4. 虚拟现实是一种可以创建和体验虚拟世界的计算机技术，通常通过头戴式显示器、手套等设备来实现。　　　　　　　　　　　　　　　　　　　　　　　　　　　　（　　　）

5. 物联网是指将各种信息传感设备与网络连接起来，实现智能化识别、定位、跟踪、监控和管理的一种网络。　　　　　　　　　　　　　　　　　　　　　　　　　　（　　　）

任务2　文心一言的使用

AI写作的出现为传统写作领域带来了巨大的变革。它凭借强大的数据处理能力和算法，能在极短时间内生成大量文本，大大提升了写作效率。通过分析读者的兴趣和阅读习惯，AI能够协助作者创作出更加符合读者需求的内容，进一步增强了作品的吸引力和传播力。

然而，这一变革也伴随着一系列伦理和社会问题的出现。AI写作的广泛应用引发了关于原创性、版权和作品归属权的讨论，同时也可能使创作过程变得机械化、同质化。

教学视频：文心一言的使用

教学视频：文心一言的使用（1）

任务情景

招生在即，我需要为即将成立的专业制作一份宣传文稿。这份文稿不仅要吸引潜在家长的注意，还要能准确传达专业的核心价值和优势。

我试着在文心一言的编辑框中输入了"计算机专业岗位需求"这个关键词，它小小地思考了下，很快输出了一段文字，如图4-2-1所示。

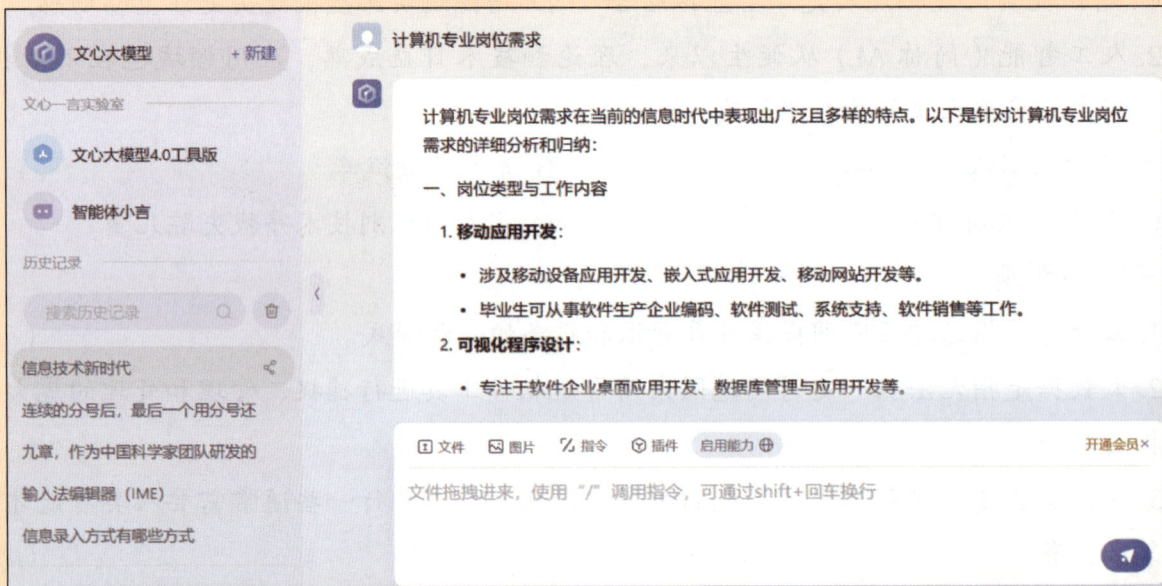

图4-2-1　文心一言根据用户需求给出的答案

这段文字总结了针对计算机专业目前社会上所需求的几种岗位的类型、工作内容、需求情况，我发觉很有借鉴价值，于是我又在它的建议下，向它提出了新的问

题，如图 4-2-2 所示。

　　在使用"文心一言"的过程中，我的感觉与以往利用搜索引擎查找资料不一样，它更像是一个人在与我对话，回答的问题更有针对性，更能满足我的需求，也许这就是 AI 时代的不同之处吧。

你可以继续问我：

计算机专业岗位需求有哪些特点和趋势呢

计算机专业岗位需求有哪些

计算机专业岗位需求分析

图 4-2-2　文心一言给出的建议

学习体验

　　AI 绘图技术是一种通过输入描述性文字或特定指令，由计算机自动解析并生成绘画作品的技术。如输入一段描述性的文字："夕阳下，湖面上的小鸭子"，AI 绘图工具能够迅速解析这段文本，并生成一幅与描述相符的图像，如图 4-2-3 所示。在 AI 时代，人人都能根据自己的心愿绘制图画，即使你是一个绘画小白。

图 4-2-3　AI 绘图成果

知识学习

1. 文心一言

文心一言（见图4-2-4）是百度在人工智能领域的一次重要创新，能够与人对话互动，回答问题，协助创作，高效便捷地帮助人们获取信息、知识和灵感。

文心一言结合了深度学习和自然语言处理的技术，旨在为用户提供更智能、更便捷的交互体验。它从数万亿数据和数千亿知识中融合学习，得到预训练大模型，在此基础上采用有监督精调、人类反馈强化学习、提示等技术，具备知识增强、检索增强和对话增强的技术优势。

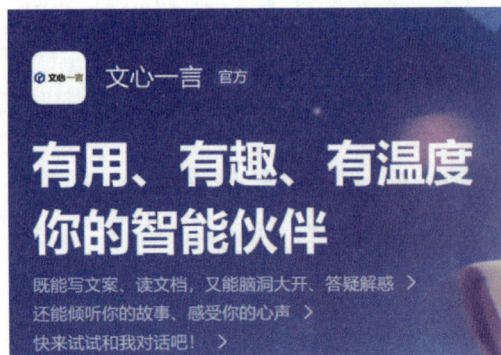

图 4-2-4 文心一言

此外，文心一言还提供了一系列实用的功能，如词性分析、情感分析、语句提取、语气检测以及标题生成等，这些功能使用户能够更准确地理解文本内容，更有效地表达自己的想法。

实践操作

使用文心一言

假设我们是一家电商公司的市场营销团队，想要撰写一篇关于新产品的推广文案。如何通过文心一言来达成我们的需求呢？

步骤一：明确需求

我们需要明确文案的主题、目标受众以及想要传达的核心信息。在这个例子中，我们的主题是新产品推广，目标受众是年轻消费者，核心信息是产品的创新功能和优势。

步骤二：使用文心一言

我们可以通过文心一言的API接口或相关平台，输入我们的需求，例如："请为我撰写一篇关于新产品的推广文案，强调产品的创新功能和优势，面向年轻消费者。"，如图4-2-5所示。

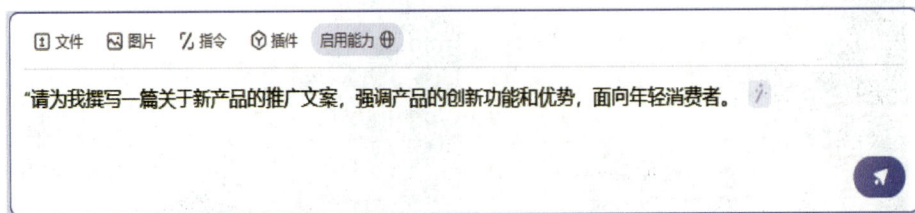

图 4-2-5 向文心一言提问

步骤三：获取并调整文案

文心一言会根据我们的需求生成一段文案。我们可以根据实际需要，对生成的文案进行微调，确保它符合我们的品牌风格和市场定位，如图 4-2-6 所示。

未来已来，你的专属创新神器震撼登场！

🎉 潮流新风尚，你准备好了吗？

亲爱的年轻朋友们，你是否厌倦了市场上的千篇一律？是否渴望找到一款真正能体现你个性与品味的创新产品？今天，我们为你带来了这款颠覆传统、引领潮流的全新产品——未来星！

💡 创新不止步，功能超乎想象

- **AI智能识别**：内置先进的AI算法，未来星能智能识别你的使用习惯，自动调整至最适合你的模式，每一次使用都是为你量身定制。
- **极速响应**：告别卡顿与延迟，未来星采用最新的XX技术，确保每一次操作都如丝般顺滑，让你享受极致的操作体验。
- **个性化定制**：从外观到功能，未来星都允许你进行个性化定制，让你的专属感无处不在。

🚀 优势显著，领跑市场

- **时尚设计**：未来星采用极简而时尚的设计，无论你是潮流达人还是文艺青年，都能在这里找到你的最爱。
- **持久耐用**：我们选用了最顶级的材料，经过严格的品质检测，确保未来星能够陪伴你走过每一个精彩瞬间。
- **生态互联**：未来星不仅是一款产品，更是一个智能生态的入口。连接你的所有智能设备，打造你的专属智能生活。

🎁 年轻无极限，未来星与你同行

年轻，就是要有敢于尝试、敢于创新的精神。未来星，正是你展现自我、追求卓越的完美伙伴。现在就加入我们，开启你的未来之旅吧！

🔔 限时优惠，不容错过

为了感谢广大年轻朋友的支持与厚爱，前1000名购买者将享受XX折的优惠价格，并赠送价值XXX元的独家礼包！

图 4-2-6　文心一言作答

探 究 活 动

我们可以尝试使用不同的语言风格、句式结构或关键词来输入需求，观察文心一言的响应是否有所变化，从而了解它对不同输入方式的适应性。

正式风格：请文心一言为我生成一段关于人工智能发展趋势的深入解析。

口语化风格：嗨，文心一言，你能告诉我现在 AI 都流行啥吗？

关键词输入：

文心一言，输入关键词：人工智能、未来、影响。

观察以上三种输入方式的结果，比较它们之间的区别，并写在方框里。

2. 文心一言更多应用

除了电商推广文案，我们还可以尝试将文心一言应用于其他领域，如新闻写作、科技文章、诗歌创作等，以探索其在不同领域的应用潜力，如图 4-2-7~ 图 4-2-9 所示。

新闻写作：请根据最近发生的科技新闻，撰写一篇关于 5G 应用的报道。

新闻写作：请根据最近发生的科技新闻，撰写一篇关于5G应用的报道。

5G应用驶入快车道，助推数字经济高质量发展

随着科技的飞速发展，5G技术已经深入到国民经济的各个领域，正成为推动经济社会高质量发展的新引擎。近日，一系列关于5G应用的新闻再次证明了其在各个行业中的广泛应用和深远影响。

一、5G网络覆盖全面升级，实现全国地级以上城市及县城城区全覆盖

据工业和信息化部最新数据显示，我国已完成全国所有地级市、县城城区的5G网络覆盖，5G基站总数超过374万个，建成全球规模最大的5G网络。这意味着无论身处繁华都市还是偏远县城，用户都能享受到5G网络带来的高速、稳定的网络服务。

二、5G应用广泛渗透，助力各行各业转型升级

在可可西里卓乃湖保护站，5G信号的开通彻底改变了以往只能依靠人工巡检的工作模式。工作人员通过大屏幕就可以随时了解保护区的情况，大大提高了工作效率和安全性。同样，在地下500米采矿施工现场，借助5G数字化平台，地面上的工作人员可以远程操控机器人在生产线上工作，实现了无人化、智能化作业。

此外，5G技术在医疗、教育、交通等领域也发挥了重要作用。远程医疗手术、在线教育课堂、智能交通系统等应用不断涌现，为人们提供了更加便捷、高效的服务体验。

三、5G RedCap技术助力物联网发展，实现亿级连接

随着5G与各行业融合的深入推进，对5G降低终端成本和复杂度、更好匹配行业应用需求等提出了更高的要求。为此，我国工业和信息化部印发了《关于推进5G轻量化（RedCap）技术演进和应用创新发展的通知》，提出了到

图 4-2-7　文心一言写的新闻稿

科技文章：请分析区块链技术在金融行业的应用前景，并给出你的见解。

科技文章：请分析区块链技术在金融行业的应用前景，并给出你的见解。

区块链技术在金融行业的应用前景分析

随着信息技术的飞速发展，区块链技术作为一种新兴的分布式账本技术，正在逐步改变金融行业的运作方式。从支付清算、借贷融资到身份认证和风险控制，区块链技术的潜力正在被逐步挖掘和应用。本文将对区块链技术在金融行业的应用前景进行深入分析，并给出个人见解。

一、支付和清算

传统的跨境支付通常涉及多个中介机构，导致费用高、时间长、效率低。区块链技术通过其去中心化、安全、透明和可追溯的特性，为跨境支付提供了全新的解决方案。它能够实时处理跨境转账，降低交易成本和风险，提高支付效率。此外，区块链技术还可以应用于小额支付领域，为传统金融机构提供便捷、低成本的小额支付解决方案，推动小额支付的普及。

二、借贷和融资

在借贷和融资领域，区块链技术可以实现去中心化的借贷模式，即P2P借贷。这种模式下，借款人和贷款人可以直接进行交易，无须传统金融机构的中介。通过区块链技术，借贷合同和还款记录将被永久记录在区块链上，提高透明度和信任度。此外，区块链技术还可以实现资产证券

图 4-2-8　文心一言写的科技文章

诗歌创作：文心一言，以"春天"为主题，创作一首短诗。

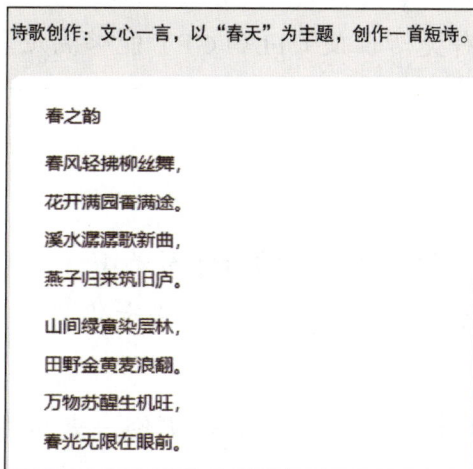

图 4-2-9　文心一言作的诗

　　从文心一言的输出结果来看，它完全按照要求编写了不同形式的文稿，新闻写作得到了一篇结构清晰、信息准确的新闻报道，科技文章展现了对技术的深入理解和独特的分析视角，而诗歌创作则生成了充满诗意、表达情感的短诗，可以说是一个全能型写手。

学知砺德

　　与"文心一言"类似的人工智能（AI）语言模型有很多，而 OpenAI 公司开发的 CHATGPT（见图 4-2-10）无疑是其中的佼佼者。

　　CHATGPT 是一款强大的人工智能语言模型，它基于 Transformer 架构的 GPT（Generative Pre-trained Transformer）模型进行训练，拥有强大的自然语言处理能力。CHATGPT 通过预训练的方式，学习了大量的文本数据，因此能够理解和生成自然语言文本，并在各种自然语言任务中表现出色。

　　CHATGPT 的特点之一是其出色的文本生成能力。它能够根据输入的文本或指令，生成符合语法、语义连贯的文本内容。这种能力使 CHATGPT 在问答系统、文本创作、机器翻译等领域具有广泛的应用前景。

图 4-2-10　CHATGPT

　　除了文本生成，CHATGPT 还具备强大的自然语言理解能力。它能够理解用户输入的文本内容，并基于理解的结果进行回应。这种能力使 CHATGPT 能够与用户进行自然而流畅的对话，提供准确的信息和解答。

　　CHATGPT 的另一个显著特点是其可扩展性和可定制性。OpenAI 公司提供了丰富的

API 和工具，使开发者可以轻松地将 CHATGPT 集成到自己的应用程序中，并根据自己的需求进行定制和优化。这种灵活性使 CHATGPT 能够满足各种不同场景下的需求。

习题挑战

1.【多选题】被誉为"人工智能之父"的科学家是（　　　　）。

A. 明斯基　　　　　　B. 图灵　　　　　　C. 麦卡锡　　　　　　D. 冯·诺依曼

答案：BC

解析：人工智能之父有四个人，他们分别是艾伦·麦席森·图灵、约翰·麦卡锡、马文·明斯基、西摩尔·帕普特。

2.【单选题】要想让机器具有智能，必须让机器具有知识。因此，在人工智能中有一个研究领域，主要研究计算机如何自动获取知识与技能，实现自我完善，这门研究分支学科叫（　　　　）。

A. 专家系统　　　　　B. 机器学习　　　　　C. 神经网络　　　　　D. 模式识别

答案：B

解析：机器学习是人工智能的一个重要研究领域，主要关注如何让计算机系统通过数据学习并改进性能，从而获取知识和技能。

3.【判断题】1997 年 5 月著名的"人机大战"，最终计算机以 3.5 比 2.5 将世界国际象棋棋王卡斯帕罗夫击败，这台计算机被称为深蓝。（　　　）

答案：正确

解析：1997 年 5 月 11 日，IBM 的深蓝（Deep Blue）计算机在国际象棋比赛中以 3.5 比 2.5 战胜了世界冠军卡斯帕罗夫，这是人工智能领域取得的一次重要胜利，也标志着计算机在特定领域的智能超越了人类顶尖的专业人士。

知识导图

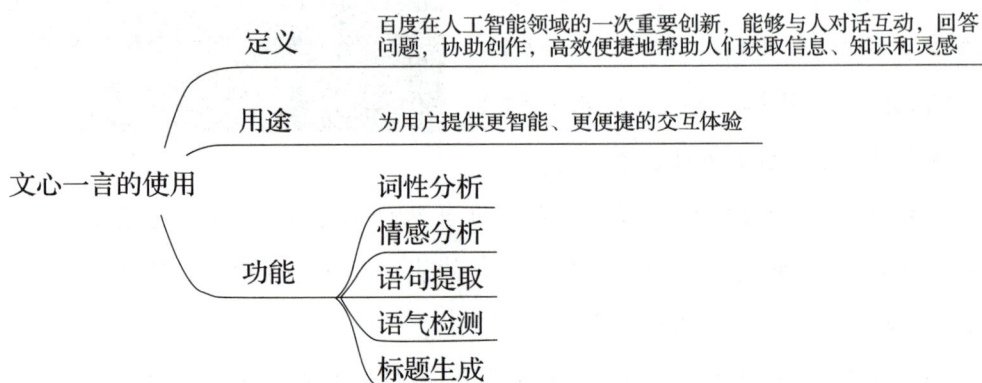

任务习题

文心一言可以涵盖生活、情感、人生等各个领域的主题，请大家利用文心一言制作一款新手机的宣传文稿，调整你的表述，从而达到最优效果，这将是对你学习成果的最好检验。

任务 3　自然语言处理

机器翻译、语音合成和语音识别无疑是人工智能在自然语言处理领域中的核心应用。机器翻译致力于跨越语言障碍，实现不同语言之间的无缝交流；语音合成则赋予了机器发声的能力，使人机交互更加自然流畅；而语音识别技术则使机器能够"听懂"人类的语言，进一步提升了人机交互的智能化水平。这些技术不仅极大地推动了人工智能领域的发展，也为人们的日常生活带来了极大的便利，使跨语言交流、智能助手等应用成为可能，展现了人工智能在自然语言处理领域的巨大潜力和广阔前景。

任务情景

现在我在手机上输入文字，更喜欢使用语音输入，当我按下话筒开始输入语音的时候，在我的手机屏幕上马上就可以同时出现相应的文字，如果你所在的环境比较安静，那么语音识别的精准度更是超乎想象，转换的文字几乎无误。更有趣的是，还可以用方言来输入文字，准确率也非常高，这种文字输入方式为我带来了极大的便利与乐趣，如图 4-3-1 所示。

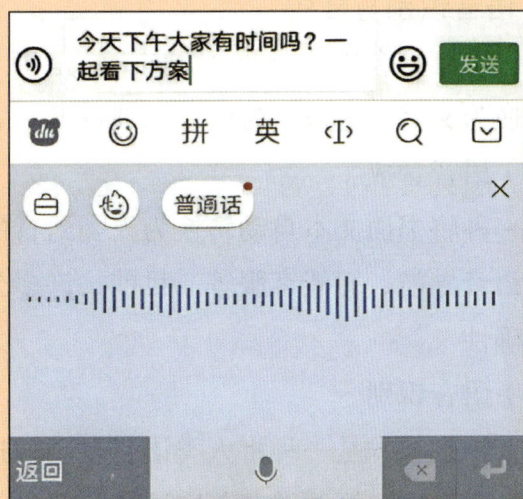

图 4-3-1　语音转换为文字

学习体验

在线文字转语音工具是一种非常实用的工具，它们可以将文本内容转换为语音输出，为用户提供了一种全新的方式来听取和理解文本信息。如输入文字"云计算已经成了一个国家计算力、实力的象征。而中国的云计算，走在了世界前列。其中的代表有阿里云、腾讯云、华为云等"，再选择一种你喜欢的配音，很快你就能获得一个与真人声音极其相似的声音文件，如图 4-3-2 所示。

图 4-3-2　在线文字转语音

知识学习

1. 语音识别与合成

语音识别与合成涉及两个方向：一是将文字转换为语音，被称为语音合成技术；二是将语音转换为文字，这被称为语音识别技术。

（1）语音合成

是一种将书面文本自动转换为人类语音的技术。这种技术广泛应用于各种场景，如辅助阅读、语音导航、智能客服等。目前，许多公司和研究机构都在开发此技术，以提高其自然度和准确性。

（2）语音识别

语音识别技术是一种将人类语音自动转换为书面文本的技术。这种技术在智能助手、语音搜索、语音输入等领域有着广泛的应用。

随着人工智能技术的不断发展，语音识别与合成技术也在不断进步。未来，我们可以期待更加自然、准确的文本与语音互转技术的出现，为人们的生活带来更多便利。

探究活动

"今日头条"是一款大众喜欢的手机 APP，它不仅提供了丰富的文字内容供用户阅读，还贴心地推出了有声阅读功能，给用户提供了不一样的体验，请根据表 4-3-1 所提供的图示内容，描述其在自然语言处理技术方面是怎么进行应用的，并填写在表中。

表 4-3-1 自然语言处理技术的应用

图示	自然语言处理技术的应用
 精准、完美！嫦娥六号返回器顺利着陆 已完成地面… 04:32 🔥热榜第2名 ✕ ▶ 收听	
 关注 听 🔍 … 时政新闻眼 482° 吹响建设科技强国冲锋号 6月24日上午，一场科技盛会在北京召开。全国科技大会、国家科学技术奖励大会、两院院士大会首次共同举行。习近平总书记出席大会，为国家科学技术奖获得者颁奖，并发表重要讲话。	

2. 机器翻译

机器翻译，是一种利用计算机技术实现自然语言文本自动翻译的技术。这种技术基于计算机科学、人工智能、语言学等多学科的知识，能够将一种自然语言（源语言）转换为另一种自然语言（目标语言）的过程。这种翻译服务在现代社会中变得越来越重要，尤其是在全球化背景下，人们需要跨越语言障碍进行有效沟通。

可以实现机器翻译的软件较多，如有道翻译官、百度翻译、谷歌翻译、微软翻译、腾讯翻译君，均支持英语、日语、韩语、法语、俄语、西班牙语等多种语言的全球翻译，功能丰富多样。它们不仅提供文本翻译服务，还具备语音翻译、同声传译、实景 AR 翻译以及口语评测等先进功能，为用户在跨语言交流时提供了极大的便利。

百度翻译还率先在世界上发布了互联网 NMT（神经网络机器翻译）系统，引领机器翻译进入神经网络翻译时代。这种翻译技术能够根据上下文合理调整用词，使译文自然流畅，大幅提升了翻译质量。

探究活动

打开"有道翻译官"，输入一段具有东方文化特色的文字"静水流深，智者无言"。然后，将这段中文文字翻译成英文，再尝试将它翻译成法文或德文。请将翻译的结果写下来，与同学翻译的做个比较，看看是不是结果完全一样。

有道翻译

学知砺德

中国在语音识别与合成领域处于世界领先地位，科大讯飞作为该领域的佼佼者，取得了显著成果，讯飞输入法是它推出的一款输入软件，集语音、拼音、手写、拍照、AI助手等多种输入方式于一体，旨在提升输入速度。率先推出方言语音输入，支持粤语、四川话、东北话、河南话、河北话、闽南语、客家语、贵州话、甘肃话、宁夏话、云南话（昆明）、湖南话（长沙）、山东话（济南）、山西话（太原）、陕西话（西安）、江西话（南昌）、皖北话、上海话、苏州话、天津话、南京话、武汉话、合肥话、潮汕话等多种方言识别，提供藏语、维语、彝语、壮语、朝鲜语5种民族语言语音输入，此外支持英、日、韩、俄、泰、越、西、法、德、意、葡、阿语多国外语语音输入及中文与外语的即时互译。

习题挑战

1. 收集一些常见的语音识别与合成软件，比较它们的优缺点，写在表4-3-2中。

表4-3-2　常见语音识别与合成软件优缺点比较

名称	优点	缺点

2. 请使用语言翻译软件，把以下中文句子翻译成其他语言。

中国文化博大精深，吸引了世界各地的游客。

英文：_____

法语：_____

西班牙语：_____

知识导图

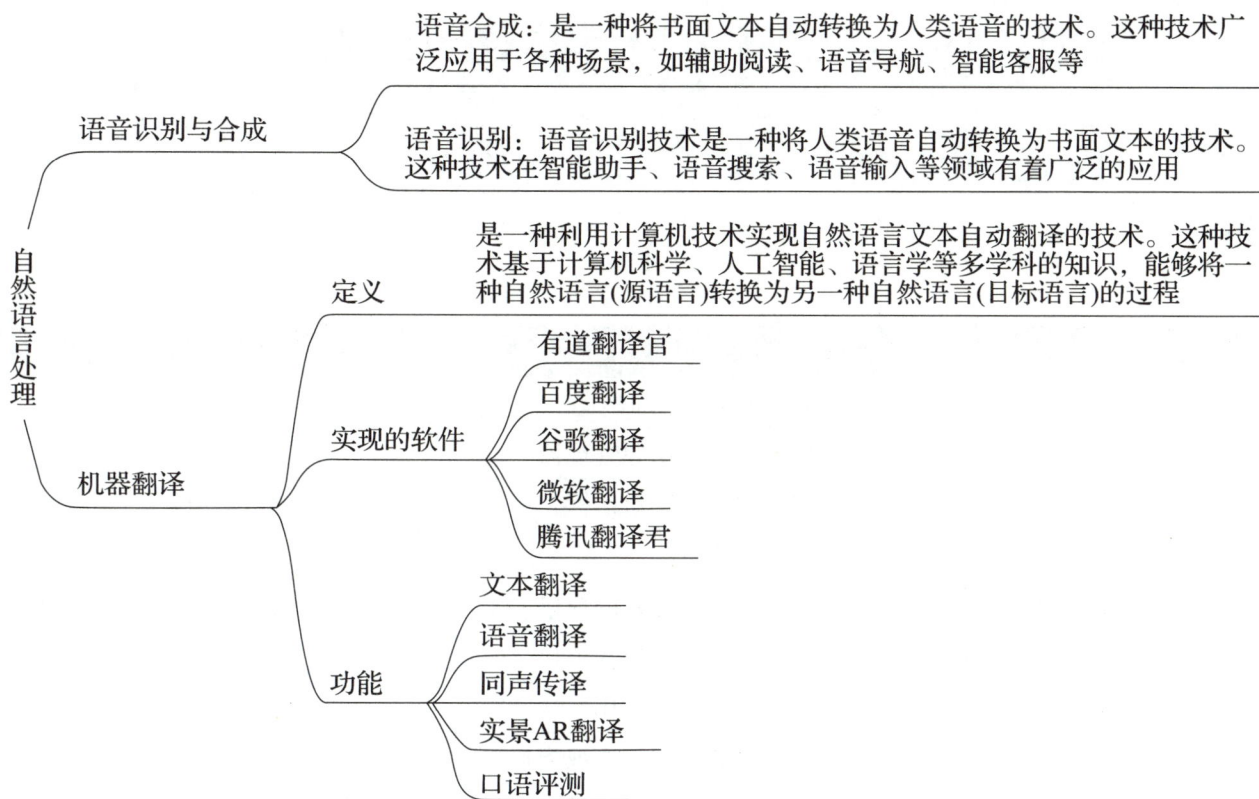

自然语言处理

语音识别与合成
- 语音合成：是一种将书面文本自动转换为人类语音的技术。这种技术广泛应用于各种场景，如辅助阅读、语音导航、智能客服等
- 语音识别：语音识别技术是一种将人类语音自动转换为书面文本的技术。这种技术在智能助手、语音搜索、语音输入等领域有着广泛的应用

机器翻译
- 定义：是一种利用计算机技术实现自然语言文本自动翻译的技术。这种技术基于计算机科学、人工智能、语言学等多学科的知识，能够将一种自然语言(源语言)转换为另一种自然语言(目标语言)的过程
- 实现的软件
  - 有道翻译官
  - 百度翻译
  - 谷歌翻译
  - 微软翻译
  - 腾讯翻译君
- 功能
  - 文本翻译
  - 语音翻译
  - 同声传译
  - 实景AR翻译
  - 口语评测

任务习题

请根据本任务学习内容，结合你的学习和探究经历，写一篇关于语音识别与合成技术的文章。文章应包括以下内容：

1. 你对语音识别与合成技术的理解和认识；

2. 你在探究活动中遇到的挑战和收获；

3. 你对未来语音识别与合成技术发展的展望和建议。

模块总结

　　随着互联网、云计算、大数据、物联网和人工智能等技术的快速发展，我们确实正在见证一个以"智能"为核心的新科技时代的来临。这些技术的融合和应用将在未来对人们的生产和生活产生深远影响。

附录　常用快捷键的使用

类型	名称	功能
基础	Win+D	显示 / 隐藏桌面
	Win+E	打开"文件资源管理器"
	Win+R	打开"运行"对话框，可以输入命令或程序名称并执行
	Win+L	锁定计算机
	Win+M	最小化所有打开的窗口
	Win+Shift+M	还原所有最小化的窗口
	Win+I	打开"设置"应用
	Alt+Tab	在打开的应用程序或窗口之间切换
	Shift+Delete	直接删除文件或文件夹，不放入回收站
	Ctrl+N	新建文件
	Ctrl+O	打开"打开文件"对话框
	Ctrl+P	打开"打印"对话框
	Ctrl+Alt+Delete	打开安全选项菜单，可以选择锁定、切换用户、注销或任务管理器
	Ctrl+Shift+Esc	直接打开任务管理器
	Ctrl+Shift	中文输入法切换
	Ctrl+ 空格	中英文切换
	Ctrl+.	全角 / 半角切换
窗口管理	Alt+F4	关闭当前窗口或关机
	Alt/F10	激活菜单栏
	Alt+ 空格	打开窗口的控制菜单
	Win+ 方向键	将当前窗口移动到屏幕的上半部分、下半部分、左侧或右侧，并自动调整大小
	Win+ 空格键	预览桌面（Aero Peek）（Windows 7、10 中有效）
	Win+T	循环切换任务栏上的程序
	Win+ 数字键（1–9）	如果任务栏上的程序图标位于该数字对应的位置，则直接打开该程序（例如，Win+1 打开任务栏上第一个程序）

续表

类型	名称	功能
文本编辑和网页浏览	Ctrl+C	复制选定的文本或对象
	Ctrl+V	粘贴复制或剪切的文本或对象
	Ctrl+X	剪切选定的文本或对象
	Ctrl+Z	撤销上一步操作
	Ctrl+Y	重做撤销的操作
	Ctrl+A	全选
	Ctrl+F	在文档或网页中查找与替换
	Ctrl+H	在浏览器中，打开历史记录；在文本编辑器中打开查找与替换功能
	Ctrl+D	在浏览器中，将当前页面添加到书签
	Ctrl+Tab	在浏览器或某些应用程序中，切换到下一个标签页
	Ctrl+Shift+Tab	在浏览器或某些应用程序中，切换到上一个标签页
	Ctrl+S	保存文档
	F12	另存文档
截图和录制	Win+Shift+S	启动屏幕截图工具，可以选择矩形、窗口、全屏等截图方式（Windows 10、11 中）
	Win+G	打开 Xbox Game Bar，用于游戏录制、截图和性能监控
	Print Screen	截取当前屏幕
	Alt+Print Screen	截取当前活动窗口
功能键	F1	在 大多数应用程序中，打开帮助文档
	F2	重命名文件或文件夹
	F3	在文件资源管理器中，搜索文件或文件夹
	F5	刷新当前页面或窗口
	F11	在浏览器中，进入 / 退出全屏模式

参考文献

［1］王珊，萨师煊．计算机系统基础（第 2 版）［M］．北京：高等教育出版社，2021．

［2］Brian W．Kernighan．世界是数字的：现代计算机如何工作［M］．北京：人民邮电出版社，2015．

［3］汤小丹，梁红兵．计算机操作系统（第 4 版）［M］．西安：西安电子科技大学出版社，2018．

［4］鸟哥．鸟哥的 Linux 私房菜：基础学习篇（第四版）［M］．北京：人民邮电出版社，2018．

［5］Microsoft 官方文档．Windows 10 使用与维护指南［Z］．微软技术中心，2022．

［6］刘伟．数据恢复技术与应用实战［M］．北京：清华大学出版社，2020．

［7］国家信息安全标准化技术委员会．信息安全技术 数据备份与恢复规范（GB/T 35289–2017）［S］．2017．

［8］李航．自然语言处理入门［M］．北京：人民邮电出版社，2020．

［9］百度公司．文心一言技术白皮书［R］．百度研究院，2023．

［10］Ian Goodfellow，Yoshua Bengio．深度学习［M］．北京：人民邮电出版社，2017．

［11］CSDN 技术社区．计算机技术前沿与应用案例［EB/OL］．［2025–02–01］．https://www.csdn.net．